KB273367

수학의 역사

생각하는 청소년을 위한

수학의 역사

정완상 지음

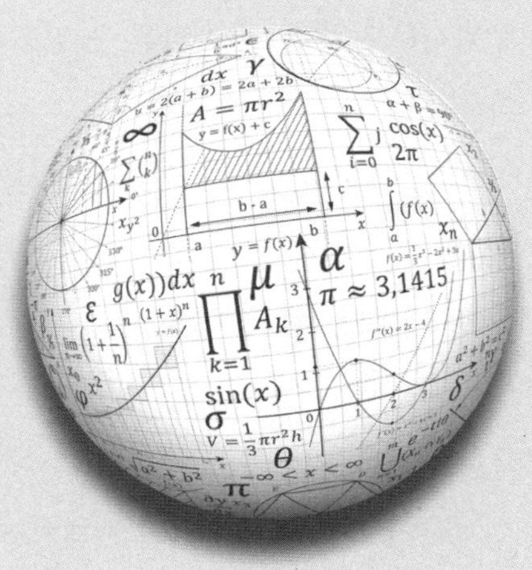

성림원북스

저는 2004년부터 지금까지, 주로 초등학생을 위한 과학과 수학 도서를 집필해 왔습니다. 그 과정에서 '수학은 어렵다'는 고정관념을 마주할 때마다 마음 한켠이 늘 아쉬웠습니다.

수학은 결코 숫자와 기호의 싸움이 아닙니다. 수학은 인류가 세상을 이해하고 설명하기 위해 써 온 가장 정교한 이야기의 도구이기 때문입니다. 그래서 이번에는 초등학생을 넘어, 중·고등학생과 일반인, 특히 수식에 익숙하지 않은 문과생들도 부담 없이 읽을 수 있도록 『생각하는 청소년을 위한 수학의 역사』를 펴내게 되었습니다.

이 책은 수학의 역사를 단순히 연대순으로 나열하지 않고, 주제별로 엮어낸 '작은 역사들'의 모음입니다. 예컨대, 고대 인류는 어떻게 숫자를 발명했을까? '아무것도 없음'을 뜻하는 0이라는 수학적 개념은 어떻게 생겨났을까? 파이(π)는 왜 그렇게 많은 수학자를 매혹시켰을까? 단순한 토끼 문제에서 시작된 수열이 어떻게 자연과 예술의 언어가 되었을까? 오일러수는 언제부터 그토록 매혹적인 존재가 되었을까? "평행선은 만나지 않는다"라는 믿음을 비유클리드 기하학은 어떻게 뒤흔들었을까? 무한, 확률, 미분과 적분, 위상수학, 소수 등…, 수학의 핵심 개념들이 수천 년 동안 인간의 사유 속에서 어떻게 자라왔는지, 이 책은 그 여정을 풀어가는 이야기입니다.

저는 1992년, 한국과학기술원(KAIST)에서 이론물리학, 그중에서도 초중력이론으로 박사 학위를 받았고 같은 해 서른의 나이에 경상국립대학교 물리학과 교수로 임용되어 현재까지 재직 중입니다. 지금까지 세계적인 학술지(SCI 저널)에 300여 편의 논문을 발표했으며, 틈틈이 과학과 수학을 쉽고 재미있게 전달하는 글쓰기를 즐깁니다.

이번 책을 준비하며 수학과 수학자의 삶을 다룬 수십 권의 책을 읽었고, 학교 도서관에서 다양한 사료와 연표도 함께 살펴보았습니다. 하지만 기존의 책들은 대부분 수학자를 연대순으로 소개하거나, 수식을 빼더라도 여전히 낯선 용어들로 가득해 수학을 어려워하는 독자에게는 여전히 진입 장벽이 높다는 아쉬움이 있었습니다.

그래서 저는 방향을 바꾸기로 했습니다. 수학을 세계사적 맥락과 사람의 이야기로 엮고, 각 주제마다 그것을 발전시킨 수학자들의 삶과 고민, 그들이 살았던 시대의 문화와 사회를 함께 담았습니다. 그 과정에서 고대 수메르의 점토판부터 위상 수학까지 한 권에 담을 수 있도록, 간결하면서도 풍성한 내용을 구성하고자 애썼습니다.

수식은 피했지만, 본질은 흐리지 않도록 정제해 표현했습니다. 또한 수학에 흥미를 느낀 이과 독자들이 더 깊이 공부할 수 있도록, 동영상 강의 〈이과 센스〉도 별도로 제작했습니다. 이 영상은 고등학교 수학 수준까지의 내용을 다루며, 심화 학습을 원하는 독자들에게도 도움이 될 수 있으리라 생각합니다.

수학은 단순한 계산이 아닙니다. 수학은 인간의 질문이 남긴 발자취입니다. 이 책을 통해 그 오래된 질문들과 마주하고, 수학이라는 사유의 여정을 함께 걸어보시길 바랍니다.

2025년 진주에서 이론물리학자 정완상 드림

서문 *4*

1장

숫자는 어떻게 세계를 바꿨을까? *11*

숫자에 담긴 문명의 흔적들 *12*

뼈에 새겨진 수학 *12*

나일강의 축복과 문명의 발전 *15*

상징으로 숫자를 나타낸 이집트인들 *17*

분수와 파피루스 *21*

두 강 사이, 문명과 정의가 피어난 곳 *24*

60진법을 만든 바빌로니아인들 *25*

숫자를 점과 막대로 표현한 마야인들 *30*

프랑스어 속에 살아남은 20진법의 흔적 *34*

로마 숫자가 살아남은 이유 *35*

생각의 가지 *39*

2장

숫자에 숨겨진 인류의 위대한 발견 *41*

아무것도 아닌 0이 만든 혁명 *42*

숫자에도 국적이 있다면? *42*

비어 있던 자리, 0이 되다 *45*

인도에서 유럽까지, 숫자의 실크로드 *47*

0을 품은 천재들, 브라마굽타와 바스카라 *49*

0 아래의 세계, 음수의 탄생과 발전 *51*

생각의 가지 *53*

3장

기하학, 세상을 이해하는 또 하나의 언어 *55*

기하학으로 읽는 고대 문명의 지혜 *56*

나일강이 만든 이집트의 기하학 *57*

기하학의 씨앗을 뿌린 탈레스 *58*

피타고라스의 등장 *61*

피타고라스 정리의 여정 *64*

전쟁이 꽃피운 수학 연구 *68*

그릴 수 없는 그림, 3대 작도 문제 *70*

세계 최초의 수학 교과서, 유클리드의 원론 *74*

피타고라스 정리를 증명한 사람들 *76*

곡선의 비밀과 원뿔 곡선 *85*

세 변만으로 삼각형의 넓이를 구한 헤론 *87*

각과 변의 비밀, 삼각비의 시작 *88*

호와 중심각, 그리고 삼각비의 관계 *89*

술바 수트라스와 기하학의 시작 *91*

아리아바타와 삼각비의 발전 *92*

삼각비가 밝혀낸 우주의 거리 *94*

생각의 가지 *97*

4장

파이가 들려 주는 수학의 비밀 *99*

끝이 없는 숫자, 파이를 따라가다 *100*

π는 왜 3.14일까? *101*

고대에서 굴러온 수 *102*

히포크라테스의 초승달 *104*

아르키메데스의 등장 *106*

아르키메데스와 원의 넓이 *109*

아르키메데스와 구 *111*

아르키메데스와 원주율 *113*

π는 왜 π일까? *116*

파이 속 놀라운 반복, 파인만 포인트 *121*

수학과 예술의 만남, 파이 룸 *121*

생각의 가지 *123*

5장

수열이 만든 세상의 변화 125

피보나치에서 원자 폭탄까지 126

5050의 비밀과 가우스 127

제2차 세계대전과 등비수열의 만남 130

암흑기를 밝힌 수학자, 피보나치 135

토끼와 피보나치수열 138

황제를 감탄시킨 피보나치 143

생각의 가지 145

6장

무한의 경계를 넘은 오일러와 베르누이 147

덧셈의 끝에서 만난 특별한 수, e 148

오렘의 무한급수 148

수학의 판을 바꾼 베르누이 가문 154

베르누이 형제의 무한급수 157

베르누이와 오일러, 그리고 오일러수 162

바젤 문제, 오일러와 수열의 만남 165

생각의 가지 167

7장

수학자들이 사랑한 신기한 수들 169

택시를 탄 수부터 괄호에 묶인 수까지 170

거북의 등에서 탄생한 마방진 170

피타고라스의 도형수 173

오일러의 분할수 178

실베스터와 실베스터 수 181

카탈랑수 183

카프리카 루틴과 카프리카수 185

라마누잔의 택시수 188

폴리오미노 수 191

스도쿠 194

생각의 가지 195

8장

방정식의 세계 197

수학으로 사랑을 고백한다고? 198

방정식은 어디서 시작되었을까? 198

묘비조차 방정식으로 남긴 수학자, 디오판토스 200

기호가 없던 시대에서 기호의 시대까지 202

미지수를 나타내는 방법, x 204

델 페로와 타르탈리아, 삼차 방정식을 풀다 204

카르다노와 사차 방정식 207

허수의 탄생 208

오차 이상 방정식의 해법을 찾아서 209

생각의 가지 215

9장

세상을 바꾼 기적의 열쇠, 로그 217

혼란을 질서로 바꾼 수학 도구 218

소수 표현의 발견 218
네이피어의 로그 221
브릭스의 상용로그 223
생각의 가지 227

10장

운명의 수학, 확률 229

주사위에서 우주까지, 확률의 역사 230

가능성의 계산, 경우의 수 231
천재 수학자, 파스칼 232
파스칼의 삼각형 234
파스칼의 삼각형, 진짜 주인은 누구? 237
도박에서 출발한 확률의 개념 239
하위헌스의 기댓값 243
베르누이의 독립 시행 246
라플라스의 조건부 확률 249
생각의 가지 255

11장

일상을 움직이는 계산법 미분과 적분 257

변화의 언어, 미분과 적분 258

데카르트, 좌표를 발견하다 259
무한소, 그토록 작은 수 262
접선의 기울기를 찾은 사람들 264
미적분의 완성으로 나아간 뉴턴 267
라이프니츠의 미적분 271
생각의 가지 273

12장

소수의 신비를 찾아서 275

정리는 하나, 증명까지 350년 276

소수 276
에라토스테네스의 체 280
피타고라스의 삼중수 284
피타고라스의 완전수 286
피타고라스의 친화수 290
페르마의 소수 공식 291
메르센의 소수 공식 293
오일러 소수 297
골드바흐 추측 298
페르마의 마지막 정리 300
생각의 가지 305

 **13장**

평행선에서 벗어난 수학, 비유클리드 기하학 307

비유클리드 기하학이 바꾼 공간의 생각법 308

평행선 공리 308
비유클리드 기하학의 시작 310
휘어진 공간에서의 기하학 312
리만 기하학의 등장 315
곡면 곡률 개념의 탄생 316
생각의 가지 321

 **14장**

수학이 마주한 끝없는 이야기, 무한 323

끝이 없는 수, 그 수를 세다 324

무한의 시작, 아페이론 324
갈릴레오의 역설 325
데데킨트의 일대일 대응 327
무한대도 셀 수 있다 329
힐베르트의 무한 호텔 335
생각의 가지 337

 **15장**

생각하는 기계, 컴퓨터의 탄생 339

톱니바퀴부터 컴퓨터까지, 계산 도구 진화사 340

라이프니츠의 이진법 341
0과 1의 세계를 만든 사람, 조지 불 343
돌리고 굴리고 더하는 계산기 347
세계 최초의 기계식 컴퓨터, 차분 기관 350
컴퓨터의 아버지, 앨런 튜링 352
튜링 머신 354
생각의 가지 357

16장

다른 모양, 같은 본질 위상 수학 359

안과 밖, 겉과 속을 허물고 연결하는 위상의 세계 360

도넛과 머그잔이 같다고? 361
쾨니히스베르크의 다리 문제 362
기사의 여행 문제 365
점선면의 법칙 367
뫼비우스의 띠 370
조르당 곡선 정리 373
생각의 가지 377

1장

숫자는 어떻게 세계를 바꿨을까?

영국 런던 애드미럴티 아치 건물이 지어진 1910년을 나타내는 로마 숫자(MDCCCCX)가 적혀 있다.

정교수의 pick

◆ 고대 문명과 수학　◆ 로마 숫자　◆ 분수의 탄생
◆ 숫자의 기호화　◆ 문명과 수의 필요성

숫자에 담긴 문명의 흔적들

책이나 영화, 오래된 건물 사진에서 'XVII' 같은 글자를 본 적 있나요? 얼핏 보면 알파벳 같지만, 사실 이건 17, 즉 열일곱을 뜻하는 고대 로마 숫자랍니다. 로마 숫자는 우리가 알고 있는 숫자 1, 2, 3…과는 생김새도, 쓰는 방식도 다릅니다. 그런데 이런 숫자들은 수천 년이 지난 지금까지도 건축물, 시계, 영화 속 장면 등에 등장하고 있어요. 이런 숫자들은 언제, 어떻게 생긴 걸까요?

뼈에 새겨진 수학

아프리카에는 이름이 비슷한 두 나라가 있습니다. 하나는 콩고 공화국이고 다른 하나는 콩고 민주공화국이지요. 이 중 콩고 민주공화국 북동쪽에는 이상고Ishango라는 작은 마을이 있는데, 이곳에서 수학사에 길이 남을 놀라운 유물이 발견되었어요.

1950년, 벨기에의 고고학자 장 드 하인젤린 드 브로쿠르Jean de Heinzelin de Braucourt는 이상고 지역에서 길이가 약 10센티미터쯤 되는 작은 뼈를 찾아냈습니다.

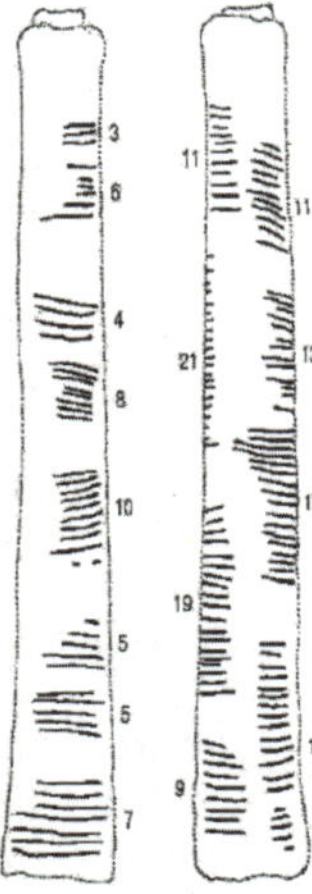

좌_ 벨기에 왕립 자연과학 연구소Royal Belgian Institute of Natural Sciences에 전시된 이상고Ishango 뼈

우_ 뼈에는 총 168개의 눈금이 새겨져 있으며, 세 줄로 나뉘어져 있다.

이를 이상고 뼈Ishango Bone라고 부르는데, 연대는 기원전 약 20,000년에서 18,000년 사이로 추정되고 있어요. 이 뼈에는 도대체 어떤 비밀이 숨겨져 있을까요?

이 뼈를 자세히 살펴보면 총 168개의 눈금이 있는 것을 알 수 있습니다. 학자들은 뼈를 돌려가며 각각의 줄에 새겨진 눈금을 세어 숫자로 정리했어요.

> 왼쪽 열: 3, 6, 4, 8, 10, 5, 5, 7
> 가운데 열: 11, 21, 19, 9
> 오른쪽 열: 11, 13, 17, 19

가운데 열과 오른쪽 열을 한번 자세히 살펴보세요. 흥미로운 규칙을 발견했나요? 맞습니다. 가운데 열은 모두 10과 20을 기준으로 1을 더하거나 뺀 수입니다.

$$11 = 10 + 1$$
$$21 = 20 + 1$$
$$19 = 20 - 1$$
$$9 = 10 - 1$$

오른쪽 열에는 더욱 놀라운 비밀이 있습니다. 모두 10과 20 사이에 있는 소수예요. 소수란 1과 자기 자신만을 약수로 갖는 수인데, 11, 13, 17, 19는 모두 소수랍니다. 게다가 가운데 열의 합(11+21+19+9＝60)과 오른쪽 열의 합(11+13+17+19＝60)이 같다는 사실도 흥미롭지요. 이 규칙들이 단순한 우연인지, 아니면 고대인들이 수의 개념과 소수에 대해 어느 정도 알고 있었는지를 두고, 학자들의 의견은 서로 엇갈리고 있습니다. 만약 이 시대 사람들이 소수에 대해 알고 있었다면 이는 정말 충격적인 발견이 될 거예요. 수학의 시작이 우리 생각보다 훨씬 더 빨리, 아주 이른 시기부터 시작되었다는 뜻이니까요.

이보다 더 오래된 수학 유물도 하나 더 소개할게요. 발견은 이상고 뼈보다 늦었지만 기원전 약 43,000년에서 42,000년경의 유물로 추정되는 레봄보 뼈Lebombo Bone입니다. 지금까지 발견된, 가장 오래된 수학 도구로 알려져 있어요. 레봄보 뼈는 1973년, 남아프리카공화국의 고고학자 피터 버몬트Peter Bernhard Beaumont가 남아프리카공화국과 스와질란드 국경 근처 레봄보 산맥의 한 동굴에서 발견했어요. 이 뼈에는 29개의 눈금이 새겨져 있는데, 고고학계에서는 낮과 밤의 변화와 달의 변화로 시간을 구분하려 한 흔적일 거로 추측하고 있지요.

이 작은 뼈들은 우리에게 수만 년 전 사람들의 목소리를 전해 줍니다.

수학은 먼 옛날, 사람들이 하늘을 올려다보고 손가락을 세며 시작되었다고요. 뼈에 새겨진 눈금은 세상을 이해하고자 했던 인간의 첫 시도이자 마음이라 할 수 있어요. 그 작고 조용한 흔적 속에서 우리는 지금 그리고 앞으로 배울 수학의 뿌리를 발견할 수 있지요.

레봄보 뼈에는 29개의 눈금이 새겨져 있다.

나일강의 축복과 문명의 발전

세계 4대 문명이라는 말, 아마 한 번쯤은 들어본 적이 있을 겁니다. 4대 문명은 각각 메소포타미아 문명, 이집트 문명, 인더스 문명, 황하 문명을 가리켜요. 이 용어는 1900년, 중국 지식인 사회에서 등장했으며, 사상가인 량치차오의 글에서도 유사한 개념을 볼 수 있습니다. 이후 일본의 고고학자 에가미 나미오 등을 통해 동아시아에 널리 퍼지게 되었지요.

4대 문명 가운데 가장 먼저 시작된 것은 메소포타미아 문명입니다. 이 중 이집트 문명은 숫자를 만들어 정형화시키고 체계적으로 사용한 문명 중 하나예요. 이집트 문명이 시작된 나일강 유역은 신이 내린 축복의 땅으로 불릴 만큼 토양이 비옥하고 농사 짓기에 아주 좋은 곳이었어요. 그래서 자연스럽게 경제와 문화가 발달하였지요.

고대 이집트는 크게 남쪽의 상이집트Upper Egypt와 북쪽의 하이집트 Lower Egypt로 나뉘어져 있었습니다. 남쪽이 상, 북쪽이 하라고 하니 조금 이상하지요? 이는 상하를 나누는 기준이 지도상의 위치가 아닌 나일강

문명의 시작, 4대 문명

우리는 흔히 '세계 4대 문명'이라는 표현을 사용하지만 이 표현은 학술 용어가 아닌, 동아시아 지역에서 관습적으로 사용되는 용어입니다. 서양에서는 이와 같은 기준으로 구분하는 대신, 고대 안데스 문명이나 마야 문명처럼 다양한 문명을 함께 다루는 것이 일반적입니다.

이러한 4대 문명에는 공통점이 있습니다. 모두 큰 강을 끼고 있다는 점이지요. 이집트 문명은 나일강, 메소포타미아 문명은 유프라테스강과 티그리스강, 인더스 문명은 인더스강, 황하 문명은 황하강 주변에서 발생했습니다. 이처럼 강을 중심으로 문명이 활발하게 발생한 이유는 강 주변이 농업에 유리한 환경이었기 때문입니다. 농업이 발달하면 사람들이 자연스럽게 모여 살게 되고, 마을은 도시로 성장합니다. 동시에 경제가 발전하고 문자와 숫자, 수학과 같은 학문도 발달하게 되지요. 결국 수학의 기원은 문명의 발상지와 깊은 관련이 있으며, 사람들은 차츰 생활 속의 필요를 해결하는 과정에서 숫자와 계산, 더 나아가 수학을 발전시켜 나갔다고 할 수 있습니다.

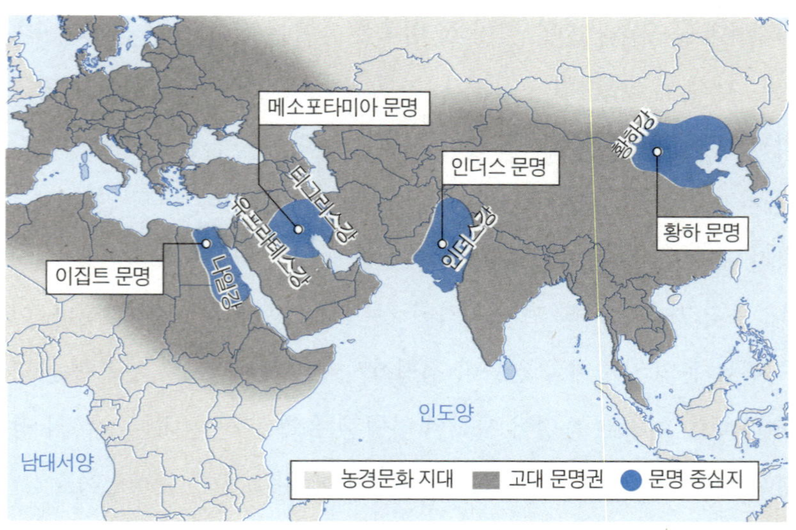

의 흐름이기 때문이에요. 우리 예상과는 달리 나일강은 남쪽에서 북쪽으로 흐른답니다. 그래서 상이집트는 강의 상류 쪽, 하이집트는 하류 쪽에 위치하지요. 당시 하이집트는 늪지대가 많고 지형이 불안정했기 때문에 상이집트에 비해 상대적으로 문화 수준이 낮고 경제 발전 정도가 늦었어요. 상이집트는 안정된 정착지와 농업 환경을 바탕으로 더 이른 시기에 왕권을 탄탄하게 갖추고 종교와 문자, 숫자 체계를 발달시킬 수 있었지요. 본격적인 통일 왕조가 등장하기 전, 상이집트와 하이집트는 각각 독자적인 문화를 구축하며 발전했어요. 이 시기를 선왕조 시대Pre-Dynastic Period라고 부르는데, 숫자가 발명되고 체계를 갖춘 것도 바로 이 시기, 상이집트에서였을 가능성이 큽니다. 본격적으로 이집트 사람들이 발견한 숫자에 관해 이야기하기 전에 간단히 이집트의 역사적 배경에 대해 살펴보도록 하지요.

상징으로 숫자를 나타낸 이집트인들

고대 이집트는 약 3천 년에 걸쳐 찬란한 문명을 꽃피운 위대한 왕국이었습니다. 수많은 파라오가 이끈 이집트의 역사는 전쟁과 통일, 부흥과 쇠퇴가 잇따라 반복되었어요. 특히 나일강은 고대 이집트 문명의 심장이라고 할 수 있지요. 해마다 여름이 되면 나일강은 주기적으로 범람했습니다. 이때 강 주변에는 검은빛을 띠는 퇴적토가 쌓였어요. 이 퇴적토는 아주 비옥해서 이집트 사람들은 밀과 보리와 같은 곡물을 풍성하게 수확할 수 있었지요. 이런 농업 생산력은 이집트가 부유한 왕국으로 성장하

고대 이집트의 역사

통일 왕국의 시작 기원전 3100년경	• 상이집트의 메네스가 하이집트를 정복하고 이집트를 최초로 통일함. • 이때부터 제1왕조가 시작되고 제2왕조까지 묶어 초기 왕조 시대라 불림. • 통치자를 파라오라 부르고 국가 기반이 마련됨.
고왕국 시대 기원전 2686년~2181년경	• 파라오 조세르가 제3왕조를 열고, 세계 최초의 석조 건축물 계단 피라미드를 건설함. • 제4왕조 때 등장한 쿠푸 왕은 현존하는 가장 큰 피라미드 '기자의 대피라미드'를 건설함.
제1중간기 기원전 2181년~2055년경	• 제7왕조~제10왕조까지로 중앙 집권이 무너진 시기
중왕국 시대 기원전 2055년~1650년경	• 멘투호테프 2세가 이집트를 재통일함. • 행정 제도가 정비되고 무역이 확대되었으며 문학과 예술이 크게 발전함. • 이집트 역사상 가장 안정된 시기로 꼽힘.
제2중간기 기원전 1650년~1550년경	• 제13왕조~제17왕조까지로 힉소스 전쟁이 발발하여 힉소스가 세운 왕조와 이집트계가 세운 왕조로 나뉨. • 아흐모세 1세가 힉소스를 몰아내고 이집트를 재통일함.
신왕국 시대 기원전 1550년~1070년경	• 여성 파라오 핫셉수트, 전쟁왕 투트모세 3세, 무덤에서 온전히 발굴된 젊은 파라오 투탕카멘, 아부심벨 신전을 건설한 람세스 2세와 같은 파라오가 집권하며 강력함과 부유함을 유지함.
제3중간기 기원전 1070년~664년경	• 중앙 권력이 약화되고 지방 세력과 외래 왕조(리비아계, 누비아계 등)가 등장함. • 분열과 외세 간섭이 심화된 시기
말기 왕조 시대 기원전 664년~332년경	• 행정 개혁과 문화 부흥을 시도한 마지막 왕조 시기 • 마케도니아의 알렉산더 대왕이 이집트를 정복하며 제31왕조가 막을 내림. • 이후 이집트는 헬레니즘 세계의 일부가 됨.
프톨레마이오스 왕조 기원전 305년~30년경	• 알렉산더 휘하의 장군 프톨레마이오스가 이집트에 새로운 왕조를 세우고 알렉산드리아를 수도로 삼음. • 시리아 원정, 무역 확장으로 황금기를 맞이하였으나, 이후 로마에 대한 의존도가 증가하며 쇠퇴의 길을 걷게 됨. • 결국 기원전 30년, 로마 제국의 속주가 되며 고대 이집트 역사는 막을 내림.

는 밑바탕이 되었습니다.

하지만 나일강의 범람이 항상 반가운 것만은 아니었어요. 강물이 넘치는 바람에 땅의 경계마저도 지워졌기 때문이에요. 누구의 밭이 어디까지인지, 얼마만큼의 세금을 부과해야 하는지를 매년 다시 확인해야만 했습니다. 이렇게 측량과 기록의 필요성이 커지면서, 이집트 사람들은 독자적으로 숫자를 발전시켰어요.

고대 이집트 사람들은 눈에 보이는 상징을 통해 수를 표현했습니다. 1부터 9까지는 다음 그림처럼 막대기를 그려 나타냈어요.

고대 이집트 숫자로 나타낸 1~9까지의 숫자

9보다 큰 수는 서로 다른 상형 문자를 사용했어요.

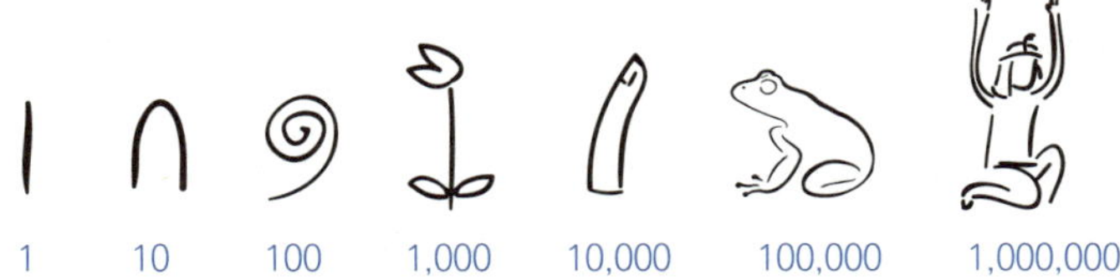

고대 이집트 숫자로 나타낸 큰 수

10은 가축을 묶는 밧줄, 100은 똬리를 튼 밧줄로 나타냈어요. 1,000은 강에 떠 있는 연꽃이 그 정도로 많다는 의미에서 연꽃 모양으로 나타냈지요. 10,000은 수가 너무 많아 손가락으로 가리키는 모습을 뜻해 손가락으로 나타냈고, 10만은 강에 사는 개구리가 그 정도의 수라는 의미에서 개구리로 나타냈어요. 100만은 손을 들어 신을 경배하는 모습을 상징하지요. 예를 들어, 276과 4,622를 고대 이집트 숫자로 나타내면 다음과 같아요.

276   4,622

고대 이집트 숫자로 나타낸 276과 4,622

위 그림을 수식으로 표현하면 다음과 같아요.

$$276 = 100 \times 2 + 10 \times 7 + 1 \times 6$$

똬리 튼 밧줄 2개, 밧줄 7개, 막대기 6개

$$4622 = 1000 \times 4 + 100 \times 6 + 10 \times 2 + 1 \times 2$$

연꽃 4개, 똬리 튼 밧줄 6개, 밧줄 2개, 막대기 2개

고대 이집트 숫자에는 오늘날처럼 자릿값이라는 개념이 없었습니다.

대신 필요한 수만큼 기호를 반복해 조합하는 방식을 사용했어요. 이러한 이집트 숫자는 카르나크 신전에서 볼 수 있어요. 이 신전은 신왕국 시대부터 프톨레마이오스 왕조에 이르는 긴 시간 동안 세워졌는데, 거대한 신전 곳곳에는 고대 이집트 숫자와 상형 문자가 벽면에 새겨져 있어 이집트 사람들이 숫자를 실생활에 어떻게 사용했는지 직접 확인할 수 있답니다.

카르나크 신전에서 발견된 이집트 숫자가 쓰여 있는 기둥

분수와 파피루스

고대 이집트 사람들이 분수도 사용했다면 믿을 수 있나요? 실제로 분수는 중왕국 시대에 본격적으로 발전했어요. 우리가 현재 사용하는 분수 중 단위분수를 주로 사용했지요. 단위분수란 분자가 1인 분수, 즉 $\frac{1}{2}$, $\frac{1}{3}$, $\frac{1}{5}$과 같이 생긴 분수를 말해요.

고대 이집트에서 분수를 사용했다는 기록도 있습니다. 1858년, 스코틀랜드의 고고학자 헨리 린드Henry Rhind는 파피루스 하나를 구입했어요. 파피루스란 나일강 강가에서 자라는 식물로 만든 고대 이집트식 종이예요. 너비 약 30센티미터, 길이 약 540센티미터인 이 파피루스는 발견자

의 이름을 따 린드 파피루스Rhind Mathematical Papyrus라고 불려요. 기원전 약 2000년~1800년경 제작된 것으로 추정되지요.

그로부터 수십 년 뒤인 1893년, 소련(러시아)의 학자 블라디미르 골레니시체프Vladimir Golenishchev가 이집트 테베에서 또 다른 파피루스를 구입했어요. 이 파피루스도 고대 이집트에서 사용한 분수에 대한 기록을 담고 있지요. 지금은 모스크바의 푸쉬킨 미술관에 보관되어 있어서 모스크바 파피루스Moscow Mathematical Papyrus라고도 해요. 이 파피루스는 린드 파피루스와 비슷하지만 너비는 약 $\frac{1}{4}$ 정도로 좁고, 기원전 약 1850년경에 만들어진 것으로 추정된답니다.

그렇다면 고대 이집트 사람들은 분수를 어떻게 표현했는지 알아보도록 합시다. 오른쪽 그림은 이집트 사람들이 분수를 나타낼 때 사용한 기호입니다. 숫자 막대 위에 타원형 모양의 기호가 보이지요? 이 기호는 입 기호로 이 숫자가 단위분수임을 상징해요.

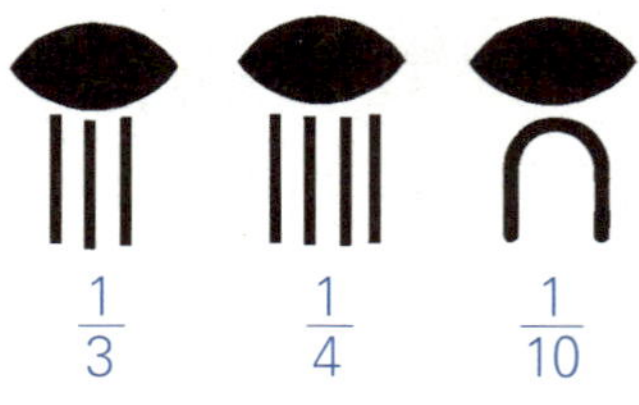

이집트 사람들은 입 기호와 숫자 막대를 이용해 분수를 나타냈다.

이집트 사람들은 단위분수가 아닌 분수도 단위분수의 합으로 나타내는 방법을 알고 있었습니다. 예를 들어, $\frac{5}{6}$는 단위분수가 아니지만 $\frac{1}{2}$과 $\frac{1}{3}$을 사용해 단위분수의 합으로 나타낼 수 있었어요. 또한 분자가 2이고 분모가 홀수인 분수부터 시작해서 무려 분모가 101인 경우까지 찾아냈지요.

$$\frac{2}{5} = \frac{1}{3} + \frac{1}{15}$$

$$\frac{2}{7} = \frac{1}{4} + \frac{1}{28}$$

$$\frac{2}{9} = \frac{1}{6} + \frac{1}{18}$$

$$\frac{2}{101} = \frac{1}{101} + \frac{1}{202} + \frac{1}{303} + \frac{1}{606}$$

이런 방식은 분자가 2 이상인 분수에도 적용할 수 있었어요. 예를 들어,

$$\frac{3}{5} = \frac{2}{5} + \frac{1}{5}$$

으로 표현할 수 있으므로

$$\frac{3}{5} = \left(\frac{1}{3} + \frac{1}{15} \right) + \frac{1}{5} = \frac{1}{3} + \frac{1}{5} + \frac{1}{15}$$

처럼 단위분수의 합으로 표현하는 것이 가능했답니다.

두 강 사이, 문명과 정의가 피어난 곳

역사에서 빼놓을 수 없는 또 하나의 중요한 문명이 있습니다. 바로 메소포타미아 문명이에요. 메소포타미아 $Μεσοποταμία$라는 이름은 그리스어에서 유래했어요. '가운데'를 뜻하는 메소 $Μεσο$, '강'을 뜻하는 포타 $ποτα$에, 지명을 뜻하는 접미사 미아 $μια$가 붙어 만들어졌지요. 즉 메소포타미아는 '두 강 사이의 지역'을 의미해요. 여기서 말하는 두 강은 바로 유프라테스강과 티그리스강이지요. 나일강의 이집트 문명보다도 앞서 문명의 꽃을 피운 이 넓은 평원에는 수많은 도시 국가들이 자리했습니다. 신전과

역사 속으로

고대의 법과 정의, 함무라비 법전

기원전 1766년, 엘람 왕국이 침입하자, 함무라비왕은 라르사와 동맹을 맺어 이를 물리쳤어요. 하지만 라르사의 미온적인 태도에 화가 난 함무라비왕은 이를 빌미로 남메소포타미아를 장악합니다. 그는 다시 북쪽으로 진격해 여러 도시 국가를 정복하며 메소포타미아 전역을 통일했어요. 함무라비왕은 정치적 업적 외에도 함무라비 법전으로 유명해요. 이 법전은 인류 역사상 가장 오래된 성문법 중 하나로, 농업, 상업, 가족, 범죄 등 일상 전반을 다루는 282개의 조항으로 이루어져 있어요. 법전 서문에는 "약한 자가 강한 자에게 억압받지 않도록 정의를 세우겠다"라는 왕의 의지가 담겨 있어요. 1901년, 프랑스-이란 발굴팀이 이란의 고대 도시 수사에서 이 법전을 발견했어요. 검은색 섬록암디오라이트 $Diorite$에 새겨진 이 법전은 높이 약 2.25미터로, 상단에는 부조가, 하단에는 아카드어 쐐기문자가 새겨져 있어요. 지금은 프랑스 루브르 박물관에 소장되어 있으며, 고대 법과 정의에 대한 중요한 유산으로 평가받고 있지요.

시장은 활기로 가득했고, 사람들
은 번화한 거리를 다니며 풍요로
움을 누렸지요. 하지만 이내 고민
거리가 생깁니다.

"누가 곡식을 언제, 얼마나 빌렸
는지 어떻게 기록할까?"
"오늘도 이렇게 많은 물건을 사
고 팔았는데, 이 모든 거래를 어떻
게 기억하지?"

바빌로니아 쐐기 문자

이때 한 서기관이 뾰족한 갈대 펜으로 진흙판에 작은 자국을 새겼습니
다. 이것이 쐐기 문자Cuneiform, 큐니폼의 시작이었어요.

기원전 2000년경, 메소포타미아 지역에 바빌로니아 제국이 등장합니
다. 수도는 바빌론이었고, 그 중심에는 강력한 통치자 함무라비왕이 있
었어요. 함무라비왕의 통치 아래 바빌로니아는 강력한 중앙 집권 국가로
성장했지요.

60진법을 만든 바빌로니아인들

이처럼 강력한 국가인 바빌로니아에서 숫자는 어떻게 발전했을까요?
먼저 다음 그림을 보세요.

| ⟙ | 1 | ⟙⟙ | 2 | ⟙⟙⟙ | 3 | ⟙⟙⟙⟙ | 4 |

바빌로니아 숫자표

바빌로니아 수

위 그림은 1, 2, 3…등의 숫자를 나타낸 그림입니다. 이처럼 바빌로니아 사람들은 1을 나타내는 기호와 10을 나타내는 기호를 조합해 숫자를 만들었어요. 바빌로니아 사람들은 이를 이용해 60진법을 만들었는데, 60은 1, 2, 3, 4, 5, 6, 10, 12, 15, 20, 30, 60처럼 다양한 수로 나누어떨어지기 때문에, 계산에 매우 유리했지요. 또한 바빌로니아 사람들은 한 바퀴를 360도, 1년을 360일, 한 달을 12개월로 정의했어요. 이때 등장하는 360과 12는 모두 60진법으로 다룰 때 편리한 수가 되지요. 바빌로니아 사람들의 60진법은 훗날 천문학, 시간 계산, 각도 개념 등에 큰 영향을 주었어요.

이제 앞의 그림에서 1과 60을 살펴보도록 합시다. 혹시 60을 나타내는 기호가 1과 같다는 사실을 눈치챘나요? 이를 이용해 바빌로니아 사람들은 60 이상의 수를 자릿값을 이용한 표기법을 활용해 나타냈어요.

메소포타미아 수	60진법 표시	십진법 표시
	1,15	75
	1,40	100
	16,43	1003
	44,26,40	160000
	1,24,51,10	305470

예를 들어, ⟨ ⟩는 일의 자릿수가 ⟨ ⟩(15)이고, 60의 자릿수가 ⟨ ⟩
(1)이므로 이 수는

$$1 \times 60 + 15 = 75$$

가 됩니다.

또한 ⟨ ⟩은 일의 자릿수가 ⟨ ⟩(40), 60의 자릿수가 ⟨ ⟩(26),
60^2의 자릿수가 ⟨ ⟩(44)이므로

$$44 \times 60^2 + 26 \times 60 + 40 = 160000$$

이 되지요.

바빌로니아 사람들은 1보다 작은 소수도 표현할 수 있었습니다. 십진
법에서는 0.23이라는 소수를 다음처럼 전개합니다.

$$2 \times \frac{1}{10} + 3 \times \frac{1}{10^2}$$

이에 대해 바빌로니아 사람들은 60진법을 사용해 소수를 표현했어요. 예를 들어, 방금 이야기한 0.23은

$$2 \times \frac{1}{60} + 3 \times \frac{1}{60^2}$$

으로 나타내고, ;2,3이라고 썼어요. 여기서 ; 기호는 소숫점을 나타내는 기호예요. 따라서 바빌로니아 수 4,28;59,3은

$$4 \times 60 + 28 \times 1 + 59 \times \frac{1}{60} + 3 \times \frac{1}{60^2}$$

처럼 나타낼 수 있지요. 미국 예일 대학교에 보관된 고대 바빌로니아 유물 중에는 다음과 같은 수가 나열된 점토판이 있어요.

$$
\begin{array}{rl}
2 & 30 \\
3 & 20 \\
4 & 15 \\
5 & 12 \\
6 & 10 \\
8 & 7,30 \\
10 & 6 \\
12 & 5 \\
\end{array}
$$

　이 점토판의 내용은 역수에 관한 표랍니다. 예를 들어, 2의 역수는 십진법으로 $\frac{1}{2}$, 즉 0.5로 나타낼 수 있어요. 60진법으로 나타내면

$$\frac{1}{2} = 30 \times \frac{1}{60} \;\Rightarrow\; ;30$$

이고, 소수 첫째 자릿수가 30이 된다는 것을 의미해요. 또한 8의 역수인 $\frac{1}{8}$은 ;7,30으로 표시할 수 있어요. $\frac{1}{8}$을 십진법으로 나타내면 0.125인데,

$$0.125 \times 60 = 7.5 \;\rightarrow\; \text{첫 번째 자리: } 7$$
$$0.5 \times 60 = 30 \;\rightarrow\; \text{두 번째 자리: } 30$$

이 됩니다. 이를 60진법으로 나타내면

$$\frac{1}{8} = 7 \times \frac{1}{60} + 30 \times \frac{1}{60^2}$$

이 되지요.

　이처럼 바빌로니아 사람들은 60진법을 바탕으로 크고 작은 수를 자유롭게 표현했습니다. 이들의 수 체계는 계산과 기록의 기준이 되었고, 훗날 수학과 과학의 기초를 다지는 데 큰 영향을 주었어요. 수천 년 전 고대 문명의 지혜가 우리 삶 속에 여전히 살아 숨 쉰다는 사실, 참 놀랍지 않나요?

숫자를 점과 막대로 표현한 마야인들

이처럼 독특한 수 체계를 가진 사람들이 이집트나 바빌로니아에만 있는 것은 아니었습니다. 지구 반대편 정글 한가운데서도, 놀라운 수 체계를 만들어낸 사람들이 있었어요. 바로 고대 마야 사람들이에요.

마야 사람들이 세운 경이로운 세계를 마야 문명이라고 불러요. 정글이 끝없이 펼쳐진 유카탄반도와 중앙아메리카 땅 위에 거대한 도시가 세워졌어요. 하늘로 솟은 계단식 피라미드, 정교한 석조 신전, 끝없이 이어진 도로와 운하, 이 모든 것이 바로 마야 문명을 가리키지요. 마야 문명은 오늘날 멕시코 남동부, 과테말라와 벨리즈 전체, 온두라스와 엘살바도르 서부 지역을 아우르는 곳에서 기원전 2000년경에 발생했어요. 오랜 세월 동안 마야 사람들은 풍요로운 농경 사회를 이루었고, 천문학, 건축, 수학 등 다양한 분야에서 놀라운 발전을 이루어냈지요.

마야 사람들도 자신들만의 독특한 숫자 체계를 가지고 있었습니다. 정확히 언제 만들어졌는지 알려져 있진 않지만, 16세기 초 스페인 탐험가들이 유카탄반도를 탐험할 때, 이미 마야 숫자가 존재하고 있었어요. 마야 숫자의 가장 큰 특징은 20진법을 사용했다는 점이에요. 우리가 보통 사용하는 십진법은 0부터 9까지 10개의 숫자를 하나의 묶음으로 보지만, 마야인들은 0부터 19까지를 하나의 묶음으로 생각했어요. 손가락 10개와 발가락 10개를 모두 더하면 20개가 되니, 자연스럽게 20을 기본 단위로 삼은 거지요.

또 하나 놀라운 점은, '0'을 나타내는 기호를 사용했다는 사실입니다. '0'은 비어 있는 자리를 나타내는 기호인데, 단순해 보이지만 숫자 체계의 발전에 있어서 굉장히 혁신적인 개념이에요.

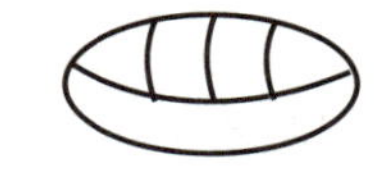

마야 숫자 0을 나타내는 기호

　마야 사람들은 1을 나타내는 기호인 점(●)과 5를 나타내는 기호인 막대기(ㅡ)를 사용해 0부터 19까지의 수를 나타냈어요. 예를 들어, 8은 5＋3이므로 5를 나타내는 기호(ㅡ) 위에 1을 나타내는 기호 세 개(●●●)를 써서 다음과 같이 나타내지요.

　20 이상의 수는 자릿값을 이용해 위아래로 쌓아 표현했어요. 예를 들어, 20은 20×1＋0, 즉 20의 자릿수 1과 일의 자릿수 0으로 나타낼 수 있으니 높은 자리를 위에 써서

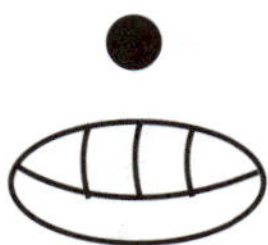

처럼 쓸 수 있어요. 같은 방법으로 28은 20＋8이므로, 20의 자릿수는 1이고 일의 자릿수는 8이에요. 그러므로 다음과 같이 나타낼 수 있어요.

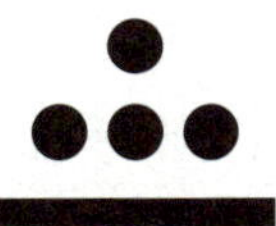

마야 숫자로 0부터 29까지의 수를 나타내면 다음과 같아요.

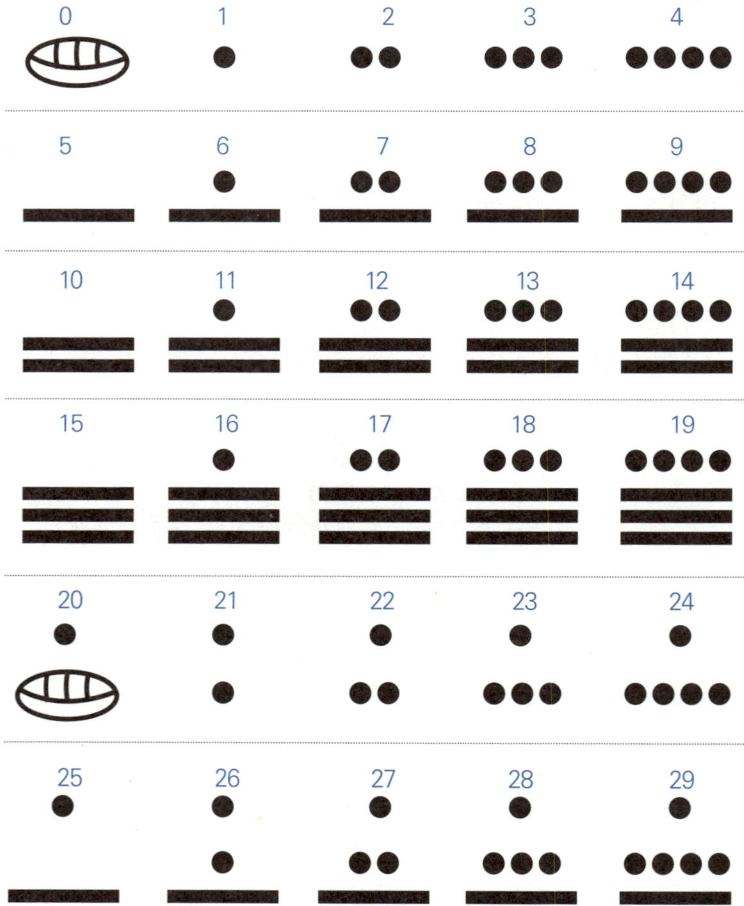

마야 숫자로 나타낸 0부터 29까지의 수

좀 더 큰 수를 마야 숫자로 나타내 볼까요. 예를 들어, 100의 경우에는
$100 = 5 \times 20 + 0$이므로 20의 자릿수는 5이고 일의 자릿수는 0이에요.
그러므로 100은 마야 숫자로 다음과 같이 나타낼 수 있어요.

좀 더 큰 수인 1,377을 마야 숫자로 바꿔 봅시다. $20^2 = 400$이므로 20 진법으로 바꾸면

$$1377 = 3 \times 20^2 + 8 \times 20 + 17$$

이므로 20^2의 자리(3), 20의 자리(8), 일의 자리(17)로 쌓아 표현하면 다음과 같습니다.

마야 숫자는 위에서 아래로 내려오며 자릿수를 읽는 구조라고 했어요. 자릿값 개념, 0의 발명, 간단한 기호를 이용한 표현은 오늘날의 수 체계와 매우 유사합니다.

마야 숫자로 덧셈과 뺄셈도 할 수 있어요. 자릿수 별로 계산하면 간단하게 답을 구할 수 있지요. 예를 들어, 5+8은 다음 그림과 같아요.

13 − 5도 다음처럼 나타낼 수 있지요.

프랑스어 속에 살아남은 20진법의 흔적

마야 사람들의 20진법 수 체계는 현대 유럽에서도 그 흔적을 찾아볼 수 있어요. 예를 들어, 숫자 99는 영어로 90을 나타내는 ninety와 9를 나타내는 nine이 붙은 ninety-nine이지만, 프랑스어로는 quatre-vingt-dix-neuf라고 해요. 이는 '4개의 20과 19의 합'이라는 뜻이지요. 여기서 quatre는 4, vingt는 20, dix는 10, neuf는 9를 의미해요. 수식으로 표현하면

$$4 \times 20 + 19$$
$$80 + 19 = 99$$

가 되지요. 특히 프랑스어에서는 60 이후의 숫자를 독특한 방식으로 표현해요.

$$70: \text{soixante-dix} \rightarrow 60 + 10$$
$$80: \text{quatre-vingts} \rightarrow 4 \times 20$$
$$90: \text{quatre-vingt-dix} \rightarrow 4 \times 20 + 10$$

이처럼 20을 기본 단위로 하는 수 표현 방식은 손가락과 발가락을 모두 세서 20을 기준으로 삼았던 고대 마야 사람들의 수 감각과 닮아 있었어요. 물론 직접적으로 연결된 것은 아니지만, 인간의 몸에서 출발한 수개념이 시대와 문화를 넘어서 나타난다는 사실은 정말 흥미롭지요.

로마 숫자가 살아남은 이유

로마 숫자의 기원은 아주 오래전, 기원전 8세기 무렵으로 거슬러 올라갑니다. 로마 사람들이 이탈리아반도에 정착하기 전, 이탈리아반도에는 에트루리아 사람들이 살고 있었어요. 이들은 에트루리아 숫자 체계를 사용하고 있었는데, 바로 이 숫자가 로마 숫자로 바뀌었어요.

로마 숫자는 약 2천 년 동안 유럽 전역에서 사용되었습니다. 인도-아라비아 숫자가 유럽에서 본격적으로 퍼지기 시작한 11세기까지 널리 쓰였어요. 처음에는 주로 물건을 세거나 거래를 기록할 때 사용했지만 나중에는 건축물, 기념비, 공식 문서와 같은 곳에서도 쓰였지요.

로마 숫자는 몇 개의 기호를 이용해 수를 표현합니다. 기본 기호는 다음과 같아요.

$$
\begin{aligned}
1 &= \text{I} \\
5 &= \text{V} \\
10 &= \text{X} \\
50 &= \text{L}
\end{aligned}
$$

$$100 = C$$
$$500 = D$$
$$1000 = M$$

로마 숫자로 1, 2, 3은 어떻게 나타내는지 볼까요?

$$1 = I \,,\, 2 = II \,,\, 3 = III$$

그렇다면 4는 자연스럽게 IIII처럼 쓰지 않았을까 생각하게 되지요. 하지만 로마 사람들은 그렇게 나타내지 않았어요. 대신 5를 나타내는 새로운 기호를 만들었어요.

$$5 = V$$

로마 사람들이 5를 V로 나타낸 것은 손가락이 다섯 개이고, 손가락을 모두 펼치면 아래 그림과 같이 V 모양이 되기 때문이라는 설이 가장 유력해요.

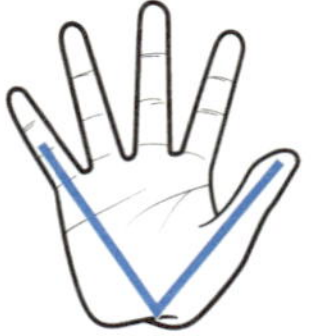

로마 사람들은 손가락을 펼치면
V 모양이 되는 것을 보고
5를 V로 나타냈다.

게다가 로마 사람들은 III처럼 같은 기호가 여러 번 반복되는 것을 좋아하지 않았습니다. 대신 4를 나타내기 위해 뺄셈의 개념을 도입했어요. 4는 5보다 1 작으므로 5를 나타내는 V 앞에 1을 나타내는 I를 써서 IV라고 나타냈지요. 그렇다면 6, 7, 8은 어떻게 나타낼까요?

6=5+1, 7=5+2, 8=5+3이므로 아래처럼 나타낼 수 있어요.

$$6 = \text{VI} , 7 = \text{VII} , 8 = \text{VIII}$$

즉 V보다 앞에 오는 I는 1을 빼고 V보다 뒤에 오는 I는 1을 더한다는 뜻이에요. 이제 로마 사람들은 10을 나타내는 기호가 필요해졌습니다. 반복하는 것을 싫어하는 로마 사람들은 10을 VV로 표현하는 대신, 아래 그림처럼 나타냈어요.

$$10 = \text{X}$$

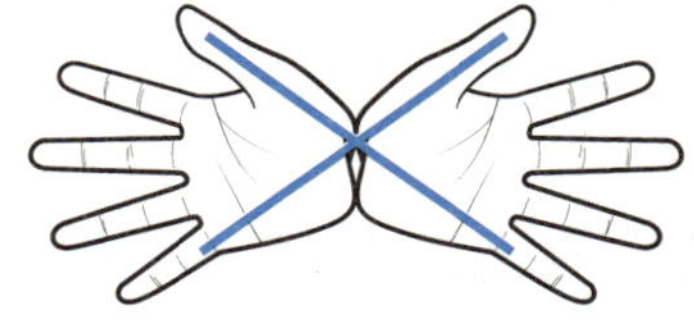

따라서 9, 11, 12, 13, 14를 각각 나타내면

$$9 = \text{IX}, 11 = \text{XI}, 12 = \text{XII}, 13 = \text{XIII}, 14 = \text{XIV}$$

가 되지요. 29처럼 큰 숫자는 과연 어떻게 나타낼지 한번 생각해 보세요. 29=10+10+9니까

$$\text{XXIX}$$

가 되겠지요.

로마 사람들에게는 끊임없이 새로운 기호가 필요했습니다. 예를 들어, 40을 나타내려면 50을 나타내는 기호가, 90을 나타내려면 100을 나타내는 기호가 필요했지요. 그래서 로마 사람들은 50을 L로, 100은 C로 나타내기로 했습니다. 이를 이용해 40과 90을 표현하면 각각 다음과 같아요.

40은 50에서 10을 뺀 XL

90은 100에서 10을 뺀 XC

500과 1000은 다음과 같이 나타냈어요.

500 = D, 1000 = M

로마 숫자는 자릿값 개념이 없고 기호를 조합해야 하므로, 계산하는 데에는 다소 불편했어요. 덧셈과 뺄셈처럼 간단한 계산은 가능했지만, 곱셈이나 나눗셈처럼 복잡한 계산은 쉽지 않았지요. 그래서 시간이 흐르면서 더 간편하고 계산에 유리한 인도-아라비아 숫자가 유럽에 도입되자, 자연스럽게 로마 숫자는 사라지게 되었어요.

하지만 로마 숫자가 완전히 사라진 것은 아닙니다. 오히려 전통과 권위를 상징하는 기호로 남았어요. 왕이나 교황의 이름, 고급 시계의 숫자판, 건물의 건축 연도 같은 곳에서 우리는 여전히 로마 숫자를 만날 수 있습니다. 몇천 년이 지나도 여전히 우리 곁에 남아 있다는 사실이 정말 멋지지 않나요?

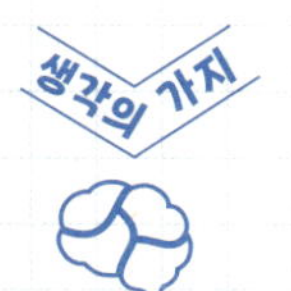

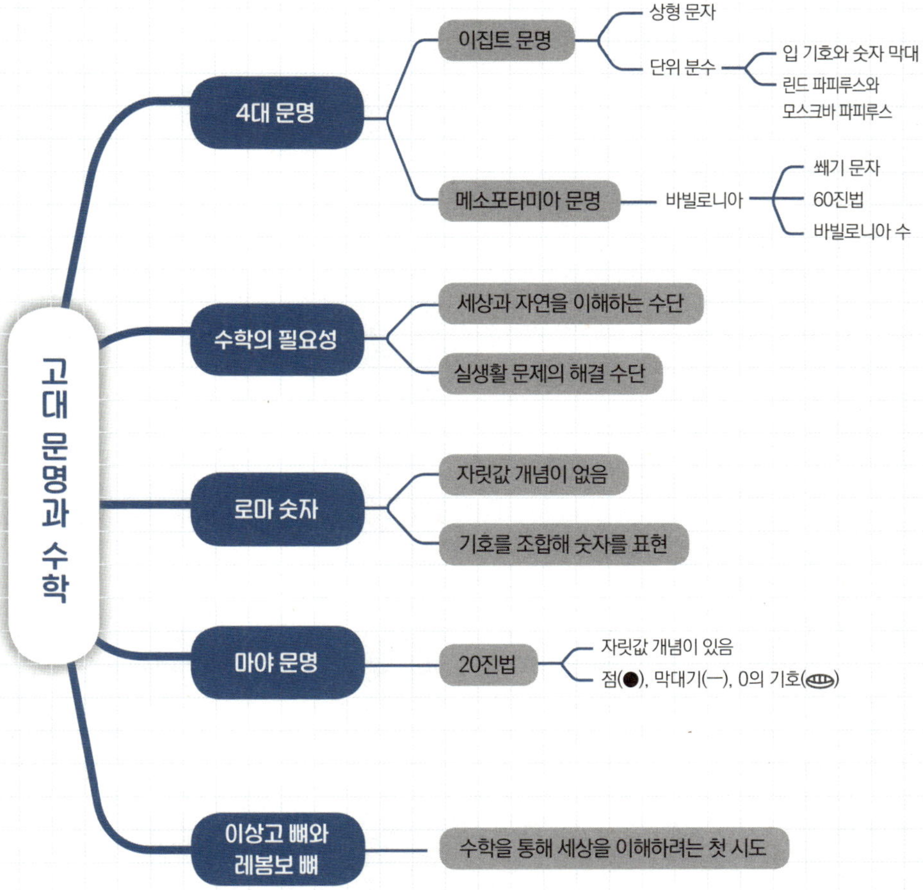

고대 문명과 수학

- 4대 문명
  - 이집트 문명
    - 상형 문자
    - 단위 분수
      - 입 기호와 숫자 막대
      - 린드 파피루스와 모스크바 파피루스
  - 메소포타미아 문명
    - 바빌로니아
      - 쐐기 문자
      - 60진법
      - 바빌로니아 수
- 수학의 필요성
  - 세상과 자연을 이해하는 수단
  - 실생활 문제의 해결 수단
- 로마 숫자
  - 자릿값 개념이 없음
  - 기호를 조합해 숫자를 표현
- 마야 문명
  - 20진법
    - 자릿값 개념이 있음
    - 점(●), 막대기(ㅡ), 0의 기호(◓)
- 이상고 뼈와 레봉보 뼈
  - 수학을 통해 세상을 이해하려는 첫 시도

2장

숫자에 숨겨진 인류의 위대한 발견

이상의 연작시 〈오감도〉 중 네 번째 작품.

정교수의 pick

◆ 숫자와 수의 차이   ◆ 0의 등장과 의미
◆ 브라마굽타   ◆ 음수의 발견과 발전

아무것도 아닌 0이 만든 혁명

우리는 숫자에 둘러싸여 살아갑니다. 아파트 동 호수, 전화번호, 계좌번호, 바코드, 신용카드 번호까지, 숫자는 우리 일상 깊숙하게 자리 잡고 있지요. 우리가 사용하는 숫자는 0부터 9까지의 기호로 이루어진 것으로 인도-아라비아 숫자라고 합니다. 이 아홉 개의 숫자로 모든 수를 나타낼 수 있어요.

앞에서 보았던 시인 이상의 〈오감도〉 연작은 오직 숫자로만 이루어져 있습니다. 이 시를 거울에 비추면 0부터 9까지 숫자가 모두 나타나요. 숫자 자체가 하나의 시가 된 것이지요. 그렇다면 새로운 예술로 탄생한, 단순하고 평범한 숫자들은 언제 어디서 시작되었을까요?

숫자에도 국적이 있다면?

1, 2, 3… 56, 57… 89, 90…. 우리가 사용하는 숫자는 인도-아라비아 숫자입니다. 이름만 보면 마치 아라비아에서 시작된 것 같지만, 실제로 이 숫자 체계를 처음 만든 사람들은 인도 사람이에요. 다만 이 숫자가 아라비아를 통해 유럽에 전해졌기 때문에 그런 이름이 붙게 된 것이지요.

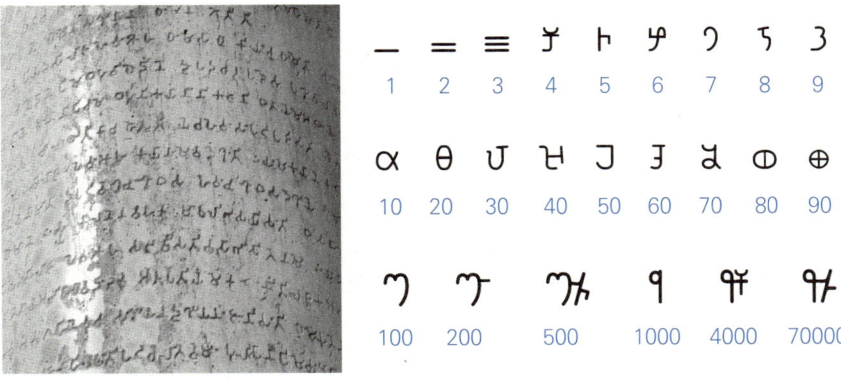

좌_ 아소카 칙령 우_ 인도 최초의 숫자, 브라흐미 숫자

앞서 말한 것처럼 0부터 9까지 단 10개의 숫자로 모든 수를 나타낼 수 있어요. 하지만 고대 인도 사람들이 처음부터 10개의 숫자, 즉 십진법을 사용한 것은 아니었답니다. 인도 최초의 숫자는 브라흐미 숫자로 아소카 칙령에서 처음 등장합니다. 하지만 이 숫자 체계는 완전한 십진법 체계가 아니기 때문에 10, 20, 30 등을 나타내는 기호가 필요했어요.

아소카 칙령은 찬드라굽타왕 손자 아소카왕이 남긴 것입니다. 그는 마우리아 왕조의 제3대 왕으로 기원전 268년부터 기원전 232년까지 인도를 다스렸어요. 아소카왕의 할아버지는 인도 최초의 통일 제국을 이룩한 찬드라굽타 마우리아입니다. 찬드라굽타는 불안정했던 정치 상황 속에서도 혼란스러워진 북서부 지역을 장악했어요. 그 후, 알렉산더 대왕의 후계자인 셀레우코스 1세와의 충돌 끝에 평화 조약을 맺고 힌두쿠시에서 갠지스강 유역에 이르는 서부 영토를 확보했지요.

할아버지가 튼튼히 기초를 닦은 인도에서 아소카왕은 인도 대륙 대부분을 통일하고 불교를 국교로 삼았어요. 그는 전쟁의 참혹함을 깨달은 뒤 평화와 비폭력의 가르침을 전파하며, 전국 30여 곳 이상의 기둥·암벽·동굴에 불교와 통치 이념을 담은 아소카 칙령_{Ashokan Edicts}을 남겼습니다. 이 비문들은 인도 역사상 가장 이른 공식 기록물로 평가받고 있어요.

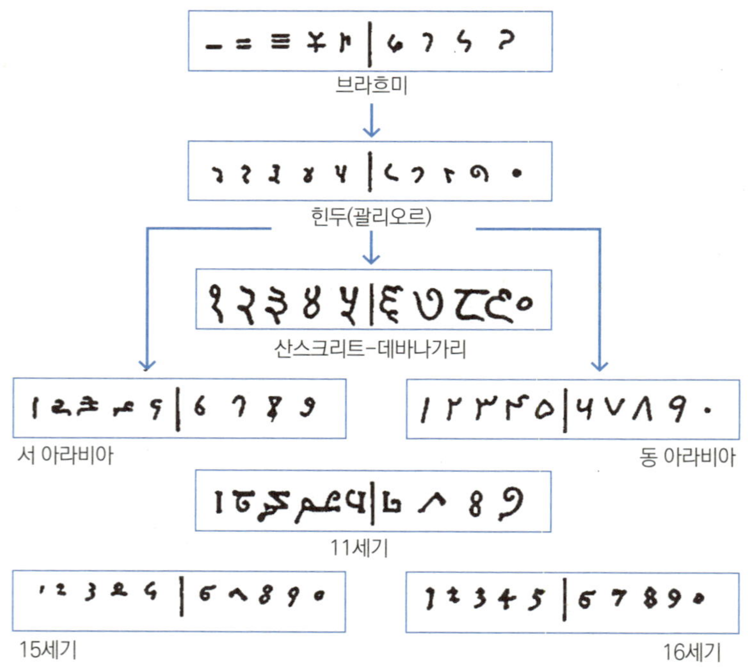

브라흐미 숫자에서 현대의 숫자까지

브라흐미 숫자는 시간이 흐르면서 점차 형태가 단순하고 세련되게 바뀌었고, 마침내 오늘날 우리가 사용하는 인도-아라비아 숫자 형태로 자리 잡게 되었어요. 그런데 이 숫자들이 조금 더 완전한 체계를 이루기 위해서는 아주 특별한 숫자가 더 필요했지요. 바로 '0'이라는 개념이었어요.

비어 있던 자리, 0이 되다

단 하나도 남아 있지 않을 때, 우리는 숫자 0으로 표현합니다. 하지만 0
이 처음부터 숫자로 받아들여진 것은 아니었습니다. 오히려 처음에는 '아
무것도 없음', 즉 자릿수가 비어 있음을 나타내는 기호로 사용되었어요.
예를 들어, 101에서 사용된 0은 십의 자리가 비어 있음을 나타내지요.

고대 바빌로니아 사람들도 이 개념을 이해하고 있었습니다. 이들은 60
진법을 사용했는데, 숫자 사이의 자릿값을 명확히 구분하기 위해 빈자리
를 나타내는 기호를 썼어요. 이 기호는 우리가 아는 0의 초기 형태라고 볼
수 있지요.

바빌로니아 사람들이 빈자리를 나타내기 위해 사용한 기호

이제 바빌로니아 숫자로 표시된 다음 두 수를 살펴보도록 합시다.

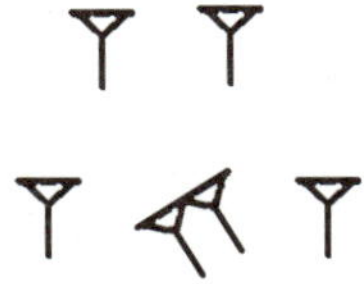

두 수 중 위에 있는 수는 60의 자리가 1이고 일의 자리가 1입니다. 그

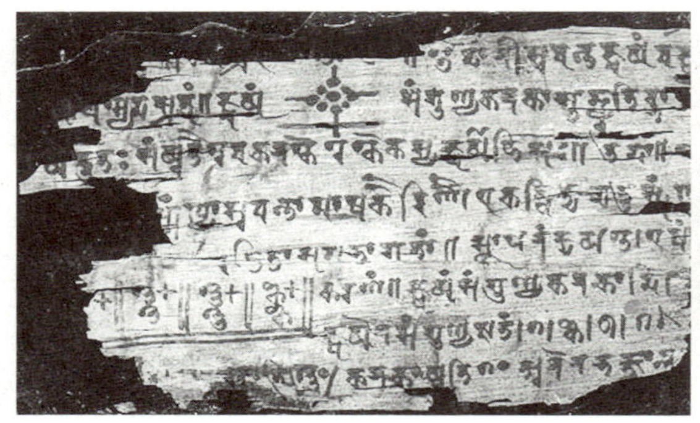
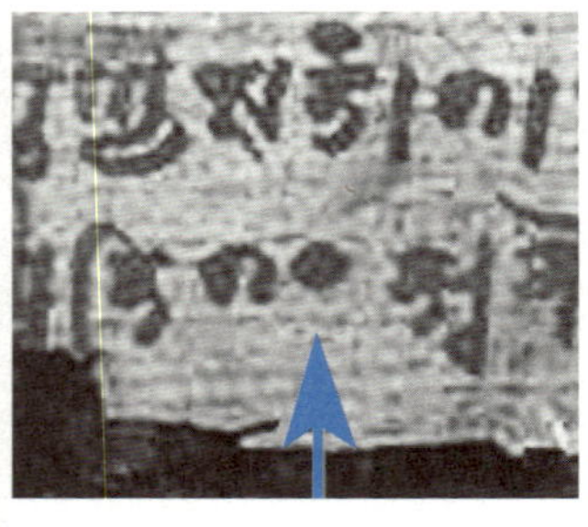

러므로 60 + 1 = 61이 됩니다. 두 번째 수는 가운데에 0을 나타내는 기호가 있습니다. 따라서 맨 앞의 1(Υ)은 60^2의 자리를 나타내고, 60의 자릿수는 0, 일의 자릿수는 1이지요. 이 수를 고치면 $60^2 + 1 = 3601$이 됩니다. 이렇게 고대 바빌로니아 사람들은 빈자리를 나타내기 위해 0의 기호를 도입했어요. 그뿐만 아니라 같은 시기, 고대 마야 사람들도 빈자리를 나타내기 위해 0의 기호를 사용했어요.

오늘날 우리가 사용하는 '0'의 기호와 개념은 인도에서 결정적인 발전을 이루게 됩니다. 0의 기호를 누가 처음 사용했는지는 정확히 알려지지 않았어요. 다만 빈자리를 나타내기 위해 0을 기호로 사용한 문서가 1881년, 파키스탄 바흐샬리Bakhshali 마을에서 한 농부에 의해 발굴되었지요. 이 문서는 자작나무껍질에 쓰여 있는데, 숫자 사이의 빈자리를 나타내기 위해 점(•) 모양의 기호를 사용하고 있어요.

약간의 논란은 있지만 방사성 탄소 연대 측정 결과, 이 문서의 일부는 기원후 3세기에서 5세기 사이 인도를 다스렸던 굽타 왕조 시대에 쓰인 것으로 밝혀졌습니다. 기원후 500년경 활동한 인도의 천문학자 아리아바타 Aryabhata는 '카kha'라는 단어를 사용해 빈자리를 표현했는데, 이는 0의 개

넘을 정립하는 데 영향을 주었어요. 이러한 숫자 체계의 발전 덕분에 인도 사람들은 0부터 9까지만으로도 어떤 수든 표현할 수 있게 되었습니다.

0의 도입은 표기상의 편리함을 넘어서 수의 크고 작음 비교는 물론, 덧셈, 뺄셈, 곱셈, 나눗셈 같은 연산까지 훨씬 간편하게 만들어 주었습니다. 로마 숫자 체계와 비교하면 계산을 훨씬 효율적으로 할 수 있다는 점에서 0은 획기적인 발견이라 할 수 있어요.

인도에서 유럽까지, 숫자의 실크로드

인도에서 발전한 십진법과 0의 개념을 포함한 숫자 체계는 9세기 초, 바그다드의 지혜의 집에서 활동하던 수학자 무함마드 이븐 무사 알콰리즈미에 의해 아라비아 세계에 소개되었습니다. 알콰리즈미는 825년에 쓰인 그의 책 『인도 계산법에 관한 책Kitab al-Jam' wal-Tafriq bi Hisab al-Hind』에서 인도식 숫자 체계와 계산 방법을 상세히 설명했어요. 이 책은 후에 라틴어로 번역되어 유럽에 알려졌고, 그의 이름은 알고리즘이라는 용어의 어원이 되었지요.

아라비아를 통해 전파된 인도식 숫자 체계는 10세기 말, 스페인 리오하 지역의 산 마르틴 데 알벨다 수도원에서 편찬된 『코덱스 비질라누스Codex Vigilanus』라는 유럽 문서에 처음 기록되었어요. 이 책은 976년에 완성되었는데, 유럽에서 아라비아 숫자가 처음으로 등장한 사례로 알려져 있어요.

그러나 이 숫자 체계가 유럽 전역에 널리 퍼지게 된 계기는 13세기 초

코덱스 비질라누스

이탈리아의 수학자 피보나치가 1202년에 쓴 『계산의 책Liber Abaci』을 통해서였습니다. 피보나치는 북아프리카에서 상업 활동을 하던 아버지를 따라다니며 아라비아 숫자 체계를 접했어요. 훗날 피보나치는 아라비아 숫자 체계를 유럽 상인들에게 소개하여 계산의 효율성을 크게 향상시켰습니다. 이러한 과정을 통해 인도에서 시작된 숫자 체계는 아라비아를 거쳐 유럽에 전파되었고, 오늘날 전 세계적으로 사용되는 보편적인 숫자 체계로 자리 잡게 되었습니다.

역사 속으로

칼리프 알마문과 지혜의 집

기원후 570년경, 아라비아 사막에서 무함마드가 태어났습니다. 훗날 이슬람교를 창시한 무함마드는 아라비아 전역에 종교적 통일을 이끌었어요. 이슬람 제국은 후에 동서로 나뉘는데, 수학에 특히 힘을 쏟은 곳은 바그다드를 중심으로 하는 동아라비아였지요. 그런데 당시 지식과 학문의 요람이었던 알렉산드리아 도서관이 몰락함에 따라 고대 그리스 수학 문헌의 상당수가 유실되었어요. 이를 안타깝게 여긴 학자들은 새 도서관과 학문 기관을 세우기 시작했어요. 그 중심에 있었던 인물이 바로 칼리프 알마문입니다.

아바스 왕조의 칼리프 알마문은 지혜의 집을 설립했어요. 지혜의 집은 수학, 과학, 철학뿐만 아니라 다양한 학문을 번역하고 연구하는 기관으로 발전했습니다. 이곳에서 알콰리즈미를 비롯한 학자들은 그리스, 인도, 페르시아의 지식을 아랍어로 번역하고 발전시켰어요. 이 과정에서 인도의 십진법과 숫자 체계도 본격적으로 받아들여졌지요. 이처럼 지혜의 집은 단순한 도서관이 아니라, 서양 르네상스 이전 최대의 지식 허브였고, 동서 문명이 수학을 매개로 이어지는 교두보 역할을 했답니다.

피보나치가 쓴
『계산의 책』 한 페이지

0을 품은 천재들, 브라마굽타와 바스카라

0이라는 숫자를 처음으로 받아들인 사람은 누구일까요? 바로 인도의 브라마굽타Brahmagupta입니다. 브라마굽타는 그의 책에서 0을 수로 정의하고, 0과 다른 수에 대한 사칙 연산 규칙을 다음과 같이 정리했습니다.

어떤 수에 0을 더하거나 빼면 원래의 수가 된다.
어떤 수에 0을 곱하면 0이 된다.

하지만 그는 0으로 나누는 문제에서는 큰 실수를 저질렀어요. 브라마굽타는 0을 0으로 나눈 값도 0이라고 주장했지만, 이는 후에 잘못된 것으로 밝혀졌어요. 오늘날 수학에서는 0으로 나누는 것은 정의되지 않으며, $0 \div 0$은 부정Undetermined으로 간주해요.

수 세기가 지난 후, 12세기, 인도의 또 다른 위대한 수학자 바스카라 2세Bhāskara II는 0으로 나누는 문제에 대해 새로운 관점을 제시했습니다. 그는 어떤 수를 0으로 나누면 결과가 무한대와 같이 상상할 수 없는 아주 큰 수가 된다고 설명했어요. 이 역시 현대 수학에서는 다소 부정확한 개념이지만, 바스카라의 이런 통찰은 이후 무한 개념과 미적분학의 발달에 크게 이바지했답니다.

바스카라는 그의 대표적인 저서 『릴라바티Līlāvatī』에서 산술, 대수, 기하, 삼각법, 천문학 등 다양한 수학 분야를 시 형식으로 서술했어요. 이 책은 바스카라의 딸 이름을 따서 지어졌다고 전해져요. 『릴라바티』는 이후 수백 년 동안 인도와 이슬람 세계에서 수학 교재로 널리 사용되며 수

브라마굽타

- 기원후 598년, 인도 북서부 라자스탄주 빌라말라(빈말)에서 태어남.
- 고대 수학자이자 천문학자로, 우자인 천문대 책임자로 활동하며 수학과 천문학 발전에 크게 이바지함.
- 30세에 쓴 책 『브라흐마스푸타시단타』에서 0을 최초로 수로 정의하고 음수와 양수의 계산 규칙을 제시함.
- 이차 방정식의 해법과 원에 내접하는 사각형의 넓이를 구하는 공식을 남김.
- 브라마굽타의 연구는 여러 나라의 말로 번역되어 인도-아라비아 숫자 체계와 수학 개념이 유럽에 전파되는 데 중요한 역할을 함.

학의 발전에 오랫동안 영향을 끼쳤답니다.

0 아래의 세계, 음수의 탄생과 발전

0보다 큰수를 양수陽數라고 부르고 0보다 작은 수를 음수陰數라고 합니다. 0보다 1 작은 수는 −1이라고 쓰고 '마이너스 일'이라고 읽지요. 또 −1보다 1 작은 수는 −2라고 쓰고 '마이너스 이'라고 읽습니다. 이런 식으로 무한히 많은 음수를 만들 수 있어요.

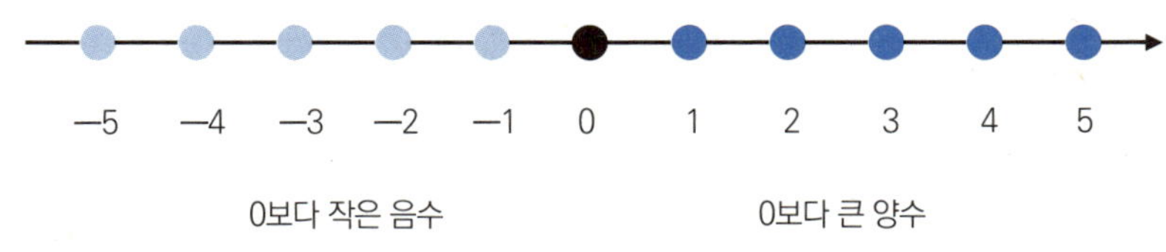

수직선 위에서의 음수와 0, 그리고 양수

우리가 배우는 현대 수학에서 음수의 개념은 너무나도 당연하게 여겨집니다. 하지만 이 역시 아주 오랜 시간에 걸쳐 발전해 왔어요. 음수의 개념은 고대 중국의 수학서 『구장산술九章算術』에서 처음 등장합니다. 이 책에서는 양수를 붉은색 셈 막대, 음수를 검은색 셈 막대로 표현했어요. 이 책은 기원전 2세기부터 기원후 2세기 사이에 걸쳐 완성된 것으로 추정되며, 음수의 개념을 체계적으로 다룬 최초의 책으로 평가받고 있답니다.

인도에서 음수를 처음 생각한 사람은 브라마굽타입니다. 과거에는 방정식 $x+1=0$을 만족하는 값은 존재하지 않는다고 알려져 있었어요. 하지만 브라마굽타는 만일 x가 0보다 1만큼 작은 수라면 방정식을 만족하는 것이 가능하다는 것을 알아냈어요. 그리고 이 x를 음수라고 부르기로 했지요. 또한 그는 수를 0보다 큰 양수와 0과 0보다 작은 음수의 세 가지로 분류했어

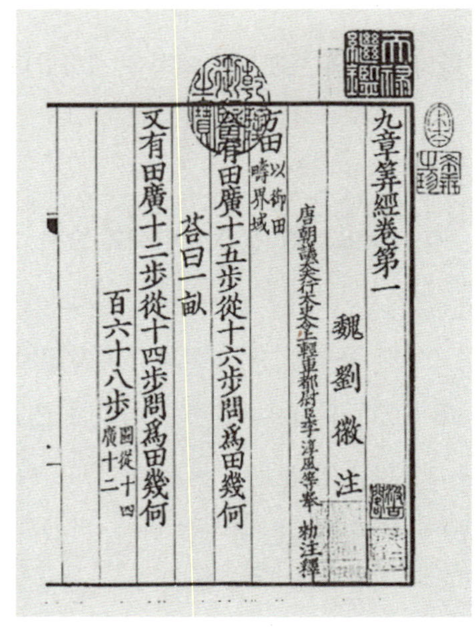

고대 중국의 수학서 구장산술

요. 또한 이슬람 세계에서도 음수에 관한 연구가 이어졌습니다. 12세기의 수학자 알 사마왈Al-Samawal은 그의 책『대수학의 탁월함Al-Bahir』에서 음수의 덧셈과 뺄셈에 대해 다루었어요.

음수의 개념은 중국, 인도, 이슬람을 거치며 점차 정교해졌고, 15세기 이후 유럽 수학자들에 의해 본격적으로 수학이라는 학문에 통합되었습니다. 오늘날 우리가 음수를 당연하게 사용하는 것도, 역사적 발전과 발견, 여러 문명을 거치며 쌓인 지식의 토대 위에 있기 때문이에요.

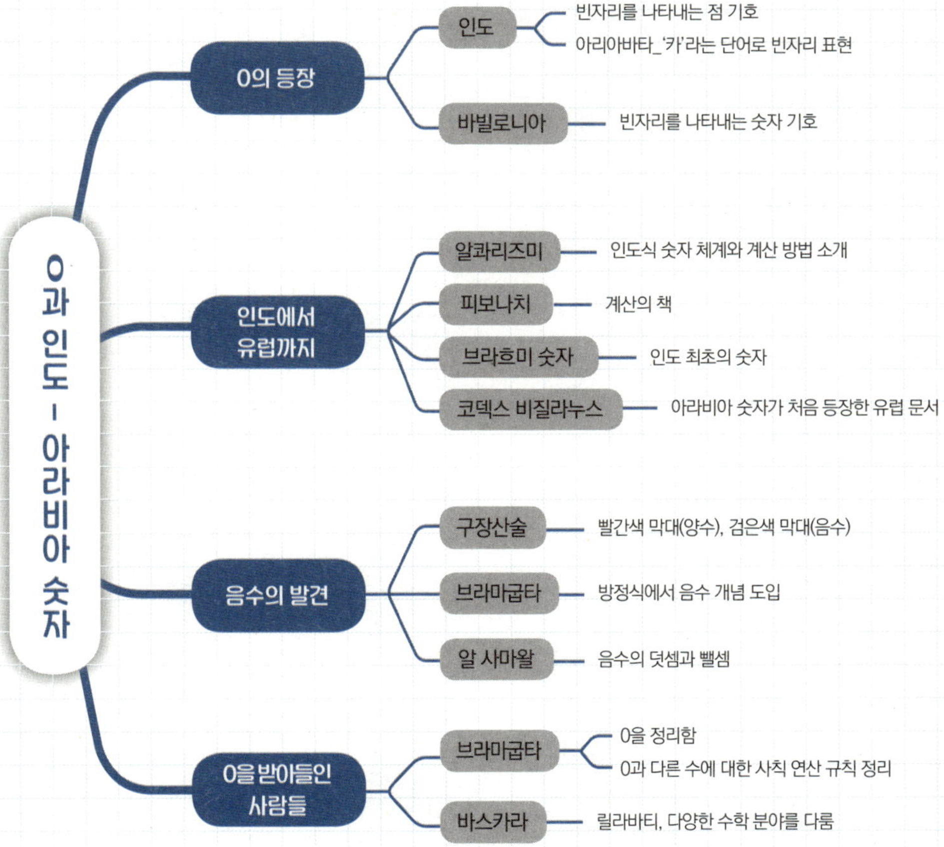

0과 인도-아라비아 숫자

- **0의 등장**
  - 인도
    - 빈자리를 나타내는 점 기호
    - 아리아바타_'카'라는 단어로 빈자리 표현
  - 바빌로니아
    - 빈자리를 나타내는 숫자 기호

- **인도에서 유럽까지**
  - 알콰리즈미 — 인도식 숫자 체계와 계산 방법 소개
  - 피보나치 — 계산의 책
  - 브라흐미 숫자 — 인도 최초의 숫자
  - 코덱스 비질라누스 — 아라비아 숫자가 처음 등장한 유럽 문서

- **음수의 발견**
  - 구장산술 — 빨간색 막대(양수), 검은색 막대(음수)
  - 브라마굽타 — 방정식에서 음수 개념 도입
  - 알 사마왈 — 음수의 덧셈과 뺄셈

- **0을 받아들인 사람들**
  - 브라마굽타
    - 0을 정리함
    - 0과 다른 수에 대한 사칙 연산 규칙 정리
  - 바스카라 — 릴라바티, 다양한 수학 분야를 다룸

3장

기하학, 세상을 이해하는 또 하나의 언어

유클리드의 원론과 피타고라스의 정리

정교수의 pick

◆ 기하학　◆ 피타고라스의 정리　◆ 유클리드 원론
◆ 삼각비　◆ 헤론의 공식　◆ 탈레스

기하학으로 읽는 고대 문명의 지혜

기하학Geometry은 땅을 의미하는 그리스어 geo와 측량을 의미하는 metron에서 유래한 말로, 본래 땅을 재는 학문을 뜻합니다. 고대 이집트에서는 매년 여름, 나일강이 범람했는데 이 때문에 농지의 경계가 사라지곤 했어요. 무너진 밭과 경계선을 다시 세우기 위해 사람들은 땅을 재야만 했지요. 사람들은 줄과 간단한 도구를 이용해 땅에 선을 긋고, 삶의 터전을 정리했어요. 이처럼 기하학은 인간의 생존과 질서를 위한 필요에서 태어난 수학이랍니다.

지금은 직접 줄로 땅을 측량하지는 않지만 기하학은 여전히 우리 일상에 깊이 스며들어 있어요. 도로를 설계하고 건물을 짓고, 벽지 무늬를 디자인할 때도 기하학이 필요합니다.

점과 선, 면과 입체를 다루는 기하학은 세상을 바라보고 해석하고, 아름다움을 느끼는 데 쓰이는 하나의 언어입니다. 기하학을 이해한다는 것은 단순히 수학의 한 분야를 공부하는 것이 아니에요. 숫자와 도형 너머에 있는, 인간의 사유와 감각의 역사이기도 해요.

나일강이 만든 이집트의 기하학

기원전 460년~기원전 370년 사이에 살았던 고대 그리스의 철학자 데모크리토스는 "최초의 기하학자들은 고대 이집트의 측량사였다"라고 했습니다. 실제로 고대 이집트의 측량사들은 새끼줄을 들고 땅에 경계선을 표시하곤 했어요. 나일강의 범람으로 농지의 경계가 사라지면, 측량사들은 사라진 경계를 다시 세우기 위해 땅을 측량해야 했습니다. 이 과정에서 자연스럽게 기하학이 시작되었지요.

이집트 사람들의 기하학에 관한 지식은 린드 파피루스와 모스크바 파피루스에서 찾아볼 수 있습니다. 린드 파피루스에는 많은 기하학 문제들이 수록되어 있는데, 이등변 삼각형, 사다리꼴, 직사각형 등 다양한 도형의 넓이를 구하는 공식이 기록되어 있습니다.

이집트 사람들은 평면 도형뿐 아니라, 피라미드처럼 웅장한 입체 건축물을 세우기 위해, 입체 도형에 관해서도 꾸준히 연구했습니다. 모스크바 파피루스에는 정사각뿔대의 부피를 구하는 방법이 실려 있어요. 이는

이집트의 측량사들이 줄을 들고 땅을 측량하는 모습

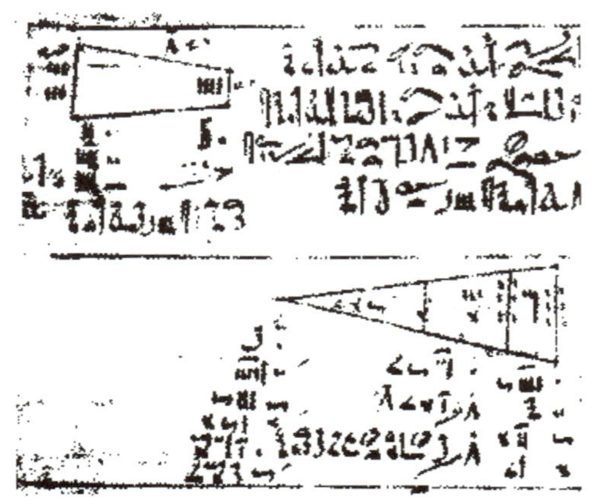

고대 이집트 수학이 단순한 실용 지식이 아니라 일정 수준의 이론적 사고에 기반하고 있었음을 보여 주는 증거가 되지요. 고대 이집트 사람들은 정확한 수학적 사고를 바탕으로 건물을 세웠어요. 바꿔 말하면, 피라미드는 그 자체로 하나의 거대한 수학 교과서인 셈이에요.

기하학의 씨앗을 뿌린 탈레스

기원전 7세기, 고대 그리스의 영토는 지금보다 훨씬 넓었습니다. 에게해 주변의 도시 국가들뿐 아니라 튀르키예 서부와 이탈리아 남부까지 그리스 문명이 퍼져 있었지요. 이 시기, 기원전 624년에 오늘날 튀르키예 서부인 밀레투스에서 그리스 최초의 수학자라 불리는 탈레스Thales가 태어났어요. 탈레스의 어린 시절과 청년 시절에 대한 기록은 거의 남아 있지 않지만, 이집트와 바빌로니아를 여행하며 수학과 천문학 지식을 쌓았다고 전해져요.

　기원전 590년경, 탈레스는 이오니아 철학 학교를 세워 철학, 수학, 천문학을 가르쳤어요. 이오니아는 에게해에 면한 아나톨리아, 오늘날 튀르키예 남서부 지역을 가리키는 고대 지명이에요. 탈레스는 학생들에게 이집트와 바빌로니아에서 배운 수학 지식을 가르쳤어요. 그는 수학과 철학을 연결해 세상을 이해하고자 했지요.

　탈레스의 연구는 계산을 넘어 세상의 원리를 밝히려는 철학적 질문으

고대 그리스의 영토

탈레스가 철학 학교를 세운 이오니아 지방의 위치

로 이어졌어요. 그 과정에서 탈레스는 기하학의 기초를 이루는 몇 가지 중요한 명제를 발견하게 됩니다.

1. 지름은 원을 이등분한다.

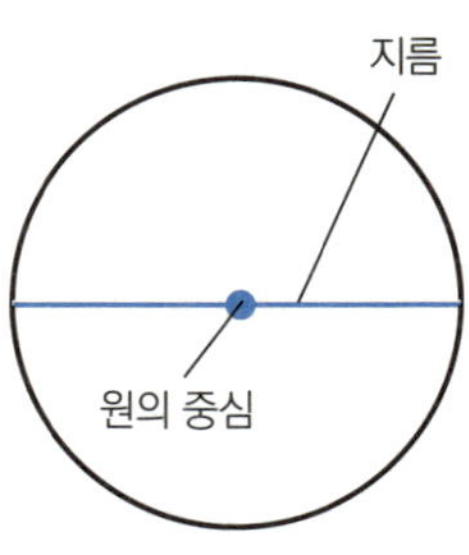

2. 이등변삼각형의 두 밑각은 같다.

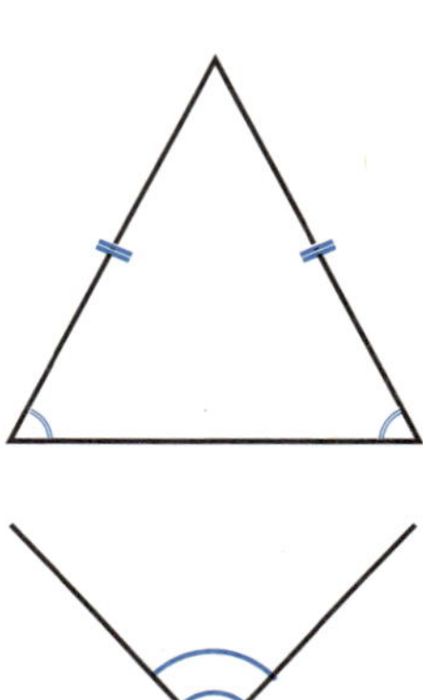

3. 맞꼭지각은 서로 같다.

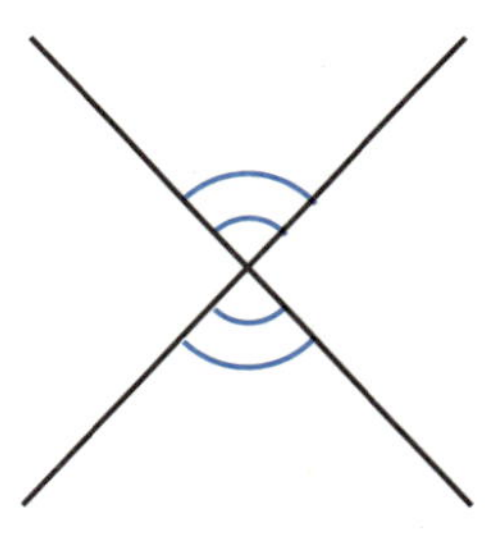

4. 반원에 내접하는 삼각형은 직각 삼각형이다.

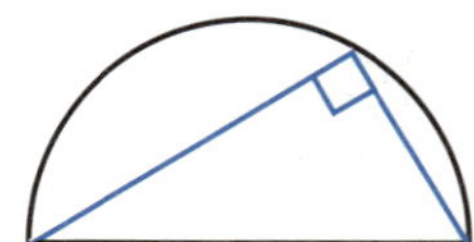

5. 어떤 두 삼각형에 대해, 대응하는 한 변의 길이와 양 끝각의 크기가 같으면 두 삼각형은 합동이다.

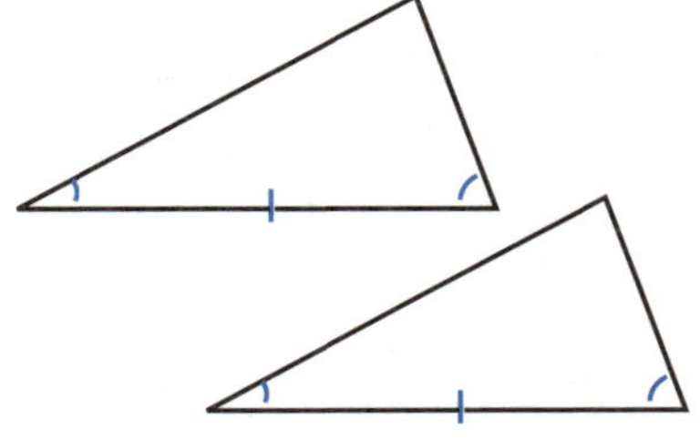

이 명제들이 모두 탈레스에 의해 실제로 증명되었는지는 알 수 없습니다. 탈레스 사후 약 1천 년이 지나 쓰인 에우데우스의 『수학사』에서 언급되어 있다고 전해지지만, 이 책은 발견되지 않았어요. 하지만 5세기에 프로클로스Proclus가 『유클리드 원론』에 주석을 달며 탈레스의 업적을 소개했고, 덕분에 우리는 그의 이름을 기억할 수 있지요.

피타고라스의 등장

탈레스 이후에도 수학을 통해 세계를 이해하려는 시도는 계속되었습니다. 그 뒤를 이은 인물 중 가장 영향력 있었던 사람은 바로 피타고라스였어요. 그는 수를 통해 우주의 질서를 설명하려 했고, 수학을 신성한 진리의 학문으로 여겼어요. 피타고라스는 기원전 570년경, 에게해의 그리스 사모스섬에서 태어났습니다. 사모스는 고대 그리스에서도 손꼽히는 항구 도시로, 무역이 활발하고 학문과 문화가 크게 번성한 곳이었어요. 젊은 시절 이집트와 바빌로니아를 여행하며 수학과 천문학에 관한 깊은 지식을 쌓은 피타고라스는 수학과 철학을 결합한 독자적인 학문 체계를 세웁니다.

고향으로 돌아온 피타고라스는 제자를 모아 수학을 가르치기 시작했지만, 처음부터 명성이 있었던 것은 아니었습니다. 수업을 듣겠다는 사람이 없자 거리의 거지 소년에게 돈을 주며 수업을 듣게 했고, 나중에는 그 소년이 수업료를 내고 수학을 배웠다고 해요. 이는 피타고라스가 정식으로 학생을 가르친 최초의 수학 수업이었지요.

기원전 530년경, 피타고라스는 사모스를 떠나 이탈리아 남부 크로톤으로 이주해 피타고라스학파를 세웠습니다. 이 학파는 엄격하고 폐쇄적인 성격을 띠었는데, 모든 연구는 피타고라스의 이름으로만 알려졌고, 외부인에게 지식을 퍼뜨리는 것은 엄격하게 금지되었어요. 또한 피타고라스는 수학을 인간과 신성을 잇는 수련으로 여겨, 먼저 철학을 가르친 다음 수학을 가르쳤어요. 몸과 마음이 준비되지 않은 채 수학을 공부하면 정

세상을 숫자로 읽은 탈레스의 놀라운 예측

탈레스는 날씨에 관심이 많았습니다. 어느 해, 탈레스는 올리브 농사가 풍년을 이룰 거로 예측했어요. 그래서 탈레스는 기름을 짜는 데 필요한 착유기를 모조리 빌려두었지요. 그의 예상대로 그해 올리브 농사는 대풍작이었어요. 상인들은 올리브기름을 만들기 위해 착유기를 찾았지만, 탈레스가 모두 빌린 탓에 비싼 값을 주고 탈레스에게 착유기를 빌려야 했어요.

또 탈레스는 전쟁을 멈추기도 했습니다. 기원전 585년, 리디아와 메디아 두 나라는 오랫동안 전쟁을 벌이고 있었어요. 탈레스는 고대 바빌로니아의 천문 지식을 이용해 하늘의 움직임을 조사한 다음, 기원전 585년 5월 28일에 일식이 일어날 것을 예측했지요. 탈레스는 그 길로 두 왕에게 가 "전쟁을 멈추지 않으면 대낮에도 하늘이 어두워질 것이오"라고 경고했어요. 하지만 두 왕은 탈레스의 말을 믿지 않았어요. 얼마 후, 예언대로 일식이 일어났고, 깜짝 놀란 두 나라는 전쟁을 멈췄답니다.

마지막으로 탈레스는 피라미드와도 관련이 있어요. 이집트를 방문한 탈레스는 파라오와 함께 기자의 대피라미드를 둘러보았어요. 파라오는 대피라미드의 높이를 궁금해했는데, 탈레스는 시간에 따라 그림자의 길이가 달라진다는 사실에 주목했지요. 그는 피라미드 옆에 막대기를 세우고, 막대기의 길이와 그림자의 길이의 비율이 피라미드의 높이와 그림자의 길이의 비율과 같다는 점을 이용해 피라미드의 높이를 알아냈어요.

피타고라스학파 수업 장면 상상도. 고개를 돌린 여성이 아내인 테아노다.

신이 혼란스러워질 것이라 했지요. 이렇게 선발된 제자들을 마테마테코이Mathematikoi라 불렀으며, 이 말은 훗날 수학Mathematics이라는 단어의 어원이 되었어요. 피타고라스학파에는 남성뿐만 아니라 여성들도 있었는데, 당시로서는 매우 드문 일이었지요.

피타고라스학파는 학자뿐 아니라 장수들도 배출했어요. 학문 외에도 정치와 군사 분야에서도 영향력을 발휘한 셈이지요. 특히 시바리스의 군대가 크로톤을 침략했을 때, 학파 출신의 장수가 반격에 성공하기도 했어요. 하지만 이에 반감을 품은 사람이 피타고라스학파에 대한 거짓 소문을 퍼뜨렸고, 이에 분노한 시민들이 피타고라스의 제자들을 살해하는 사건이 벌어졌어요. 피타고라스는 크로톤 북쪽에 있는 메타폰툼으로 피신했지만 결국 살해당하고 말았습니다.

오늘날 피타고라스는 피타고라스 정리로 널리 알려져 있습니다. 이 정리는 직각 삼각형의 세 변 사이의 관계를 설명하는 것으로, 빗변의 길이의 제곱이 나머지 두 변의 제곱의 합과 같다는 내용을 담고 있어요. 이를 수식으로 표현하면

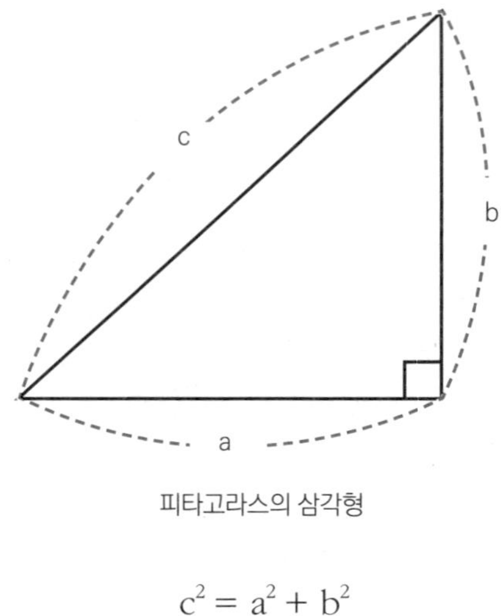

피타고라스의 삼각형

$$c^2 = a^2 + b^2$$

으로 나타낼 수 있어요. 이 간단한 공식은 고대 수학의 상징이자, 지금까지도 기하학과 수학 교육의 기초로 자리 잡고 있답니다.

피타고라스 정리의 여정

피타고라스에 대한 자료는 많지 않습니다. 그 때문에 피타고라스가 실제로 피타고라스 정리를 만들었는지에 대해서는 분명하지 않아요. 학자들은 피타고라스가 바빌로니아를 여행하면서 이미 알려져 있었던 기존의 지식을 받아들였을 거로 추측하고 있어요.

고대 바빌로니아 사람들은 60진법을 사용하며 제곱수에 대해 많이 알고 있었어요. 게다가 '3, 4, 5'나 '5, 12, 13'처럼 피타고라스 정리를 만족하는 숫자도 알고 있었지요. 그들은 한 변의 길이가 1인 정사각형의 대각선 길이인 $\sqrt{2}$의 근삿값을 구하기 위해 60진법을 활용해 다음과 같은 제곱수를 정리했어요.

$$1의\ 제곱 = 1$$
$$2의\ 제곱 = 4$$
$$3의\ 제곱 = 9$$
$$4의\ 제곱 = 16$$
$$5의\ 제곱 = 25$$
$$6의\ 제곱 = 36$$
$$7의\ 제곱 = 49$$
$$8의\ 제곱 = 1,\ 4$$
$$9의\ 제곱 = 1,\ 21$$
$$10의\ 제곱 = 1,\ 40$$

바빌로니아 사람들은 어떻게 $\sqrt{2}$의 근삿값을 찾았을까요?

1의 제곱은 1이고 2의 제곱은 4입니다. 그러니까 $\sqrt{2}$는 1과 2 사이의 수가 되겠지요. 바빌로니아 사람들은 $\sqrt{2}$의 근삿값이 1과 2의 평균인

$$\frac{3}{2} = 1.5$$

일 거로 생각했어요. 만일 1.5가 $\sqrt{2}$라면, 2를 1.5로 나눈 값이 1.5가 되어야 합니다. 하지만 2를 1.5로 나누면

$$\frac{4}{3} = 1.333\cdots$$

이 됩니다. 따라서 $\sqrt{2}$는 1과 1.5 사이의 수가 되어야 하지요.

그래서 사람들은 $\frac{4}{3}$와 $\frac{3}{2}$의 평균인 $\frac{17}{12}$를 $\sqrt{2}$의 새로운 후보로 택합니다. 만약 $\frac{17}{12}$가 $\sqrt{2}$이라면 2를 $\frac{17}{12}$로 나눈 값이 $\frac{17}{12}$이 되어야 하지요. 2를 $\frac{17}{12}$로 나누면

$$\frac{24}{17} = 1.41176\cdots$$

이 되므로 $\sqrt{2}$는 $\frac{24}{17}$과 $\frac{17}{12}$ 사이의 수여야만 합니다. 이런 방법을 계속 반복해 바빌로니아 사람들은 $\sqrt{2}$의 근삿값을 분수로 나타낼 수 있었어요. 그들이 찾아낸 $\sqrt{2}$의 근삿값을 분수로 나타내면

$$1 + \frac{24}{60} + \frac{51}{60^2} + \frac{10}{60^3} = 1.41421296296\cdots$$

이 됩니다. 아래 사진은 점토판에 새겨진 $\sqrt{2}$의 근삿값이에요. 바빌로니

루트의 발견

제곱해서 2가 되는 양수를 $\sqrt{2}$라고 쓰고 '루트 2'라고 읽습니다. 아라비아에서는 radix, 피보나치는 R2라고 썼고, 1522년, 루돌프는 radix의 첫 글자 r 모양을 딴 기호 $\sqrt{}$를 사용해 $\sqrt{2}$라고 썼습니다. $\sqrt{}$에 가로 막대를 덧붙여 지금과 같은 꼴 $\sqrt{}$ 루트: root 로 쓰기 시작한 사람은 프랑스의 데카르트Descartes예요.

아 사람들은 60진법을 사용했기 때문에 한 변의 길이가 1인 정사각형의 대각선에 1, 24, 51, 10이 바빌로니아 숫자로 표현되어 있어요. 이를 십진법으로 환산하면 약 1.41421296…으로 실제 값인 1.41421356에 매우 근접하지요.

중국 사람들도 피타고라스 정리에 대해 알고 있었습니다. 중국에서 수학 연구가 언제 시작되었는지는 명확하지 않지만, 가장 오래된 수학 고전 중 하나로 꼽히는 『주비산경周髀算经』에는 수학과 천문학에 관한 기록이 담겨 있어요. 이 책의 정확한 저술 시기는 알 수 없지만, 약 기원전 4세기~3세기경에 쓰인 것으로 추정하고 있어요.

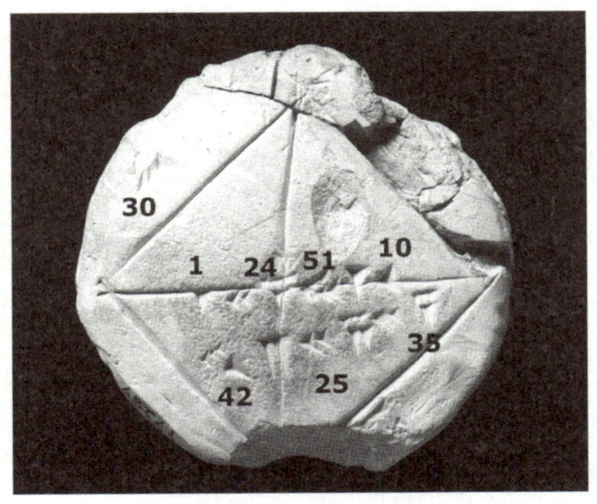

점토판에 새겨진 $\sqrt{2}$의 근삿값

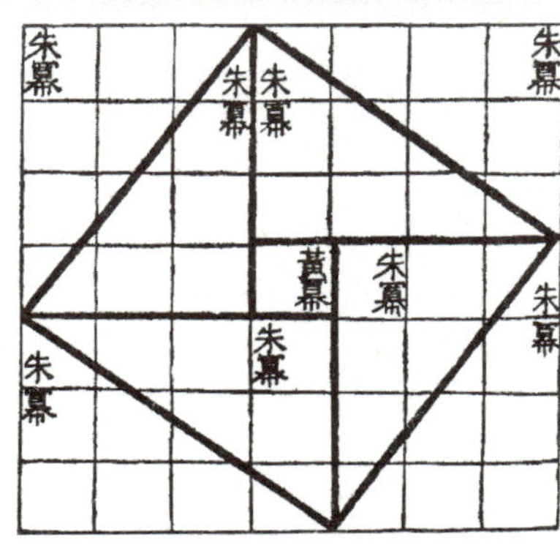

『주비산경』에 기록된 피타고라스 정리의 증명

이 책에는 천문 관측과 역법, 기하학에 대한 내용이 들어있는데 가장 대표적인 것은 피타고라스 정리에요. 본문에는 다음과 같은 구절이 있어요.

故折矩 , 以爲句廣三 , 股修四 , 徑隅伍
직각 삼각형에서 가로句가 3, 세로股가 4일 때, 빗변徑隅은 5이다.

이는 오늘날 우리가 알고 있는 피타고라스 정리, $3^2 + 4^2 = 5^2$과 정확하게 일치하는 내용이에요. 이를 통해 중국에서도 피타고라스 정리에 해당하는 수학적 사실이 이미 널리 퍼져있었음을 알 수 있어요.

전쟁이 꽃피운 수학 연구

기원전 546년, 페르시아 제국은 소아시아 지역에 있던 그리스 이오니아 지방과 여러 식민 도시를 정복했습니다. 이때 많은 철학자들과 학자들이 박해를 피해 남부 이탈리아로 이주했어요. 이후 피타고라스는 크로톤에, 철학자 크세노파네스는 오늘날 벨레키아라 불리는 엘레아에 학교를 열었습니다. 피타고라스는 탈레스가 시작한 자연 철학의 전통과 유사한 방향으로, 수학과 철학을 결합한 학문을 발전시켰고, 크세노파네스는 엘레아 지역에서 엘레아학파를 형성했습니다. 이 두 학파는 훗날 그리스 철학의 큰 두 축이 되었지요.

기원전 499년, 이오니아 지방에서는 페르시아에 맞서 저항 운동이 일어났습니다. 이를 이오니아 반란이라고 불러요. 아테네는 이 반란을 지

페르시아는 총 세 번에 걸쳐 그리스를 공격했지만 결국 패하고 만다.

원하기 위해 이오니아에 군대를 보냈지만, 페르시아는 반란을 진압하고, 그리스까지 공격합니다. 기원전 492년, 첫 공격은 실패로 돌아갑니다. 에게해에서 거친 폭풍을 만났기 때문이지요. 2년 후인 기원전 490년, 페르시아는 다시 그리스를 침공했고, 아테네는 이 전투에서 승리합니다. 이 전투가 마라톤의 시초가 된 '마라톤 전투'예요. 후에도 페르시아는 끈질기게 그리스를 공격합니다. 기원전 480년, 페르시아의 세르크세스 1세가 대군을 이끌고 다시 공격했지만, 살라미스 해전에서 크게 패하며 아테네에 승기를 넘겨주게 돼요.

　페르시아와의 전쟁에서 승리한 아테네는 문화의 황금기를 맞이합니다. 정치, 철학, 수학, 과학 등 여러 분야에서 새로운 사상과 지식이 활발하게 꽃피었지요. 이오니아학파의 철학자 아낙사고라스, 의학의 아버지 히포크라테스, 엘레아학파의 제논, 파르메니데스도 아테네로 이주해 활동하기 시작했어요. 이로써 아테네는 학문의 중심지로 빠르게 성장하게 됩니다.

황금기의 아테네 상류층 시민들은 집안일과 생계를 노예에게 맡기고 정치와 학문에 몰두했어요. 자녀들은 소피스트Sophist라 불리는 가정교사에게 철학, 수학, 수사학, 과학 등을 배웠어요. 소피스트들은 논리적 사고력과 지적 흥미를 자극하는 다양한 수학 문제들을 찾았는데, 그중에서도 특히 유명한 것이 '고대 그리스 3대 작도 문제'예요.

그릴 수 없는 그림, 3대 작도 문제

작도 문제란 눈금 없는 자와 컴퍼스만을 이용해 특정한 도형을 그리는 문제를 말합니다. 컴퍼스는 원을 그리기 위해 고대 그리스에서 발명되었고, 수천 년 동안 수학자들의 중요한 도구가 되었지요. 훗날 3대 작도 문제는 알다시피 작도할 수 없는 문제로 밝혀졌지만, 당시 사람들은 그 답을 찾기 위해 열정적으로 도전했어요.

작도에 관해 간단히 살펴보도록 할까요. 예를 들어, 임의의 $\angle AOB$의 이등분선을 작도하는 순서는 다음과 같아요.

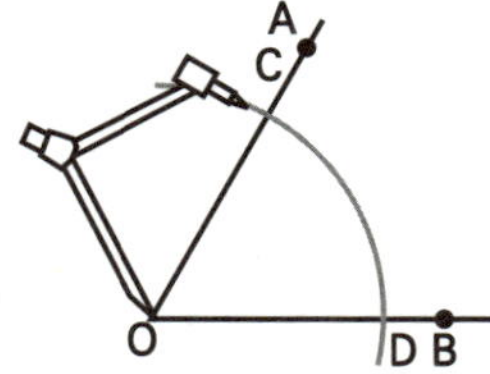

① 점 O를 중심으로 원을 그려 두 반직선 OA, OB와의 교점을 각각 C, D라고 한다.

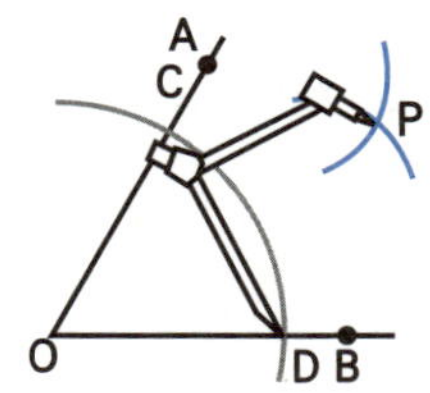

② 두 점 C, D를 중심으로 반지름의 길이가 같은 두 원이 서로 만나도록 각각 그리고, 그 교점을 P라고 한다.

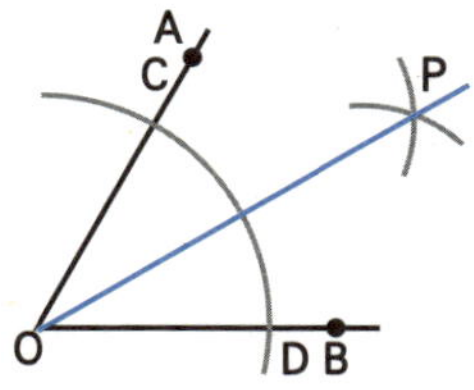

③ 반직선 OP를 그린다. 이 반직선 OP가 ∠AOB의 이등분선이다.

작도는 간단한 도구로 정교한 기하학 과정을 수행하는 활동이에요. 하지만 모든 도형이 이렇게 쉽게 그려지는 것은 아니지요. 이제 고대 그리스 수학자들을 괴롭힌 난제, 3대 작도에 대해 알아봅시다.

[1] 원적 문제

3대 작도 문제 중 가장 먼저 등장한 것은 원적 문제Quadrature of the Circle입니다. 이 문제는 철학자 아낙사고라스Anaxagoras가 처음 제기했어요. 아낙사고라스는 모든 사물이 '누스Nus'라고 부르는, 눈에 보이지 않는 아주 작은 알갱이들로 이루어져 있다고 주장했어요. 그는 무한히 많은 누스를 도입해 물질의 변화를 설명하고자 했지요. 그는 "모든 것은 모든 것의 일부이다"라고 말하며 순수한 물질이란 따로 존재하지 않는다고 생각했어요. 그리고 이 생각을 정리해 『자연에 관하여』란 책을 썼어요.

아낙사고라스는 천문학 분야에서도 당시로서는 매우 파격적인 주장을 펼쳤습니다. 그는 태양이 신적인 존재가 아니라, 펠로폰네소스반도만큼 거대한 불타는 돌덩어리에 불과하다고 말했어요. 이 발언은 당시 태양을 숭배하던 종교적 관념을 모독한 것으로 여겨져, 결국 불경죄로 감옥에 갇히게 됩니다. 감옥에 있는 동안 그는 어떤 수학 문제 하나를 고민하기 시작했어요. 바로

주어진 원의 넓이와 같은 넓이를 가진 정사각형을 작도하라.

라는 문제였지요. 이를 바로 원적 문제라고 해요. 아낙사고라스는 이 문제를 푸는 것이 실제로는 불가능할 거로 생각했지만, 당시 많은 소피스트들이 이 문제를 풀기 위해 도전했어요.

[2] 델로스 문제

두 번째 문제는 델로스 문제입니다. 이 문제는 전염병과 관련된 이야기에서 유래했어요. 기원전 431년, 그리스의 두 도시 국가 아테네와 스파르타 사이에서 펠로폰네소스 전쟁이 시작되었습니다. 전쟁 초반에는 아테네가 우세했지만, 기원전 430년부터 아테네에 무서운 전염병이 퍼지면서 상황이 바뀌게 됩니다. 이 병으로 아테네 인구의 3분의 1이 희생되었어요.

절망에 빠진 아테네는 델로스섬의 아폴론 신전에 전령을 보내 전염병을 막을 방법을 물었습니다. 이에 신관은 "제단의 부피를 두 배로 만들면 재앙이 멈출 것이다"라는 신탁을 전했지요. 당시 델로스 신전에는 정육면체 모양의 제단이 있었는데, 아테네 사람들은 제단의 한 변의 길이를 두 배로 늘려 새로운 제단을 만들었어요.

하지만 여기엔 문제가 있었습니다. 한 변의 길이를 두 배로 늘리면 부

피가 8배가 되어 버려요. 이 사건을 계기로 델로스 문제가 등장합니다.

정육면체의 한 변의 길이를 알 때, 자와 컴퍼스만으로
부피가 두 배가 되는 정육면체의 한 변의 길이를 작도하라.

아테네의 소피스트들과 수학자들도 이 문제를 풀지 못했어요. 결국 아테네는 전염병으로 지도자 페리클레스마저 잃고, 기원전 404년에 스파르타에 항복하고 맙니다.

[3] 각의 삼등분 문제

마지막 작도 문제는 각의 삼등분 문제입니다.

임의의 각을 자와 컴퍼스만으로 삼등분하라.

사람들은 이 문제라면 충분히 풀 수 있을 거로 생각했어요. 각을 이등분하는 방법은 이미 잘 알려져 있었기 때문이었지요. 하지만 각을 삼등분하는 문제는 훨씬 더 어려웠어요. 수많은 수학자들이 도전했지만, 어떤 각은 자와 컴퍼스만으로 절대 삼등분할 수 없다는 것이 밝혀졌어요.

고대 그리스의 세 가지 대표적인 작도 문제는 수천 년 동안 수많은 수학자들을 사로잡았지만, 오늘날에는 풀 수 없는 문제로 판명되었어요. 하지만 이 문제들을 풀기 위한 도전은 수학의 발전에 큰 밑거름이 되었답니다.

세계 최초의 수학 교과서, 유클리드의 원론

기원전 323년, 알렉산더 대왕이 갑작스럽게 사망하면서 그가 다스리던 땅은 휘하 장군들에 의해 여러 나라로 나뉘어졌습니다. 그중 이집트는 프톨레마이오스가 지배했는데, 그는 알렉산드리아에 무세이움Museum이라는 수학 연구소를 만들어 세계적인 학자들을 모아 연구소에서 연구하도록 했어요.

무세이움에는 세계에서 가장 위대한 수학책이자 최초의 수학책으로 일컬어지는 『원론Elements』의 저자 유클리드Euclid가 있었어요. 유클리드의 생애에 대해서는 거의 알려진 것이 없지만, 플라톤이 세운 세계 최초의 대학교 플라톤 아카데미에서 수학을 공부했다고 해요.

프톨레마이오스 왕조 시대의 알렉산드리아

이후 이집트 알렉산드리아로 이주한 유클리드는 무세이움의 교수가 되어 수학 연구와 집필에 전념합니다. 특히 기원전 300년경 쓰인 『원론』을 통해 수학적 업적을 살펴볼 수 있는데,

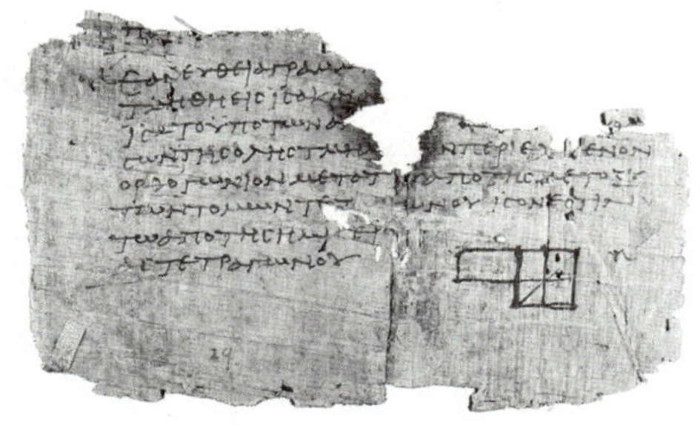

유클리드의 『원론』

여기에는 기하학과 수론에 관한 465개의 명제가 실려 있어요. 유클리드는 수학을 논리적으로 정리한 위대한 수학자였습니다. 그런 그에게 지금

더 알아보기

『원론』의 구성

총 13권으로 이루어진 『원론』은 다음과 같은 주제로 구성되어 있습니다. 『원론』은 단순히 수학 지식을 나열한 것이 아니라 정의와 공리로부터 논리적으로 명제를 증명하는 방식으로 구성되어 있어, 후대 수학자들에게 많은 영향을 주었어요.

1권 점, 직선, 삼각형

2권 도형의 넓이

3권 원의 성질

4권 원에 내접 또는 외접하는 다각형

5권 비와 비율

6권 닮음

7권 약수

8권 등비수열

9권 소수

10권 무리수

11권 공간 기하와 입체 도형

12권 원과 원에 내접하는 다각형

13권 황금 분할과 정다면체

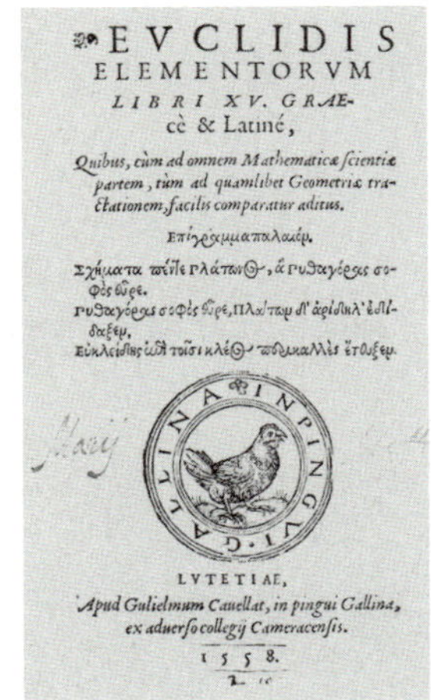

1558년, 그리스어로 출판된 『원론』의 표지

까지 전해지는 흥미로운 이야기가 있답니다.

어느 날, 한 제자가 유클리드에게 질문했어요.

"이렇게 까다로운 수학을 배워서 무슨 쓸모가 있습니까?"

그러자 유클리드는 이렇게 대답했다고 해요.

"이 친구에게 동전이나 하나 주어라. 이 청년은 학문으로 이득을 얻으려고 하는 나쁜 자세를 갖고 있다."

이 이야기는 유클리드가 지식 그 자체의 가치를 중요하게 생각했음을 보여 줘요.

또 다른 일화로는 프톨레마이오스 1세와의 대화가 있어요. 수학을 좋아했던 프톨레마이오스는 유클리드에게 물었어요.

"기하학을 더 쉽게 배울 방법은 없는가?"

그러자 유클리드는 다음과 같은 명언을 남기지요.

"기하학에는 왕도가 없습니다."

이 말은 학문에는 지름길이 없다는 의미로, 오늘날까지도 많은 사람들이 인용하고 있어요.

피타고라스 정리를 증명한 사람들

피타고라스 정리는 고대부터 현대까지 수많은 수학자들이 다양한 방식으로 증명해 왔습니다. 그중에서도 유클리드의 증명법과 올리버 번의 시각적인 해석, 제임스 가필드의 독창적인 증명법은 특히 주목할 만하지요.

[유클리드의 증명]

유클리드는 『원론』 제1권 제47명제에서 피타고라스의 정리를 증명했습니다. 이 증명은 직각 삼각형의 각 변에 정사각형을 그려 그 넓이 관계를

유클리드의 원론에 실린 피타고라스의 정리 증명법

이용하는 방식이에요. 도형의 합동과 평행선의 성질을 이용한 유클리드의 증명법은 오늘날 중학교 교과서에도 수록되어 있지요.

[올리버 번의 증명]

유클리드의 증명법은 다른 방법에 비해 조금 어려운 편입니다. 1987년, 아일랜드의 토목 기사 올리버 번Oliver Byrne은 일반인들도 쉽게 이해할 수 있도록 유클리드의 『원론』을 시각적으로 재해석한 『유클리

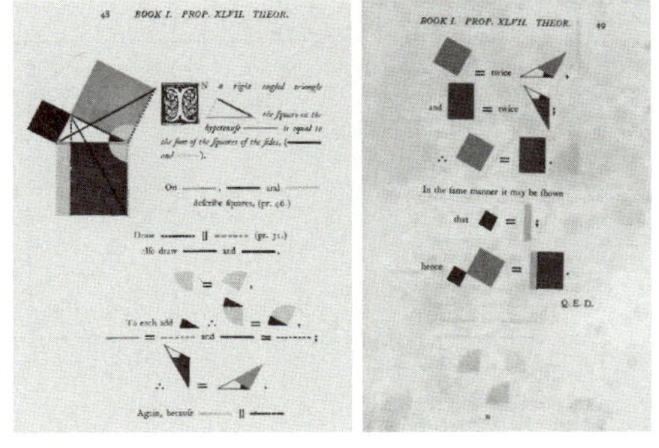

올리버 번의 피타고라스 정리 증명

드의 원론The First Six Books of the Elements of Euclid』을 썼습니다. 이 책은 문자 대신 빨강, 파랑, 노랑 등 색깔을 사용하여 도형을 나타냄으로써, 복잡한 기하학 개념을 직관적으로 이해할 수 있도록 도왔어요. 번의 혁신적인 접근 방식은 높은 평가를 받았지요. 이제 피타고라스의 정리를 함

께 증명해 볼까요?

먼저 다음과 같은 직각 삼각형을 하나 그리세요.

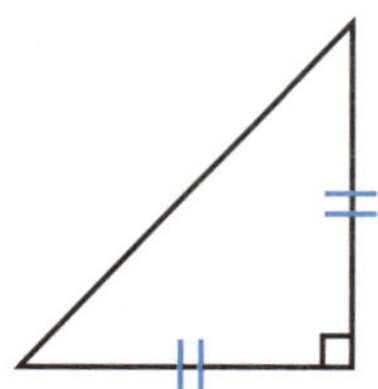

직각 이등변 삼각형이므로 빗변이 아닌 두 변의 길이가 같습니다. 이제 각 변을 한 변의 길이로 하는 정사각형을 그려 보세요.

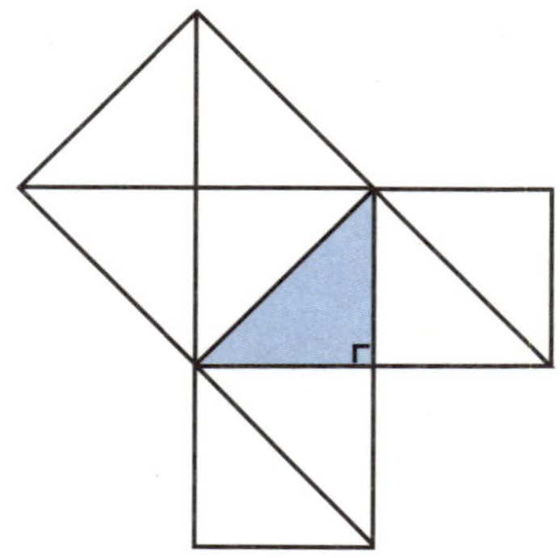

이때 빗변을 한 변으로 하는 정사각형의 넓이는 직각 삼각형의 넓이의 네 배이고, 다른 변을 한 변으로 하는 정사각형의 넓이는 직각 삼각형의 넓이의 두 배입니다. 빗변 위 정사각형의 넓이는 나머지 두 변 위에 그린 정사각형 넓이의 합과 같습니다. 이렇게 피타고라스 정리가 성립한다는 것을 알 수 있어요.

이번에는 다음과 같은 정사각형을 그리세요.

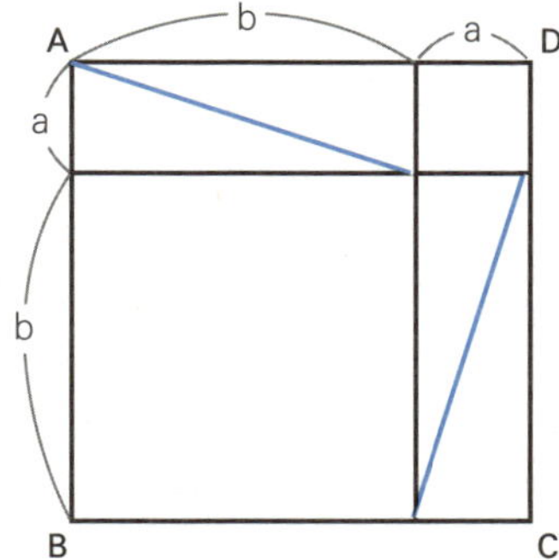

이 정사각형 ABCD의 넓이는 다음과 같이 그림으로 나타낼 수 있어요.

[A]

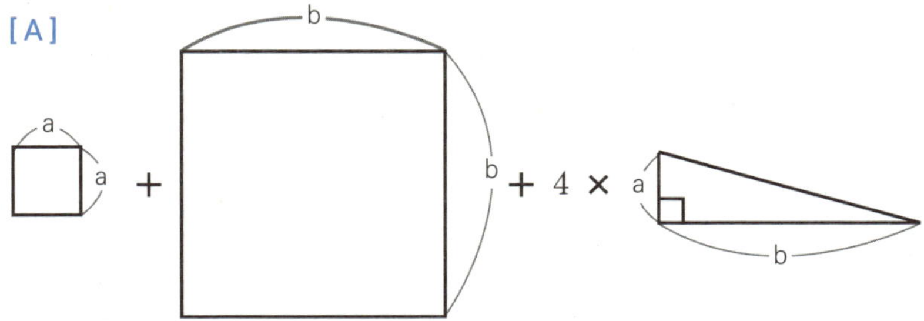

이 정사각형을 다음과 같이 나누어 다시 그려 보세요.

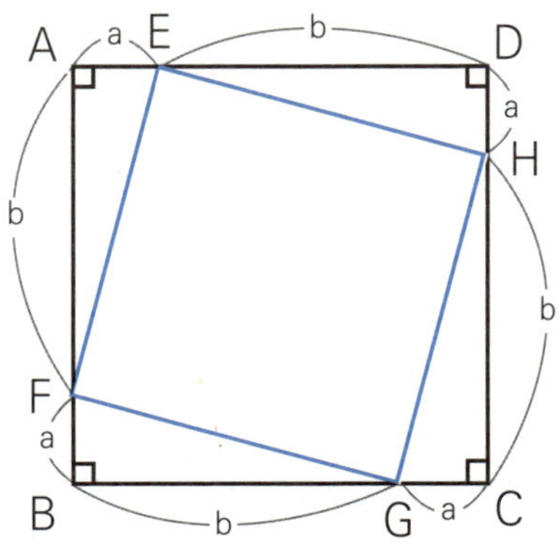

삼각형 AEF에서 $\angle A$는 직각이고 삼각형의 내각의 합은 180° 이므로

$$\angle AEF + \angle AFE = 90^\circ$$

가 됩니다. 이때, $\angle AEF = \alpha$, $\angle AFE = \beta$ 라고 하면

$$\alpha + \beta = 90^\circ$$

가 되고, 삼각형 AEF와 삼각형 BFG는 합동이므로

$$\angle GFB = \angle AEF = \beta$$

가 되겠지요. 한편,

$$\angle EFA + \angle EFG + \angle GFB = 180^\circ$$

또는

$$\alpha + \beta + \angle EFG = 180^\circ$$

로 나타낼 수 있고,

$$\alpha + \beta = 90^\circ$$

이므로

$$\angle EFG = 90^\circ$$

가 됩니다. 마찬가지 방법으로 $\angle FEH = 90^\circ$ 가 됩니다. 삼각형 AEF와 삼각

형 BFG는 합동이므로

$$\overline{EF} = \overline{FG}$$

입니다. 그러므로 사각형 EFGH는 정사각형임을 알 수 있어요. 정사각형 EFGH의 한 변의 길이를 c라고 하면 정사각형의 넓이는 c^2이 되고, 정사각형 ABCD의 넓이는 다음과 같이 그림으로 나타낼 수 있습니다.

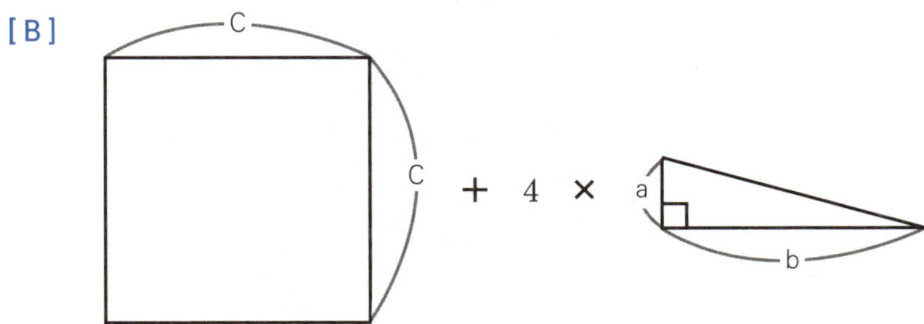

[A]와 [B]를 비교하면

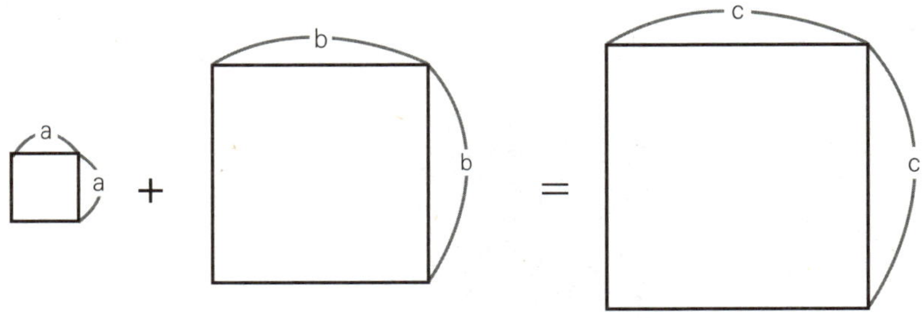

가 되므로

$$a^2 + b^2 = c^2$$

이 성립합니다.

[제임스 가필드의 증명]

중학생 이상이라면 아마 다음 공식에 대해 알고 있을 거예요.

$$(a + b)^2 = a^2 + b^2 + 2 \times a \times b$$

이 공식은 그림을 이용해 간단하게 증명할 수 있어요. 다음 그림을 함께 볼까요?

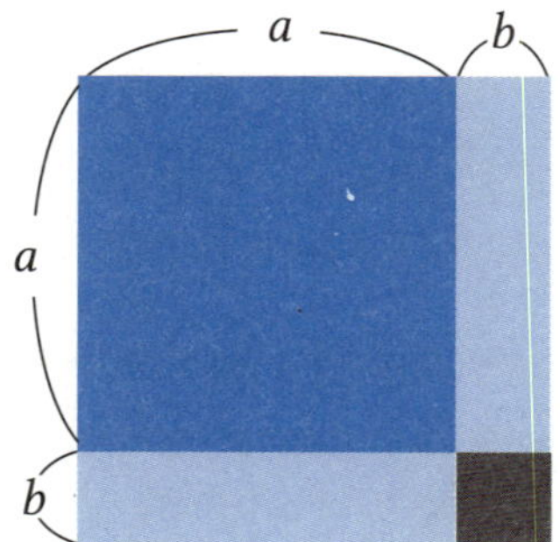

이 정사각형은 한 변의 길이가 $(a + b)$이므로 넓이는 $(a + b)^2$입니다. 그런데 이 정사각형은 다음과 같이 네 개의 사각형으로 분리할 수 있어요.

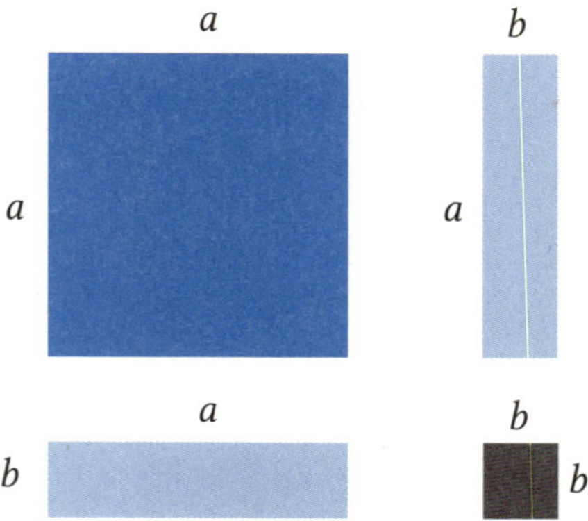

파란색 사각형은 한 변의 길이가 a인 정사각형이므로 넓이는 a^2이고, 회색 사각형은 한 변의 길이가 b인 정사각형이므로 넓이는 b^2이지요. 그리고 연한 파란색 사각형은 가로가 a, 세로가 b인 직사각형이므로 넓이는 $a \times b$입니다. 정리하면, 한 변의 길이가 $(a + b)$인 정사각형의 넓이는 파란색 정사각형의 넓이, 회색 정사각형의 넓이, 연한 파란색 직사각형 두 개의 넓이를 더한 것과 같으므로 식으로 나타내면 다음과 같아요.

$$(a + b)^2 = a^2 + b^2 + 2 \times a \times b$$

이 공식을 이용해 간단하게 피타고라스 정리를 증명한 사람이 있습니다. 바로 미국의 제20대 대통령 제임스 에이브 가필드James A. Garfield예요. 그의 증명은 수학자 윌리엄 던햄이 아주 영리한 증명이라고 할 정도로 독창적이었지요.

먼저 가필드는 다음과 같은 사다리꼴을 생각했어요.

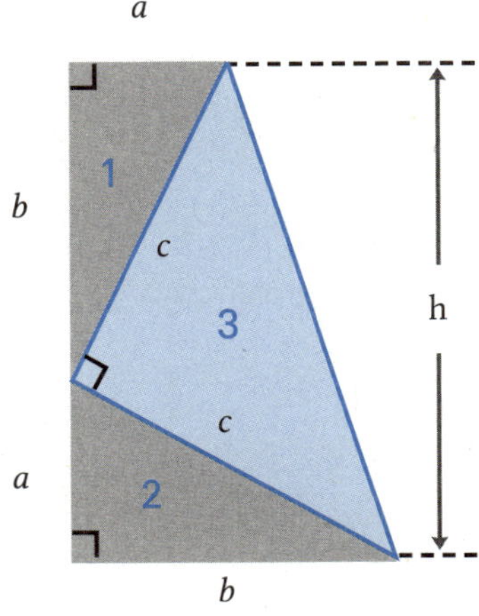

사다리꼴의 넓이는 다음과 같습니다.

$$\frac{1}{2} \times (윗변의\ 길이\ +\ 아랫변의\ 길이) \times 높이$$

이 사다리꼴의 윗변의 길이와 아랫변의 길이의 합은 $a+b$이고 높이는 $a+b$이므로 이 사다리꼴의 넓이는

$$\frac{1}{2} \times (a+b) \times (a+b) = \frac{1}{2}(a^2+b^2+2 \times a \times b)$$

가 됩니다. 이 사다리꼴의 넓이는 삼각형 1, 2, 3의 넓이를 더한 것과 같아요. 각각의 삼각형 넓이를 구하면

$$삼각형\ 1과\ 삼각형\ 2의\ 넓이:\ 모두\ \frac{1}{2} \times a \times b$$
$$삼각형\ 3의\ 넓이:\ \frac{1}{2} \times c^2$$

입니다. 따라서 세 삼각형의 넓이를 모두 더하면

$$\frac{1}{2} \times (a^2+b^2+2 \times a \times b) = \frac{1}{2} \times a \times b + \frac{1}{2} \times a \times b + \frac{1}{2} \times c^2$$

이 되지요. 양변에 2를 곱해 식을 정리하면

$$a^2 + b^2 + 2 \times a \times b = a \times b + a \times b + c^2$$

이 되므로 결국

$$a^2 + b^2 = c^2$$

입니다.

　이처럼 피타고라스 정리에 대한 다양한 증명들은 피타고라스 정리가 단순한 수학 공식을 넘어, 시대와 문화를 초월하여 수학자들의 창의성과 논리적 사고를 반영하는 중요한 예시임을 보여 줍니다.

곡선의 비밀과 원뿔 곡선

　피타고라스 정리는 직각 삼각형에서 선분 간의 관계를 밝힌 놀라운 발견이었습니다. 그런데 그리스 수학자들은 여기서 멈추지 않고, 입체 도형의 단면에서 나타나는 곡선까지 탐구했어요. 이번에는 원뿔을 자르다 발견된, 아름다운 곡선을 소개할게요.

　마케도니아의 알렉산더 대왕은 동쪽으로는 인도, 서쪽으로는 이탈리아반도에 이르는 커다란 국가를 건설했습니다. 그는 학술과 문화의 육성에도 큰 관심을 보였는데 이 시기에 형성된 문화를 헬레니즘이라고 해요. 이 시대의 유명한 수학자 메니에크무스Menaechmus는 알렉산더 대왕의 수학 선생님이었는데, 입체 도형인 원뿔을 자르면 재미있는 곡선이 생긴다는 사실을 발견했어요.

　메니에크무스는 꼭지각이 예각인 원뿔을 비스듬히 자르면 타원이 나오고 꼭지각이 직각인 원뿔을 비스듬히 자르면 포물선이 나온다는 사실을 알아냈습니다. 또 꼭지각이 둔각인 원뿔 두 개의 꼭짓점을 맞대게 하고 비스듬하게 자르면 쌍곡선이 나온다는 사실도 알아냈지요. 이처럼 원뿔을 자를 때 생기는 곡선을 원뿔 곡선Conic Section이라고 불러요.

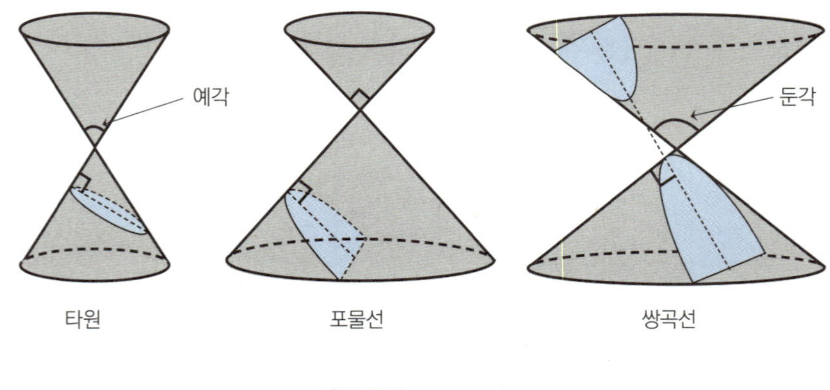

원뿔 곡선

　이후 이 원뿔 곡선을 체계적으로 정리한 인물은 아폴로니우스Apollonius입니다. 그는 오늘날 튀르키예 남부인 페르가에서 태어나 알렉산드리아에서 수학을 공부했어요. 그의 대표 저서인 『원뿔Conica』은 타원, 포물선, 쌍곡선에 대한 자세한 설명과 용어 정의를 포함하고 있어요. 아폴로니우스의 책에서 지금 우리가 쓰는 타원, 포물선, 쌍곡선이라는 이름이 비롯되었답니다.

세 변만으로 삼각형의 넓이를 구한 헤론

입체 도형에서 잘라낸 곡선을 연구한 수학자가 있었다면, 평면 도형인 삼각형을 깊이 탐구한 수학자도 있었습니다. 삼각형의 세 변만으로 넓이를 구할 수 있는 놀라운 공식을 만든 헤론Heron에 대해 알아보도록 해요.

헤론은 이집트의 알렉산드리아에서 주로 활동했기 때문에 알렉산드리아의 헤론 혹은 알렉산드리아의 헤로라고도 불려요. 정확히 언제 태어나고 사망했는지 알려지지 않았지만, 고대 과학사의 권위자인 노이게바우어Otto Neugebauer가 1938년에 헤론의 저작인 『디옵터에 관하여De la Dioptra』에 언급된 월식의 연대를 기원후 62년으로 추정했고, 이에 따라 헤론의 생존 시기는 기원후 10년부터 70년 정도로 받아들여지고 있답

헤론의 또 다른 업적

헤론이 살았던 시기는 헬레니즘 문명 말기와 로마 문명 초기에 해당합니다. 알렉산더 대왕이 페르시아를 정복한 기원전 330년부터 로마가 이집트를 합병한 기원전 30년까지를 헬레니즘 시대라고 불러요. 헤론은 이집트 사람이거나 바빌로니아 사람으로 추정되는데 그리스에서 교육을 받은 것으로 알려져 있어요.

헤론은 수학 외에도 다양한 분야에서 훌륭한 업적을 남겼습니다. 빛에 관한 성질을 최초로 발견하기도 했고, 『기체학』이라는 책에 공기에 대한 연구 기록을 남기기도 했어요. 또 최초로 증기 기구를 발명한 것으로 알려져 있는데, 이를 기력구Aeolipile 또는 헤론의 엔진이라고도 불러요.

헤론의 기력구는 물을 가열해 수증기의 힘으로 둥근 장치를 회전시키는 증기 기관 장치에요. 수증기가 둥근 장치 속으로 들어가고 갈고리형 분출관을 통해 다시 나오면서 장치가 회전하는 원리지요. 이는 산업혁명 시대 증기 기관 발명에 영감을 주었어요. 헤론은 기력구 외에도 물의 힘으로 움직이는 수력 오르간, 동전을 던지면 자동으로 성수가 나오는 자동 성수기 등을 만들었답니다.

헤론의 증기 기구

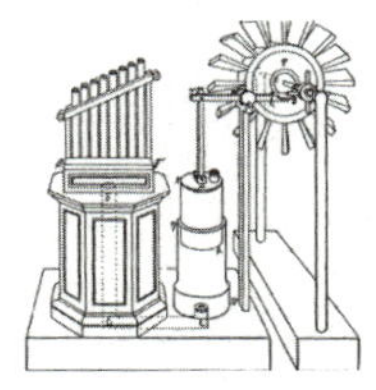

헤론의 수력 오르간

니다.

수학사에서 헤론의 가장 큰 업적은 세 변의 길이를 알 때, 삼각형의 넓이를 구하는 공식을 발견한 것입니다. 이 공식은 오늘날에도 '헤론의 공식'으로 불리며 사용되고 있어요. 예를 들어, 세 변의 길이가 각각 3, 4, 5인 삼각형의 넓이를 구해 봅시다. 먼저 헤론은 세 변의 합을 2로 나누어 6을 만들었습니다. 그다음 6에서 각 변의 길이를 뺀 값들과 6을 곱하면

$$6 \times (6-3) \times (6-4) \times (6-5) = 36$$

이 되지요. 헤론은 어떤 수의 제곱이 되면, 그 수가 세 변의 길이가 3, 4, 5인 삼각형의 넓이가 된다는 사실을 발견했어요. 즉 6의 제곱이 36이므로 세 변의 길이가 3, 4, 5인 삼각형의 넓이는 6이 됩니다.

각과 변의 비밀, 삼각비의 시작

고대 그리스의 수학자들은 각과 변 사이의 관계에도 관심이 있었습니다. 특히 직각 삼각형에서 각과 변의 길이 비를 관찰하여 새로운 수학 개념을 발전시켰어요. 이렇게 탄생한 개념이 직각 삼각형 각 변 사이의 비를 뜻하는 삼각비랍니다.

삼각비의 기하학적 기초를 제공한 사람은 유클리드에요. 유클리드는 다음과 같은 세 개의 직각 삼각형을 생각했어요.

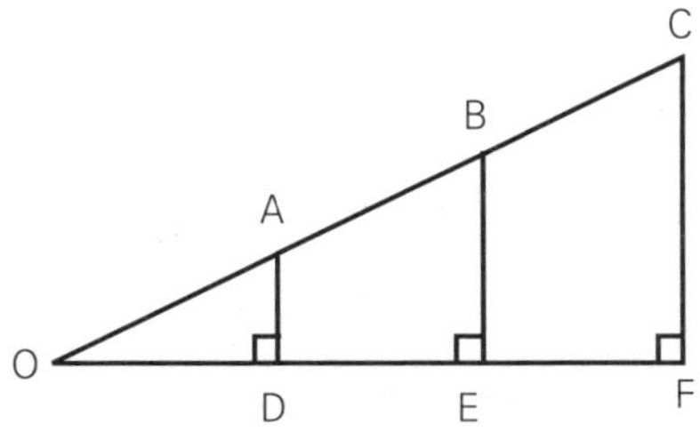

위 그림에서 삼각형 AOD, 삼각형 BOE, 삼각형 COF는 모두 직각 삼각형이고 각 O가 같으므로 서로 닮음이에요. 닮음인 삼각형에서는 대응하는 변의 길이 비가 같으므로

$$OA : AD = OB : BE = OC : CF$$

가 되고, 이를 다시 쓰면

$$\frac{AD}{OA} = \frac{BE}{OB} = \frac{CF}{OC}$$

로 나타낼 수 있어요. 이 식이 삼각비 개념의 기초가 되었지요.

호와 중심각, 그리고 삼각비의 관계

그리스 사람들은 원 위의 호와 중심각에 대해서도 연구했어요. 호 AB와 두 반지름으로 이루어진 부채꼴의 중심각을 ∠O라고 할 때, 그들은 현 AB의 길이를 '각 O의 현Chord'이라 불렀습니다. 그리고 각이 커지면

현의 길이도 길어진다는 사실도 알아냈지요.

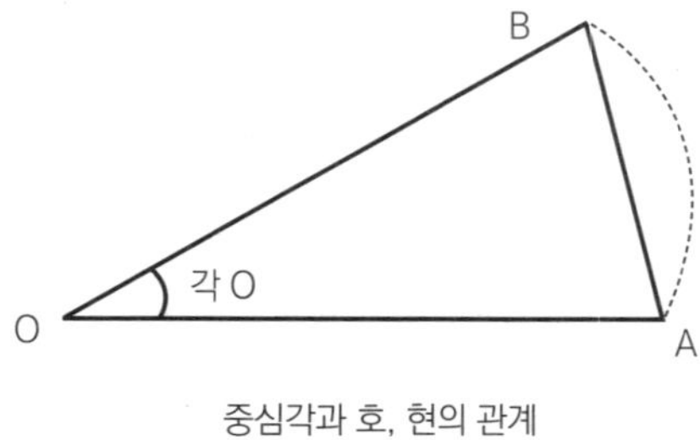

중심각과 호, 현의 관계

이렇게 각의 크기와 현 사이의 관계를 표로 정리한 사람이 있었는데, 바로 삼각비의 아버지라 불리는 히파르쿠스Hipparchus예요. 히파르쿠스는 기원전 2세기, 오늘날 튀르키예 이즈니크인 니케아에서 태어났습니다. 그는 로도스섬에 천문 관측소를 세워 별자리를 연구하며 로마 시대에 알려진 1,022개의 별들 중 약 850개의 별을 발견했어요. 또 밝기에 따라 1등성부터 6등성까지 나누었는데 가장 밝은 별을 1등성, 맨눈으로 겨우 보이는 별을 6등성이라고 명명했답니다. 그가 만든 등급 체계는 오늘날에도 여전히 사용되고 있어요.

히파르쿠스 이후, 거의 2천 년 가까이 1등성이 2등성보다 얼마나 더 밝은지에 대해서는 제대로 밝혀진 바가 없었어요. 하지만 1865년, 영국의 천문학자 포그슨이 1등성이 6등성보다 100배가량 더 밝다는 사실을 알아내며 히파르쿠스의 등급 개념에 과학적 근거를 더했답니다.

술바 수트라스와 기하학의 시작

기원전 800년경부터 500년경 사이에 쓰인 술바 수트라스Shulva Sutras는 인도의 가장 오래된 수학책입니다. 이 책은 사실 제단 건축을 위한 지침서였어요. 고대 인도에서도 사원을 짓거나 제단을 측량하는 데 측량사들이 필요했습니다. 이를 위해 기하학 연구도 필요했지요. 그래서 술바 수트라스는 다양한 기하학 지식을 담고 있어요.

가장 오래된 술바 수트라스는 바우다야나 술바 수트라스로 기원전 800년경에 쓰였어요. 여기에는 피타고라스 정리와 유사한 내용이 담겨 있는데, 이는 고대 인도에서도 이미 직각 삼각형의 성질을 이해하고 있었음을 보여 주지요. 이 외에도 마나바 술바 수트라스, 아파스탐바 술바 수트라스, 카트야야나 술바 수트라스, 마이트라야나 술바 수트라스, 바둘라 술바 수트라스 등이 있어요.

기원후 6세기에 들어서면서 새로운 수학책이 등장합니다. 이 책은 싯단타라고 불렸는데, 파울리사 싯단타, 수리아 싯단타, 바시시스타 싯단타, 파이타마하 싯단타, 로만카 싯단타 총 다섯 권이에요. 하지만 온전하게 남아있는 책은 505년에 쓰인 수리아 싯단타뿐이에요. 수리아 싯단타는 태양신에 관한 책으로 천문학에 관한 내용을 담고 있는데, 이 책에 삼각비에 대한 내용들이 실려 있답니다.

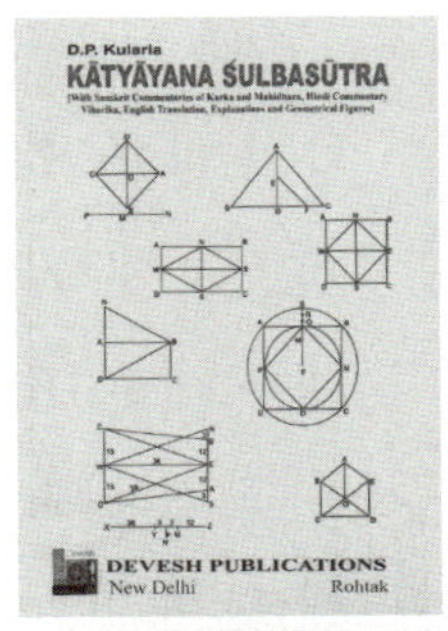

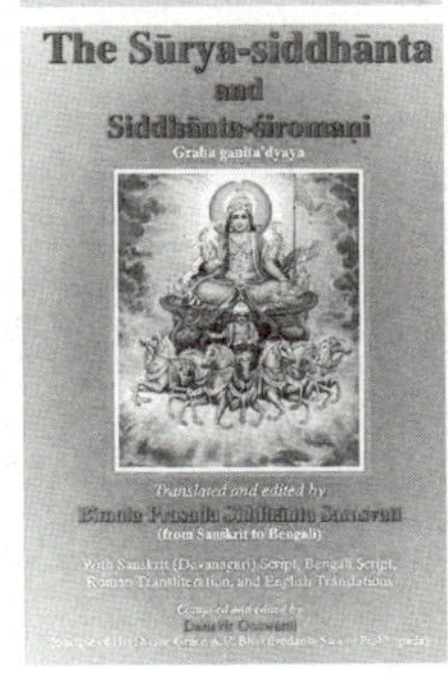

위_ 카트야야나 술바 수트라스
아래_ 수리아 싯단타

아리아바타와 삼각비의 발전

고대 인도 수학의 발전은 여기서 멈추지 않았습니다. 측량과 기하로 시작한 인도 수학은 점점 별과 하늘을 향하기 시작했지요. 그 변화의 중심에는 인도 최초의 수학자 아리아바타가 있었어요. 아리아바타가 태어난 곳에 대해서는 알려지지 않았지만, 인도 북부 쿠수마푸라에서 학생들을 가르치고 나란다 대학교의 총장을 맡았다고 해요. 아리아바타를 인도 최초의 수학자로 꼽는 건 그가 『아리아바티야』라는 수학과 천문학에 관한 책을 썼기 때문이에요.

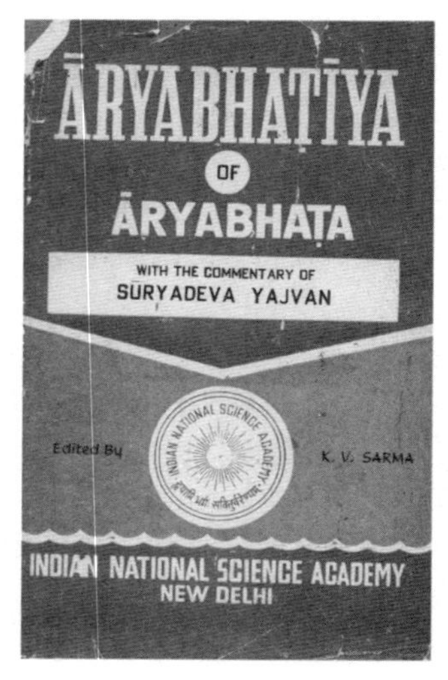

아리아바타의 『아리아바티야』

이 책에는 천문학에 나타나는 여러 가지 상수들과 대수와 기하 및 삼각비에 대한 내용이 담겨 있어요. 이 책에서 아리아바타는 등차수열의 합을 구하는 내용, 여러 가지 입체 도형의 부피를 계산하는 문제를 다루었고, 원주율의 근삿값으로 $\frac{62832}{20000} \fallingdotseq 3.1416$를 사용했지요.

수학사에서 아리아바타의 가장 위대한 업적은 삼각비의 정의입니다. 아리아바타는 반지름이 1인 원에서 한 부분을 잘라낸, 다음과 같은 부채꼴을 생각했어요.

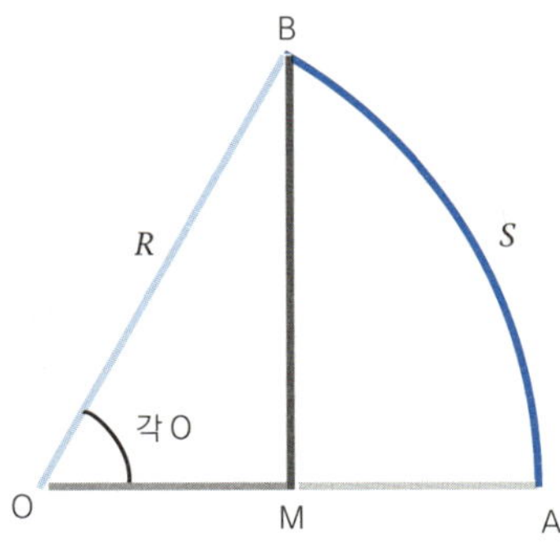

여기서 선분 BM은 점 B에서 반지름 OA로의 수선이고 S는 호 AB의 길이이며, 반지름 OB와 OA의 길이는 R입니다. 아리아바타는 선분 BM의 길이를 ∠O의 지아jyā라고 불렀고 선분 OM의 길이를 ∠O의 코티지아koti-jyā라고 불렀어요. 지아는 아랍에서 '구부러진 곳'을 뜻하는 지바jība로 불렀지요. 중세 유럽에서는 ∠O의 지아, 즉 아랍어로 지바를 '구부러진 곳'을 뜻하는 라틴어 sinus로, 코티지아를 co-sinus로 불렀어요.

17세기 프랑스의 수학자 지라르Albert Girard는 그의 책 『삼각비Trigonométrie』에서 sinus를 sin(사인)으로, co-sinus를 cos(코사인)으로 정리했습니다. 그리고 sin을 cos으로 나눈 값을 tan(탄젠트)라고 명명했어요. 다음 직각 삼각형을 볼까요?

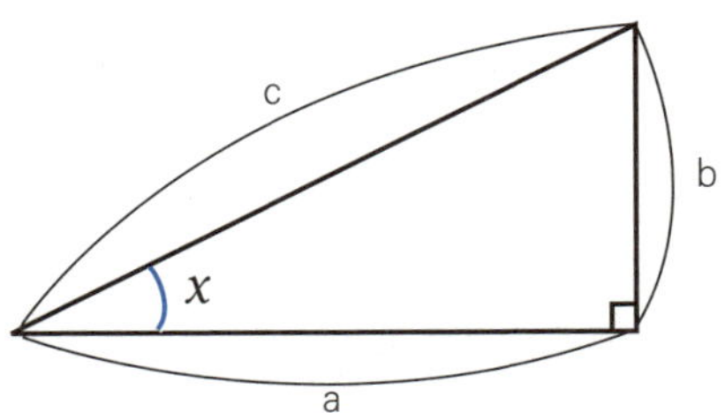

이 삼각형의 각 x의 sin값은 $\frac{b}{c}$, cos값은 $\frac{a}{c}$로 정의되며, tan값은 $\frac{b}{a}$로 정

의됩니다.

술바 수트라스와 아리아바타의 업적은 고대 인도 수학의 발전을 보여 줍니다. 제단을 설계하기 위한 기하학적 계산이 삼각비 개념으로 이어졌고, sin과 cos같은 개념의 발견으로 확장되며, 훗날 천문학과 측량 등 다양한 분야에서 중요한 역할을 하게 되었지요.

삼각비가 밝혀낸 우주의 거리

밤하늘에 떠 있는 별까지의 거리는 얼마나 될지 궁금했던 적이 있을 거예요. 망원경도 없던 아주 먼 옛날, 사람들은 오직 수학의 힘만으로 별과 지구 사이의 거리를 알아내려고 했답니다. 눈에 보이지 않는 머나먼 우주를 계산하는 놀라운 도구, 바로 삼각비를 이용해서요. 다음 그림을 볼까요?

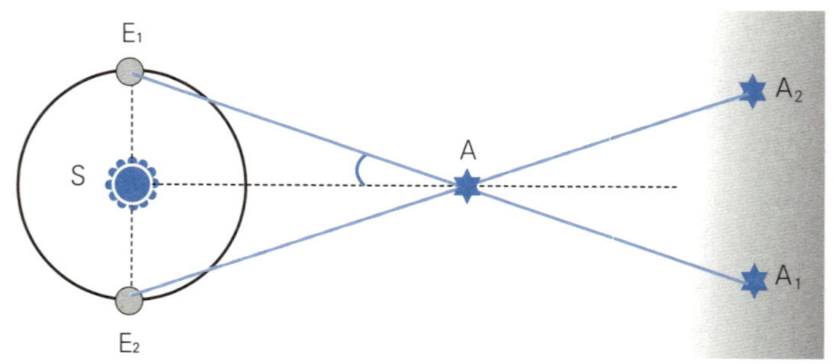

지구의 위치에 따른 별의 겉보기 위치 변화

지구는 1년 동안 태양을 한 바퀴 도는 공전을 합니다. 이때문에 별을 바라보면 6개월 간격으로 별의 겉보기 위치가 달라지는 현상이 생기는 데, 이를 연주 시차_{Annual Parallax}라고 합니다. 쉽게 말해, 지구의 위치가 바뀌면서 별을 바라보는 각도가 조금씩 달라지는 거지요.

먼저 그림처럼 태양의 위치를 S, 별의 위치를 A라고 하면, 지구가 E_1의 위치에 있을 때 별은 A_1위치에 있는 것으로 보이고, 6개월이 지나 지구가 E_2의 위치에 있을 때 별은 A_2 위치에 있는 것으로 보이게 됩니다. 이것이 바로 지구가 공전하기 때문에 별의 겉보기 위치가 달라지는 현상, 연주 시차랍니다. 이 그림에서는 각$\angle E_1 AS$가 연주 시차예요. 연주_{年周}라는 호칭이 붙는 것은 공전에 의해 생기는 시차이기 때문이지요. 다음 그림과 같이 어떤 별의 연주 시차가 θ인 경우를 살펴보지요.

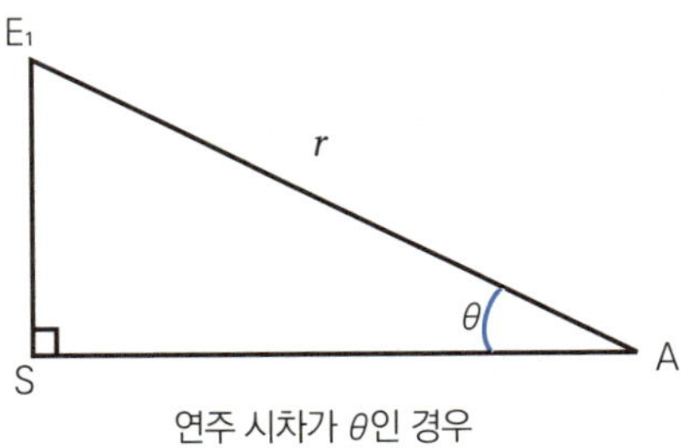

연주 시차가 θ인 경우

지구에서 별까지의 거리 r은 AE_1의 길이이므로 삼각비의 정의에 따라

$$\theta\text{의 } \sin = \frac{E_1 S}{r}$$

이 됩니다. 그런데 $E_1 S$는 지구와 태양 사이의 거리예요. 따라서

$$E_1 S = 1.495978707 \times 10^{11}\text{m}$$

이므로 θ를 측정해 θ의 sin값을 알아내면 별까지의 거리를 구할 수 있답니다. 이처럼 연주 시차는 눈에 보이지 않는 거리를 수학적으로 밝혀낸 놀라운 발견이에요. 이렇게 삼각비를 이용해 별까지의 거리를 잴 수 있다는 사실은, 수학이 우주를 이해하는 멋진 도구임을 보여 줍니다.

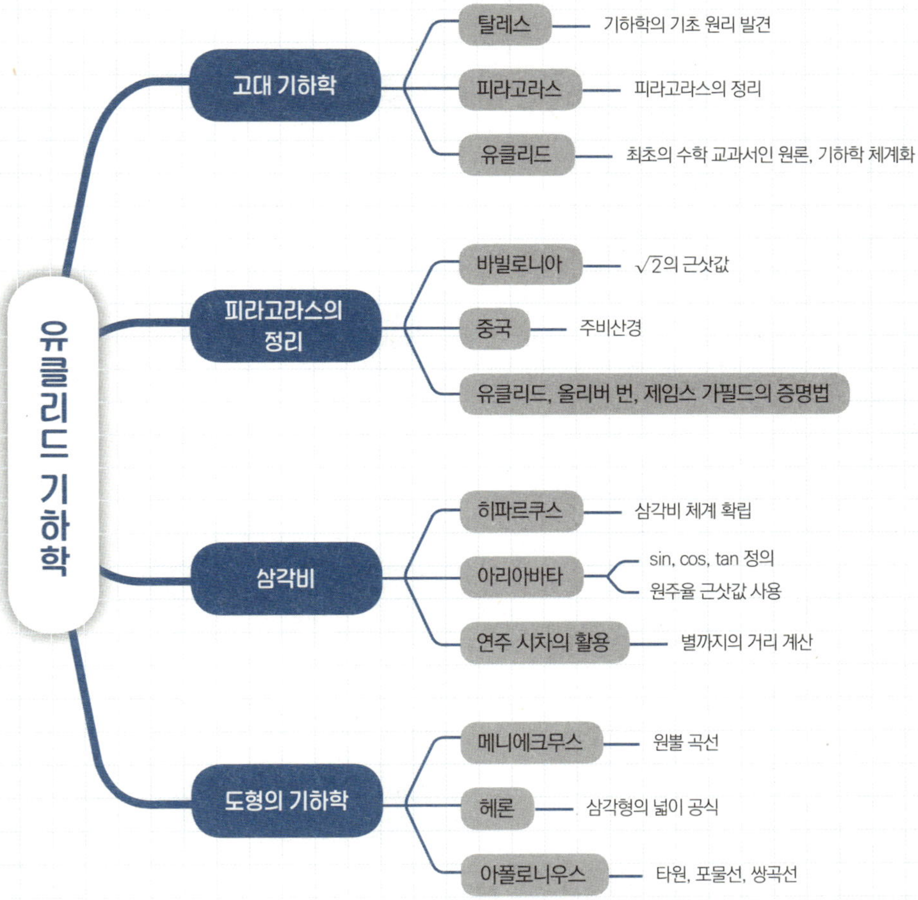

유클리드 기하학

고대 기하학
- 탈레스 — 기하학의 기초 원리 발견
- 피라고라스 — 피라고라스의 정리
- 유클리드 — 최초의 수학 교과서인 원론, 기하학 체계화

피라고라스의 정리
- 바빌로니아 — $\sqrt{2}$의 근삿값
- 중국 — 주비산경
- 유클리드, 올리버 번, 제임스 가필드의 증명법

삼각비
- 히파르쿠스 — 삼각비 체계 확립
- 아리아바타 — sin, cos, tan 정의 / 원주율 근삿값 사용
- 연주 시차의 활용 — 별까지의 거리 계산

도형의 기하학
- 메니에크무스 — 원뿔 곡선
- 헤론 — 삼각형의 넓이 공식
- 아폴로니우스 — 타원, 포물선, 쌍곡선

4장

파이가 들려 주는 수학의 비밀

파이를 이용해 π 데이를 기념하는 사진

정교수의 pick

◆ 무리수　◆ 원주율　◆ 극한　◆ 급수　◆ 아르키메데스
◆ 원의 넓이와 부피　◆ 구의 겉넓이와 부피

끝이 없는 숫자, 파이를 따라가다

3월 14일은 화이트데이이기도 하지만, 수학을 사랑하는 사람들에게는 '파이 데이Pi Day'로 더 유명합니다. 파이 π는 원주율을 나타내는 그리스 문자로, 소수점 셋째 자리에서 반올림하면 3.14가 되기 때문에 3월 14일이 파이 데이가 되었어요.

파이 데이를 처음 만든 사람은 미국의 물리학자이자 전시 큐레이터였던 로런스 N. 쇼Lawrence N. Shaw입니다. 그는 샌프란시스코에 있는 과학 박물관 익스플로라토리움Exploratorium에서 일했는데, 1988년에 이곳에서 최초의 파이 데이 행사를 열었어요. 그는 수학을 어려워하는 사람들에게 수학이 얼마나 재미있는지 알리기 위해 이 특별한 날을 만들었지요. 파이 데이에는 이름이 같은 디저트인 파이Pie를 나눠 먹기도 하고, 파이의 소수점을 누가 더 많이 외우는지 겨루는 암송 대회도 열려요. 2009년, 미국 하원은 파이 데이를 공식적으로 인정했고, 2019년 11월, 유네스코는 이날을 '국제 수학의 날International Day of Mathematics'로 공식 지정했답니다. 해마다 3월 14일이 되면 세계 곳곳에서 수학을 기념하고 즐기는 날로 함께 파이 데이를 축하하고 있어요. 파이 데이는 단순한 숫자를 넘어서 수학의 아름다움과 즐거움을 함께 나누는 날이랍니다.

π는 왜 3.14일까?

우리는 초등학교 수학 시간에 원에 대해 배웁니다. 원을 둥글게 둘러싼 테두리의 길이를 원주라고 하고, 원의 중심을 지나는 직선을 지름이라고 하지요. 원의 지름이 커지면 원주도 함께 커지는데, 이때 지름에 대한 원주의 비, 즉 원주를 지름으로 나눈 값을 원주율이라고 해요. 따라서 다음과 같은 공식이 성립합니다.

$$(원주율) = (원주) \div (지름)$$

이 식은 다음과 같이 바꿔 쓸 수 있어요.

$$(원주) = (원주율) \times (지름)$$

원주율은 원의 넓이를 구할 때도 사용되는데, 이때 공식은

$$(원의 \; 넓이) = (원주율) \times (반지름) \times (반지름)$$

이 되고, 제곱을 이용해서 정리하면

$$(원의 \; 넓이) = (원주율) \times (반지름)^2$$

이 됩니다. 그렇다면 원주율은 대체 어떤 수일까요?

원주율은 소수점 아래 숫자가 끝없이 이어지고 반복되지 않는 수예요. 그래서 분수로 나타낼 수 없는 수이지요. 이처럼 끝도 없고 규칙도 없는 수를 수학에서는 무리수라고 부른답니다.

물론 우리는 쉽게 계산하기 위해 소수 셋째 자리에서 반올림한 값인 3.14를 원주율로 사용해요. 그래서

```
3.14159265358979323846264338327950
2884197169399375105820974944592307
8164062862089986280348253421170679
8214808651328230664709384460955058
2231725359408128481117450284102701
9385211055596446229489549303819644
2881097566593344612847564823378678
3165271201909145648566923460348610
4543266482139360726024914127372456
8700660631558817488152092096282925
4091715364367892590360011330530548
8204665213841469519415116094330572
7036575959195309218611738193261179
3105118548074462379962749567351885
75272489122793
```


$$(원주) = 3.14 \times (지름)$$
$$(원의 넓이) = 3.14 \times (반지름)^2$$

과 같이 간단하게 계산할 수 있도록 약속했답니다.

고대에서 굴러온 수

원주율을 가장 처음 사용한 사람들은 고대 이집트와 바빌로니아 사람들입니다. 그들은 수레바퀴를 굴리다가 한 가지 중요한 사실을 알아냈어요. 바퀴가 한 바퀴 굴러간 길이, 즉 원주는 바퀴 지름에 어떤 일정한 수를 곱한 것과 같다는 사실이었지요. 이 일정한 수가 바로 원주율이에요.

고대 이집트의 원주율에 대한 기록은 린드 파피루스에서 찾아볼 수 있어요. 이 문서에는 지름이 9인 원의 넓이가 한 변의 길이가 8인 정사각형

의 넓이와 같다고 기록되어 있어요. 따라서

$$\text{정사각형의 넓이} = 8^2$$

$$\text{지름이 9인 원의 넓이} = (\text{원주율}) \times \left(\frac{9}{2}\right)^2$$

이 되지요. 이를 다시 정리하면

$$(\text{원주율}) \times \left(\frac{9}{2}\right)^2 = 8^2$$

이므로

$$(\text{원주율}) \times \frac{81}{4} = 64$$

가 됩니다. 따라서 이집트 사람들이 발견한 원주율은

$$(\text{원주율}) = \frac{256}{81}$$

이에요. 이 값은 약 3.16049로, 실제 원주율보다 약간 크지요.

고대 바빌로니아 사람들도 원주율을 알고 있었어요. 1936년, 오늘날 이란에 있는 고대 도시인 수사Susa에서 발굴된 바빌로니아 점토판에는 원주율이 3.125로 기록되어 있어요. 이 점토판은 기원전 1900년에서 1680년 사이에 만들어진 것으로 추정되는데, 바빌로니아 사람들이 어떤 방법으로 원주율을 구했는지는 나와 있지 않아요.

히포크라테스의 초승달

고대 그리스에는 두 명의 위대한 히포크라테스가 있어요. 한 명은 의학의 아버지로 불리는 코스의 히포크라테스이고, 다른 한 명은 수학자인 키오스의 히포크라테스예요.

지금 소개할 수학자 히포크라테스는 키오스Chios섬 출신이에요. 원래 그는 아테네에서 일하던 상인이었지만 사기를 당해 모든 재산을 잃고 난 후, 수학자로 변신해 기원전 430년경, 『기하학 원리Elements of Geometry』라는 책을 썼어요. 이 책은 유클리드의 『원론』보다도 한 세기나 앞선 수학책이었답니다.

히포크라테스는 낭만적인 문제 하나로 아주 유명해집니다. 바로 히포크라테스의 초승달 문제예요. 이 문제는 다음과 같은 그림에서 시작합니다.

위_ 코스의 히포크라테스
아래_ 키오스의 히포크라테스

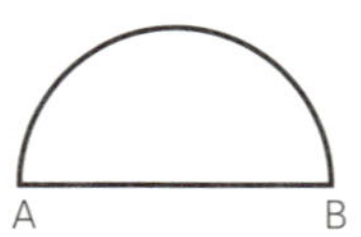

먼저, 지름이 AB인 반원을 그립니다.

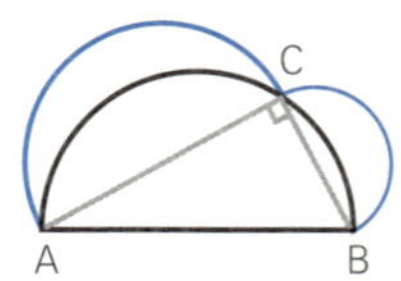

반원의 호 위의 한 점을 C라고 하고, 삼각형을 그리면 이 삼각형은 각 C가 직각인 직각 삼각형이 됩니다.(탈레스의 정리)

이제 선분 AC, CB를 지름으로 하는 두 개의 반원을

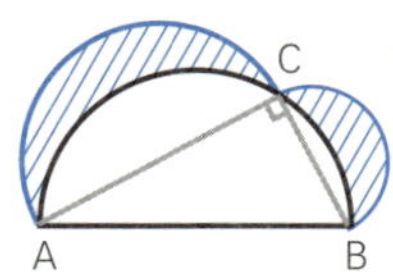

그린 다음, 그림과 같이 초승달 영역에 빗금을 칠합니다.

이 초승달 영역이 바로 우리가 주목할 부분이에요. 히포크라테스는 이 초승달 조각의 넓이의 합이 삼각형 ABC의 넓이와 같다는 사실을 밝혀냈어요. 그렇다면 이 사실은 어떻게 증명할 수 있을까요?

우선 원의 넓이는 반지름의 제곱에 비례합니다. 직각 삼각형의 각 변의 길이를

$$AB = c$$
$$BC = b$$
$$AC = a$$

라고 하면

(빗금 친 부분의 넓이)

$$= \frac{1}{2} \times (\text{원주율}) \times \left(\frac{a}{2}\right)^2 + \frac{1}{2} \times (\text{원주율}) \times \left(\frac{b}{2}\right)^2 + (\triangle ABC\text{의 넓이}) - \frac{1}{2} \times (\text{원주율}) \times \left(\frac{c}{2}\right)^2$$

이 됩니다. 그림으로 나타내면 다음과 같아요.

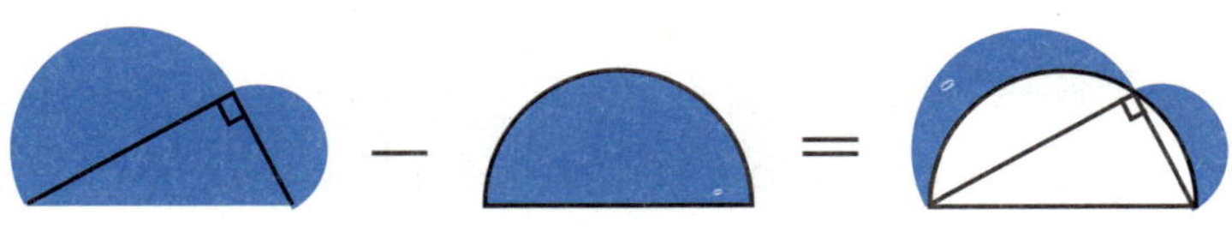

피타고라스 정리를 이용하면

$$c^2 = a^2 + b^2$$

이므로 위의 식에 대입하면

$$(\text{빗금 친 부분의 넓이}) = (\triangle ABC의 넓이)$$

가 되지요.

아르키메데스의 등장

수천 년 전, 시라쿠사라는 도시에서 한 남자가 모래밭에 원을 그리고 있었습니다. 그는 눈앞의 그림 하나로 세상의 비밀을 풀 수 있다고 믿었어요. 그가 바로 무기를 만들던 발명가이자 빛으로 적을 물리친 과학자이며, 원의 비밀을 풀기 위해 평생을 바친 수학자, 아르키메데스예요. 아르키메데스는 기원전 287년, 그리스의 식민지였던 시칠리아의 항구 도시 시라쿠사에서 태어났어요. 시칠리아는 영어로는 시실리섬이라고 부르는 곳으로 지중해에서 가장 큰 섬이에요. 시라쿠사는 당시 강대국이었던 카르타고와 로마 공화국 사이에 있었는데, 섬의 왼쪽은 카르타고였고, 시라쿠사는 섬 오른쪽에 있는 작은 도시 국가였지요.

기원전 264년, 지중해의 패권을 두고 카르타고와 로마 공화국 사이에

기원전 264년 지도, 당시 시라쿠사는 두 강대국 사이에서 놓여 있었다.

총 세 번의 전쟁이 벌어집니다. 이 중 첫 번째 전쟁을 제1차 포에니 전쟁이라고 해요. 시라쿠사는 기원전 263년, 로마와 동맹을 맺으며 간신히 전쟁을 피할 수 있었지요. 이 전쟁은 약 23년 동안 지속되었고, 결국 카르타고의 패배로 끝나고 맙니다.

제1차 포에니 전쟁 시기, 아르키메데스는 이집트 알렉산드리아로 유학을 떠납니다. 아르키메데스는 왕립 학교에서 유클리드의 제자인 코논으로부터 수학과 물리학을 배웠고, 유클리드의 『원론』을 정독하고 베껴 쓰며 학문의 기반을 다졌어요.

평화로운 날이 지속되는 듯했지만, 카르타고의 명장 한니발이 로마를 침공하면서 제2차 포에니 전쟁이 시작됩니다. 한니발의 기세에 로마는 한때 이탈리아 본토까지 침략당하지만, 끝내 역전에 성공하고 지중해의 패권을 차지합니다.

절반의 힘으로도 물체를 움직일 수 있는 움직도르래를 이용한 장치

빛을 가운데로 모으는 성질이 있는 오목 거울을 이용한 장치

　기원전 215년, 시라쿠사의 히에론 2세가 죽고 그의 손자 히에로니무스 왕이 즉위합니다. 히에로니무스왕은 로마와의 동맹을 깨고 카르타고와 동맹을 맺었어요. 이에 분노한 로마는 기원전 214년, 시라쿠사를 공격합니다. 이때 아르키메데스는 시라쿠사를 지키기 위해 과학 원리를 활용한 다양한 무기를 고안했어요. 아르키메데스는 지렛대의 원리를 이용한 투석기, 움직도르래를 이용한 선박 끌어 올리는 장치, 오목 거울을 이용해 햇빛을 집중시켜 적의 배를 불태우는 장치 등을 제작해 로마 군대를 막아냈지요.

　하지만 아르키메데스의 노력에도 불구하고 시라쿠사는 큰 위기를 맞게 됩니다. 로마의 마르켈루스 장군은 시라쿠사 사람으로 위장한 로마 군인들을 시라쿠사로 보내 로마를 지지하는 사람들을 많이 만들었어요. 그들의 꼬임에 넘어간 시라쿠사 사람들은 전쟁이 모두 끝난 것으로 생각하고 신을 모시는 축제를 일삼다가 로마군의 기습 공격에 결국 무너지고 말았답니다. 전쟁의 혼란 속에서 아르키메데스의 죽음에 얽힌 유명한 일화도 전해집니다. 당시 아르키메데스는 해안가 모래밭에서 도형을 그리며 연구를 하고 있었어요. 그런데 로마 군인이 그가 그린 그림을 밟자, 화가 난 아르키메데스는 로마 군인에게 "내 원을 밟지 마라"라고 소리쳤고, 화가 난 로마 군인은 그 자리에서 아르키메데스를 죽여 버렸다고 해요. 이 소식을 들은 마르켈루스 장군은 그의 죽음을 안타까워하며, 그의 무덤에 구와 원기둥이 함께 그려진 그림을 새겨 주었어요.

아르키메데스와 원의 넓이

기원전 225년경, 아르키메데스는 「원의 측정On the Measurement of a Circle」이라는 짧은 논문을 썼습니다. 그는 이 논문에서 원의 넓이와 원주율에 대해 자세히 다루었어요. 아르키메데스는 "정다각형의 변이 많아질수록 원에 더 가까운 모양이 된다"라고 생각했어요. 다음 정팔각형을 볼까요?

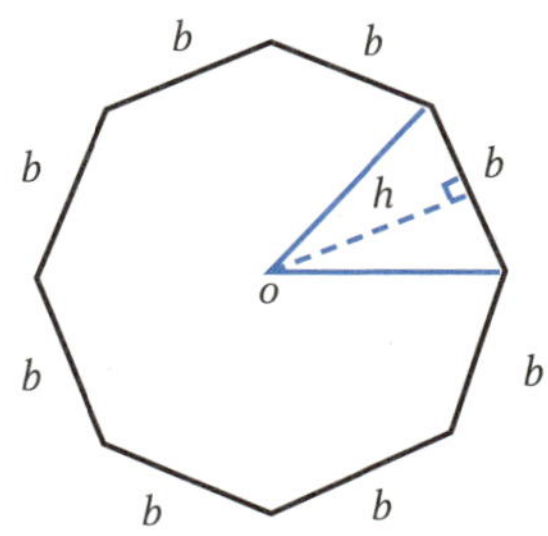

이 정팔각형은 8개의 이등변 삼각형으로 이루어져 있습니다. 따라서 정팔각형의 넓이는 이등변 삼각형을 모두 더해 구할 수 있어요. 이등변 삼각형 밑변의 길이는 b이고 높이는 h이므로 삼각형의 넓이는

$$\frac{1}{2} \times b \times h$$

가 됩니다. 정팔각형의 넓이를 A라고 하면, 이등변 삼각형의 넓이를 8번 더한 것과 같으므로

$$A = \frac{1}{2} \times b \times h + \frac{1}{2} \times b \times h + \frac{1}{2} \times b \times h + \frac{1}{2} \times b \times h +$$
$$\frac{1}{2} \times b \times h + \frac{1}{2} \times b \times h + \frac{1}{2} \times b \times h + \frac{1}{2} \times b \times h$$

가 됩니다. 이를 다시 정리하면

$$A = \frac{1}{2} \times h \times (b + b + b + b + b + b + b + b)$$

가 되지요. 이때 정팔각형 둘레의 길이를 L이라고 하면

$$L = b + b + b + b + b + b + b + b$$

이므로 정팔각형의 넓이와 둘레와의 관계는

$$A = \frac{1}{2} \times h \times L$$

로 정리할 수 있습니다.

아르키메데스는 무한히 많은 변을 가진 정다각형을 생각해도 이 관계가 성립한다고 생각했어요. 즉, 무한히 많은 변을 가진 정다각형을 원이라고 생각했지요. 이때 h는 원의 반지름이 되므로

$$(\text{원의 넓이}) = \frac{1}{2} \times (\text{반지름}) \times (\text{원주})$$

가 되고 원주는 $2 \times (\text{원주율}) \times (\text{반지름})$이므로

$$(\text{원의 넓이}) = (\text{원주율}) \times (\text{반지름})^2$$

이 됩니다.

아르키메데스는 정다각형을 점점 더 정교하게 나누며, 그 넓이가 원의 넓이에 가까워진다는 '극한'의 개념을 했습니다. 극한의 개념은 훗날 뉴턴과 라이프니츠가 미분과 적분을 만들 때 핵심적인 역할을 해요. 아르키메데스는 두 사람보다 거의 2천여 년 전에 극한의 개념과 무한대의 개념을 알고 있었던 셈이에요.

아르키메데스와 구

아르키메데스는 구의 부피와 겉넓이를 적분 없이 계산한 고대 수학자예요. 먼저 구의 부피를 구해 볼까요?

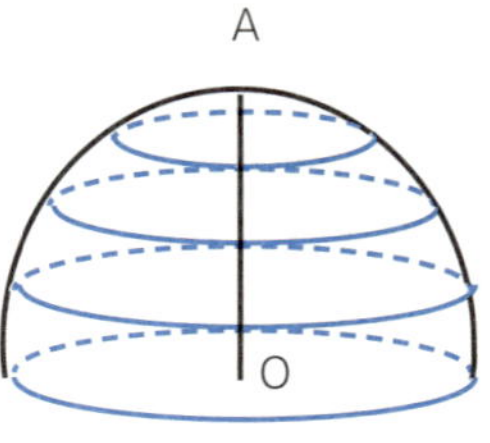

반구의 중심 O를 지나고 반구의 바닥면에
수직인 반지름 OA를 여러 개로 나눈다.

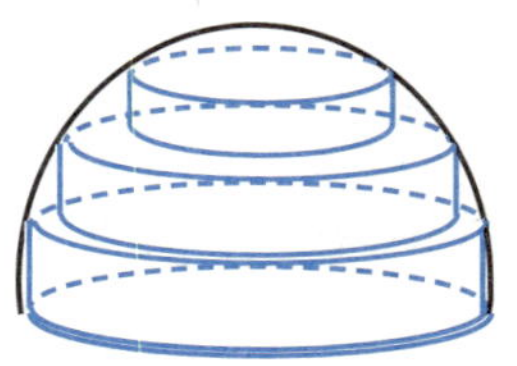

반구의 부피는 여러 원기둥의
부피 합과 같다.

반구의 중심에서 바닥까지 여러 개의 띠처럼 나누면, 각 조각은 회전체처럼 보입니다. 이 조각 하나하나의 부피를 모두 더하면, 실제 반구의 부피와 가까워지지요. 반구의 부피를 구한 뒤 두 배를 하면 전체 구의 부피가 되고, 그 결과가 바로 아르키메데스가 밝혀낸 공식이에요.

$$(\text{구의 부피}) = \frac{4}{3} \times (\text{원주율}) \times (\text{반지름})^3$$

겉넓이도 비슷한 방식으로 설명할 수 있어요. 다음 그림을 보세요.

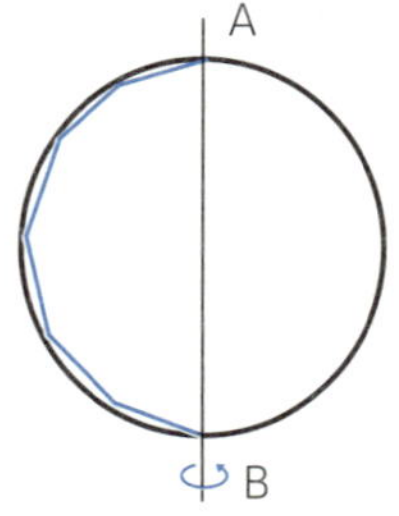

원을 지름 AB를 중심축으로 하여
회전시키면 구가 만들어진다.

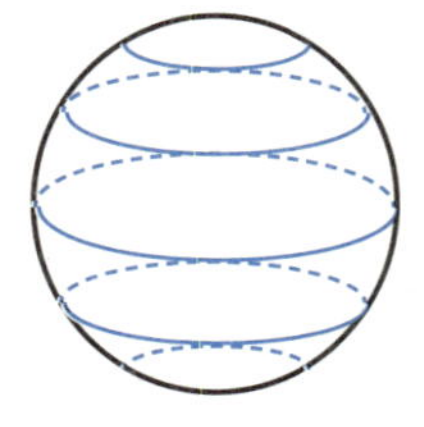

그림과 같이 구를 여러 조각으로
나누면, 회전체가 생긴다.

구의 표면을 아주 가느다란 띠처럼 나누면, 각각의 띠는 마치 잘린 원뿔대처럼 생긴 것을 알 수 있습니다. 이 띠 하나하나의 겉넓이를 모두 더하면, 구 전체의 겉넓이에 가까워지지요. 이렇게 해서 얻어지는 값이 바로 아르키메데스가 구한 공식이에요.

$$(구의\ 표면적) = 4 \times (원주율) \times (반지름)^2$$

아르키메데스와 원주율

원주율의 값을 좀 더 정확하게 구하고 싶었던 아르키메데스는 한 가지 방법을 떠올렸습니다. 원 안에 내접하는 정다각형과 외접하는 정다각형을 이용하는 방법이었어요. 다음처럼 원에 내접하는 정사각형과 외접하는 정사각형을 각각 그려보도록 하지요.

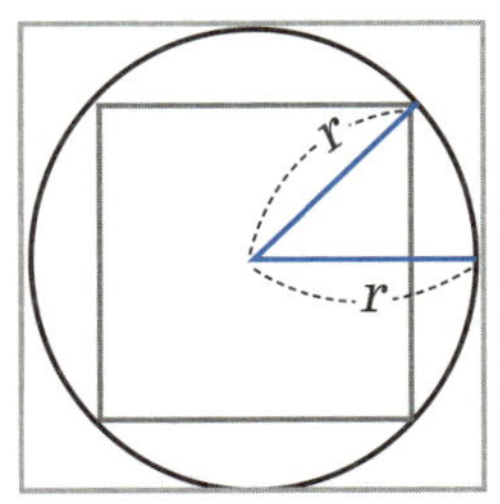

그러면 다음과 같은 부등식이 성립합니다.

$$(\text{내접 정사각형 넓이}) < (\text{원의 넓이}) < (\text{외접 정사각형 넓이})$$

외접 정사각형의 한 변의 길이는 원의 지름, 즉 $2 \times r$이므로

$$(\text{외접 정사각형 넓이}) = (2 \times r)^2 = 4 \times r^2$$

이 되지요. 내접 정사각형의 경우, 정사각형의 대각선이 지름이 되므로 피타고라스 정리를 이용해 구할 수 있어요. 따라서 내접 정사각형의 한 변의 길이는

$$2 \times \frac{r}{\sqrt{2}} = \sqrt{2} \times r$$

이므로

$$(\text{내접 정사각형 넓이}) = (\sqrt{2} \times r)^2 = 2 \times r^2$$

이 됩니다. 따라서 원의 넓이는

$$2 \times r^2 < (\text{원의 넓이}) < 4 \times r^2$$

이 되어

$$2 < (\text{원주율}) < 4$$

라고 할 수 있습니다. 아르키메데스는 이 방법을 정육각형, 정십이각형, 정이십사각형, 정사십팔각형, 정구십육각형에까지 적용했어요.

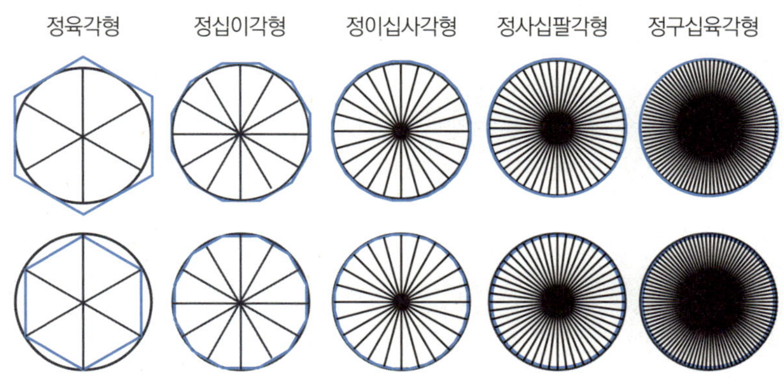

아르키메데스의 정다각형과 원주율

그 결과 아르키메데스는 다음과 같은 부등식을 얻습니다.

$$3\frac{10}{71} < (원주율) < 3\frac{1}{7}$$

이것을 소수로 고치면

$$3.1408\cdots < (원주율) < 3.1428\cdots$$

이 됩니다. 놀랍게도 현재의 원주율 3.141592…는 바로 이 범위 안에 있어요. 아르키메데스는 2천 년 전, 현대 수학의 극한 개념 없이도 비슷한 방식으로 아주 정밀한 원주율 근삿값을 구한 거예요.

π는 왜 π일까?

원주율은 π로 쓰고 '파이'라고 읽는데, 이 용어는 윌리엄 존스William Jones가 1706년에 『Synopsis Palmariorum Matheseos』라는 책에서 처음 사용했어요. 존스는 둘레를 나타내는 영어 perimeter를 그리스어로 바꾼 페리메트로스περίμετρος에서 첫 글자를 따 π라고 이름을 붙였지요.

원주율 π는 여러 수학자들에 의해 다음과 같이 무한히 많은 수들의 합으로 나타낼 수 있다는 것이 밝혀졌습니다. 최초로 π에 대한 공식을 찾아낸 수학자는 중세 시대 인도의 수학자 마다바Madhava예요. 그는 다음과 같은 표현을 발견했어요.

$$\pi = 4 - \frac{4}{3} + \frac{4}{5} - \frac{4}{7} + \frac{4}{9} - \frac{4}{11} + \cdots$$

There are various other ways of finding the *Lengths*, or *Areas* of particular *Curve Lines*, or *Planes*, which may very much facilitate the Practice; as for Instance, in the *Circle*, the Diameter is to Circumference as 1 to

$$\frac{16}{5} - \frac{4}{239} - \frac{1}{3}\frac{16}{5^3} - \frac{4}{239^3} + \frac{1}{5}\frac{16}{5^5} - \frac{4}{239^5} -, \&c. =$$

3·14159, &c. $= \pi$. This *Series* (among others for the same purpose, and drawn from the same Principle) I receiv'd from the Excellent Analyst, and my much Esteem'd Friend Mr. *John Machin*; and by means thereof, *Van Ceulen*'s Number, or that in Art. 64.38. may be Examin'd with all desireable Ease and Dispatch.

윌리엄 존스의 책에서 등장하는 π

마다바의 공식은 4를 홀수로 나눈 수들을 더하고 빼서 만드는 방식이에요. 이를 이용해 소수점 두 자리까지 계산하면 다음과 같아요.

$$4 - \frac{4}{3} = 2.67$$

$$4 - \frac{4}{3} + \frac{4}{5} = 3.47$$

$$4 - \frac{4}{3} + \frac{4}{5} - \frac{4}{7} = 2.90$$

$$4 - \frac{4}{3} + \frac{4}{5} - \frac{4}{7} + \frac{4}{9} = 3.34$$

더 알아보기

π를 정확하게! 수학자들의 끊임없는 도전

아르키메데스 이후에도 수학자들은 원주율을 더 정밀하게 계산하려는 도전을 이어갔어요. 5세기 중국, 조충지는 $\frac{355}{113} \fallingdotseq 3.14159292$이라는 근삿값을 사용했는데, 이 값은 오늘날의 원주율과 소수점 6자리까지 일치해요. 12세기 인도의 바스카라 2세는 $\frac{3927}{1250} \fallingdotseq 3.1416$을 사용했고, 16세기 프랑수아 비에트는 정 393,216각형의 둘레를 계산해 소수점 9자리까지 정확하게 구했어요. 비슷한 시기에 뤼돌프 판 쾰런은 변의 수가 약 4조 개에 해당하는 정다각형을 이용해 소수점 35자리까지 계산했어요. 컴퓨터를 도입하기 전, 가장 긴 자릿수의 원주율을 계산한 사람은 영국의 수학자 윌리엄 샹크스예요. 손으로만 계산해 소수점 707자리까지 구했으나, 528자리까지만 정확한 것으로 밝혀졌지요.

후에 1949년, 마크 I 컴퓨터가 처음으로 원주율을 소수점 아래 2,037자리까지 계산하며 본격적인 컴퓨터 계산 시대가 열렸어요. 2005년, 일본의 가네다 야스마사 교수는 601시간 56분 동안 컴퓨터를 사용해 소수점 12억 4천만 자리까지, 2010년 회사원 곤도 시게루는 90일간의 계산 끝에 5조 자리까지, 2016년 스위스의 페터 트뤼프가 105일 동안 계산해 무려 22조 4,519억 자릿수까지 도달했어요. 이처럼 수천 년 동안 이어진 원주율 계산의 역사는 사람들이 수학에 쏟은 열정과 사랑, 계산 기술의 발전을 동시에 보여 주는 흥미로운 여정이랍니다.

$$4 - \frac{4}{3} + \frac{4}{5} - \frac{4}{7} + \frac{4}{9} - \frac{4}{11} = 2.98$$

마다바의 공식은 굉장히 많은 수들을 이용해야 3.14에 가까운 값이 나와요. 컴퓨터를 이용해 계산하면

$$4 - \frac{4}{3} + \frac{4}{5} - \frac{4}{7} + \frac{4}{9} - \cdots + \frac{4}{301} - \frac{4}{303} = 3.14$$

가 되지요. 다음 단계에서는

$$4 - \frac{4}{3} + \frac{4}{5} - \frac{4}{7} + \frac{4}{9} - \cdots - \frac{4}{303} + \frac{4}{305} = 3.15$$

가 되어 3.14보다 커졌다가, 계산을 반복하면

$$4 - \frac{4}{3} + \frac{4}{5} - \frac{4}{7} + \frac{4}{9} - \cdots - \frac{4}{587} = 3.14$$

$$4 - \frac{4}{3} + \frac{4}{5} - \frac{4}{7} + \frac{4}{9} - \cdots + \frac{4}{589} = 3.14$$

$$4 - \frac{4}{3} + \frac{4}{5} - \frac{4}{7} + \frac{4}{9} - \cdots - \frac{4}{591} = 3.14$$

$$4 - \frac{4}{3} + \frac{4}{5} - \frac{4}{7} + \frac{4}{9} - \cdots + \frac{4}{593} = 3.14$$

$$4 - \frac{4}{3} + \frac{4}{5} - \frac{4}{7} + \frac{4}{9} - \cdots - \frac{4}{595} = 3.14$$

$$4 - \frac{4}{3} + \frac{4}{5} - \frac{4}{7} + \frac{4}{9} - \cdots + \frac{4}{597} = 3.14$$

가 되어 결국 3.14에 가까워집니다. 이 공식은 훗날 독일의 수학자 라이프니츠도 적분을 이용해 발견했어요. 마다바는 π에 대한 또 다른 표현도 찾아냈답니다.

$$\pi = \sqrt{12}\left(1 - \frac{1}{3\times 3} + \frac{1}{5\times 3^2} - \frac{1}{7\times 3^3} + \cdots\right)$$

마다바와 라이프니츠 외에도 π의 값을 찾는 데 구슬땀을 흘린 사람들이 있어요. 먼저 영국 수학자 마친John Machin은 1706년에 파이를 소수점 이하 100자리까지 계산했어요.

마친이 사용한 공식은 다음과 같아요.

$$\pi = \left(\frac{16}{5} - \frac{4}{239}\right) - \frac{1}{3}\times\left(\frac{16}{5^3} - \frac{4}{239^3}\right) + \frac{1}{5}\times\left(\frac{16}{5^5} - \frac{4}{239^5}\right)$$

이 공식은 마다바의 공식보다 더 빨리 π의 값에 가까워져요. π를 소수점 다섯째 자리까지 나타내면 3.14159이에요. 마친의 공식에서는

$$\left(\frac{16}{5} - \frac{4}{239}\right) \fallingdotseq 3.18326$$

$$\left(\frac{16}{5} - \frac{4}{239}\right) - \frac{1}{3}\times\left(\frac{16}{5^3} - \frac{4}{239^3}\right) \fallingdotseq 3.14060$$

$$\left(\frac{16}{5} - \frac{4}{239}\right) - \frac{1}{3} \times \left(\frac{16}{5^3} - \frac{4}{239^3}\right) + \frac{1}{5} \times \left(\frac{16}{5^5} - \frac{4}{239^5}\right) \fallingdotseq 3.14162$$

가 되어, 몇 개의 수들만 더해도 π의 값에 가까운 값을 구할 수 있어요.

영국의 뉴턴도 다음 관계식을 알아냈지요.

$$\pi = 6\left(\frac{1}{2} + \frac{1}{2 \times 3 \times 2^3} + \frac{1 \times 3}{2 \times 4 \times 5 \times 2^5} + \frac{1 \times 3 \times 5}{2 \times 4 \times 6 \times 7 \times 2^7} + \cdots\right)$$

영국의 월리스 John Wallis는 π를 곱셈으로만 나타냈어요. 1656년, 월리스는 π를 다음과 같이 곱으로만 나타낼 수 있다는 것을 처음 알아냈어요.

$$\pi = \left(\frac{2 \times 2}{1 \times 3}\right) \times \left(\frac{4 \times 4}{3 \times 5}\right) \times \left(\frac{6 \times 6}{5 \times 7}\right) \times \left(\frac{8 \times 8}{7 \times 9}\right) \times \cdots$$

원주율을 정확하게 계산하려는 수학자들의 도전은 고대부터 현대까지 이어졌고, 그 과정에서 수많은 계산법이 탄생했어요. 정다각형, 무한급수, 곱셈 표현까지 모두 π의 비밀을 밝혀낸 열쇠였지요. 지금도 여전히 끝나지 않은 이 여정은, 과연 어디까지 이어질까요?

파이 속 놀라운 반복, 파인만 포인트

π의 무한한 소수 속에는 흥미로운 이야기들이 숨어 있습니다. 그중에서도 '파인만 포인트Feynman Point'와 '파이 룸Pi Room'은 수학자와 과학 애호가들 사이에서 널리 알려진 이야기지요.

천재 물리학자로 불리는 파인만은 파이 외우기를 즐겼습니다. 어느 날 파인만은 신기한 사실을 발견했어요. 파이의 소수점 아래 762번째 자리부터 767번째 자리까지 6개의 9가 연속으로 등장하는 구간이 있다는 것이었지요. 이 762번째 자리를 파인만 포인트라고 하는데, 다음 파인만 포인트는 무려 소수점 193,034번째 자리라고 해요. 앞서서 최초로 같은 수가 연달아 3개가 나오는 곳은 소수점 153번째 자리부터 155번째 자리까지에 있는 111이에요.

이후에도 같은 수가 연달아 나오는 구간이 발견되었습니다. 888888은 소수점 222,299번째 자리에서 나타나고 666666은 소수점 252,499번째 자리에서, 777777은 소수점 399,579번째 자리에서 나타나요. 처음으로 같은 수가 연속해서 아홉 번 나오는 것은 소수점 24,658,610번째 자리인데 이때 9개의 7, 즉 777777777이 나타나지요. 0이 연속해서 8번 나오는 곳도 있는데, 이곳은 소수점 172,330,850번째 자리에서 나타난답니다.

수학과 예술의 만남, 파이 룸

프랑스 파리에 있는 과학 박물관 팔레 드 라 데쿠베르트Palais de la

프랑스 과학 박물관에 있는 파이 룸

Découverte에는 파이 룸이라고 알려진 원형의 방이 있습니다. 벽에는 소수점 707번째 자리까지 새겨져 있어요. 1873년, 영국의 수학자 윌리엄 샹크스William Shanks가 구한 값인데, 컴퓨터가 없던 시절에 일일이 손으로 계산했다고 해요.

하지만 안타깝게도 샹크스의 계산은 528번째 자리에서 오류가 있었습니다. 이 오류는 1946년에 발견되어 1949년에 수정되었어요. 이 방은 수학이 얼마나 멋지고 재미있는지, 또 수학이 어떻게 발전해 왔는지를 눈으로 보고 느낄 수 있는 공간으로, 많은 사람들에게 깊은 인상을 주고 있답니다.

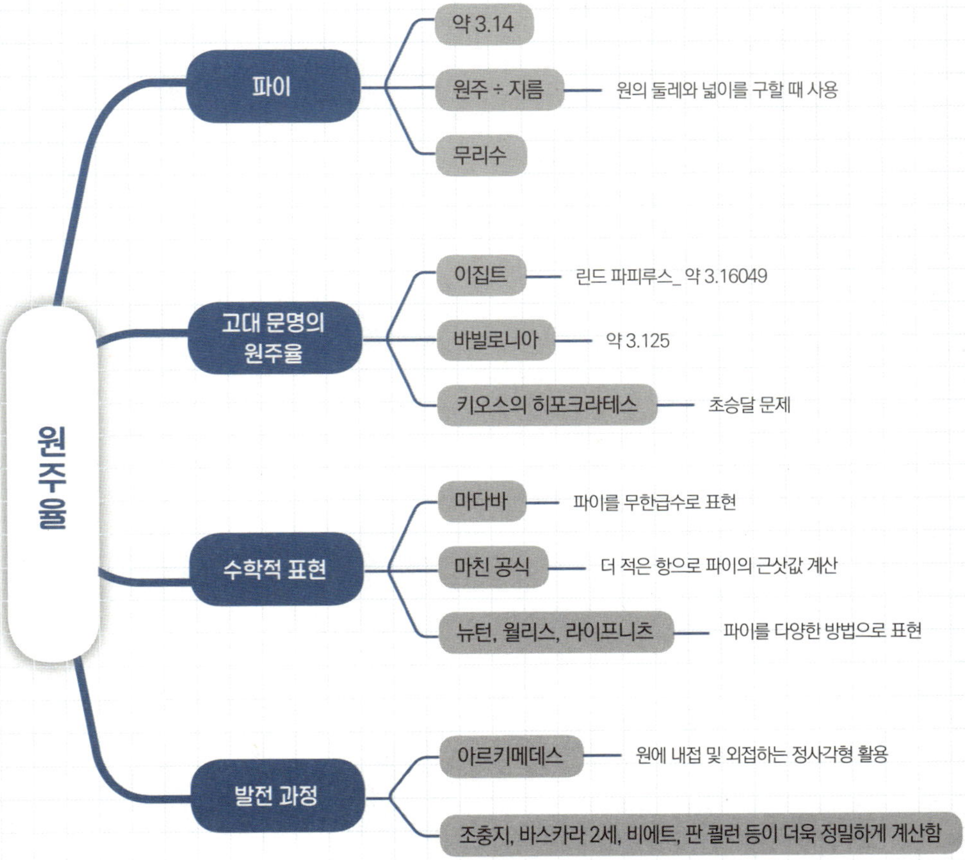

원주율

- **파이**
  - 약 3.14
  - 원주 ÷ 지름 — 원의 둘레와 넓이를 구할 때 사용
  - 무리수

- **고대 문명의 원주율**
  - 이집트 — 린드 파피루스_ 약 3.16049
  - 바빌로니아 — 약 3.125
  - 키오스의 히포크라테스 — 초승달 문제

- **수학적 표현**
  - 마다바 — 파이를 무한급수로 표현
  - 마친 공식 — 더 적은 항으로 파이의 근삿값 계산
  - 뉴턴, 월리스, 라이프니츠 — 파이를 다양한 방법으로 표현

- **발전 과정**
  - 아르키메데스 — 원에 내접 및 외접하는 정사각형 활용
  - 조충지, 바스카라 2세, 비에트, 판 쾰런 등이 더욱 정밀하게 계산함

5장

수열이 만든 세상의 변화

앵무조개에서도 피보나치수열을 발견할 수 있다.

정교수의 pick

◆ 피보나치수열 ◆ 등차수열 ◆ 등비수열
◆ 황금비 ◆ 중세 유럽과 수학

피보나치에서 원자 폭탄까지

2003년, 소설가 댄 브라운은 『다빈치 코드』라는 책을 발표했습니다. 이 책은 기호학자 로버트 랭던이 파리의 루브르 박물관에서 벌어진 살인 사건의 진실을 파헤치기 위해 사투를 벌이는 이야기예요.

이 책에는 다음과 같은 숫자들이 중요한 단서로 등장해요.

$$13 - 3 - 2 - 21 - 1 - 1 - 8 - 5$$

이 숫자들은 바로 '피보나치수열'입니다. 피보나치수열은 앞의 두 수를 더해 다음 수를 만드는 규칙을 가지고 있어요. 그런데 이 수열은 자연 속에서도 놀라울 만큼 자주 발견된답니다. 앵무조개, 꽃잎의 수, 해바라기 씨앗, 소라 껍데기, 나뭇가지 배열 방식 등에서 피보나치수열을 만날 수 있어요. 경이로운 자연의 질서 속에서도 수학 규칙을 발견할 수 있다는 사실이 참 흥미롭지요?

5050의 비밀과 가우스

수학에서 어떤 일정한 규칙에 따라 차례대로 얻어지는 수들을 수열이라고 불러요. 우리가 잘 아는 자연수를 나열해 볼까요?

$$1, 2, 3, 4, 5, 6, 7 \cdots$$

이 수열을 자세히 살펴보면, 앞의 수보다 뒤에 있는 수가 항상 1씩 더 큰 것을 알 수 있습니다. 이렇게 이웃한 두 수의 차가 일정한 수열을 등차수열이라고 해요. 여기서 '등차'는 차이가 같다는 뜻이에요. 등차수열을 누가 처음으로 생각했는지는 정확하게 알려지지 않았어요. 다만, 기원전 2000년경 고대 이집트와 바빌로니아 사람들이 이미 일정한 규칙으로 나열된 수의 합을 계산하는 법을 알고 있었다는 기록이 있어요.

등차수열의 합을 구하는 공식은 고대 그리스의 아르키메데스, 히프시클레스, 디오판토스도, 인도의 아리아바타, 브라마굽타, 바스카라 2세도 알고 있었어요. 그런데 이 공식을 10살 때 스스로 깨우친 소년이 있답니다. 그 천재 소년의 이름은 바로 독일이 자랑하는 위대한 수학자이자 수학의 왕이라고 불리는 가우스Johann Carl Friedrich Gauss예요. 독일 사람들은 가우스를 아주 사랑해서 독일 고유의 화폐인 마르크에 가우스의 얼굴을 새기기도 했어요.

가우스는 어린 시절부터 특별한 재능을 보였습니다. 특히 비범한 계산 능력을 보여 주변을 놀라게 했는데 그에 대한 재미있는 일화도 있어요.

독일 10마르크 지폐에 그려진 가우스

가우스가 초등학생이던 시절, 선생님은 아이들을 조용히 시키기 위해 1부터 100까지 모두 더하라는 문제를 냈습니다. 아이들이 숫자를 차례대로 더하고 있을 때, 가우스는 단 몇 초 만에 정답을 구했어요. 가우스는 다음과 같이 설명했지요.

"1 + 100, 2 + 99처럼 짝을 지으면 모두 101이 되고, 이런 짝이 모두 50

카를 프리드리히 가우스

• 1777년: 독일 브라운슈바이크에서 태어나 외삼촌에게 수학을 배움.

• 1784년경: 1부터 100까지의 합을 빠르게 계산해 내며 천재성을 드러냄.

• 1791년: 14세, 브라운슈바이크 공작의 후원을 받아 고등교육을 조기 수료함.

• 1795년: 18세, 괴팅겐 대학교에 입학함.

• 1796년: 19세, 자와 컴퍼스로 정십칠각형 작도에 성공하고 삼각수 표현 방법을 일기에 기록함.

개니까 50×101 = 5050입니다."

가우스의 천재성을 알아차린 선생님은 더 높은 수준의 수학을 배울 수 있도록 도왔습니다. 후에 가우스는 브라운슈바이크 공작의 후원을 받아 공부를 이어갔고, 괴팅겐 대학교에서 천문학과 물리학 등 다양한 분야에서 업적을 남겼어요. 특히 19살 때, 고대 그리스시대로부터 오랫동안 불가능한 것으로 여겨졌던 정십칠각형을 자와 컴퍼스만으로 작도하는 방법을 알아냈어요. 그 후 그는 정257각형, 정65537각형도 똑같은 방법으로 그릴 수 있다는 것을 알아냈지요.

가우스는 말년까지도 연구를 멈추지 않았습니다. 그가 남긴 발견은 오늘날까지도 다양한 분야에서 널리 활용되며, 수많은 수학 이론의 토대가 되고 있어요. 그래서 그는 수학사에서 가장 빛나는 이름 중 하나로 기억되고 있지요.

더알아보기

가우스의 수학 일기

가우스는 수학 일기를 썼던 것으로 유명합니다. 가우스의 수학 일기는 가우스가 새롭게 발견한 내용을 한두 줄로 요약한 것이에요. 예를 들어, 1796년 3월 30일에는 '원을 17등분 할 수 있음'이라고 적혀 있었고, 1796년 7월 10일에는 '유레카! 수 $= \triangle + \triangle + \triangle$'라는 메모가 적혀 있었어요. 이는 임의의 정수가 세 개의 삼각수의 합으로 나타낼 수 있다는 것을 나타내지요.
1796년 10월 21일의 일기장에는 '나는 거인을 정복했다'라고 적혀 있는데 이것이 무엇을 뜻하는지는 알려지지 않았어요.

제2차 세계대전과 등비수열의 만남

앞서 만난 등차수열은 일정한 수를 더하는 방식으로 수가 배열되어 있습니다. 이번에는 조금 다른 방식으로 커지는 수열을 만나볼 차례예요. 유클리드가 쓴 『원론』에는 어떤 수에 일정한 수를 차례로 곱하여 이루어진 수들이 등장합니다. 이러한 수들의 나열을 등비수열이라고 불러요. 대표적인 등비수열은 1부터 출발해 2씩 곱해지는 수열이에요. 이 수열은

$$1, 2, 4, 8, 16, 32, 64 \cdots$$

처럼 표현할 수 있어요. 이 수학 개념은 단순한 계산을 넘어, 실제 과학과 역사 속에서도 놀라운 방식으로 나타납니다. 제2차 세계대전 말, 원자폭탄을 만들 수 있었던 핵심 원리가 바로 등비수열과 관련이 있어요. 먼저 제2차 세계대전에 대해 잠시 살펴보도록 하지요.

제2차 세계대전은 1939년부터 1945년까지 약 6년간 벌어진 전쟁입니다. 전 세계 30개국 이상이 참전했고, 미국, 영국, 소련, 중국 등의 연합국과 독일, 이탈리아, 일본의 추축국 간의 격렬한 전투가 벌어졌어요. 1939년 9월 1일, 아돌프 히틀러의 나치 독일이 폴란드를 침공하며 전쟁이 시작되었습니다. 뒤이어 영국과 프랑스도 9월 3일, 독일에 전쟁을 선포했지요. 독일은 빠르게 유럽 대부분을 점령했고, 일본도 아시아에서 세력을 확장하며 전쟁의 그림자가 전 세계에 드리우기 시작했어요. 1941년 12월, 일본이 진주만 공격을 감행하자 미국은 일본에 선전포고합니다.

전쟁의 흐름은 1942년부터 바뀌기 시작했어요. 미드웨이 해전에서 일

본이 패하고, 스탈린그라드 전투에서 독일이 패하면서 전세가 연합국 쪽으로 기울기 시작합니다. 결국 1945년, 히틀러가 사망하고 독일은 항복을 선언하지만, 전쟁은 아직 완전히 끝나지 않았어요. 뒤이은 포츠담 선언에도 일본이 항복하지 않자 미국은 원자 폭탄 투하라는 결정을 내립니다. 8월 6일 히로시마에, 8월 9일에 나가사키에 원자 폭탄이 떨어졌고 그 충격에 일본은 마침내 8월 15일 항복을 선언하며 제2차 세계대전은 막을 내립니다.

일본 나가사키에 원자 폭탄이 떨어진 뒤, 버섯구름이 피어오른 모습

원자 폭탄은 어떻게 강력한 위력을 가지게 되었을까요? 원자는 원자핵과 전자로 이루어져 있습니다. 원자핵은 양의 전기를 띤 양성자와 전기를 띠지 않는 중성자로 이루어져 있고, 원자핵 주위에는 음의 전기를 띤 전자가 있지요.

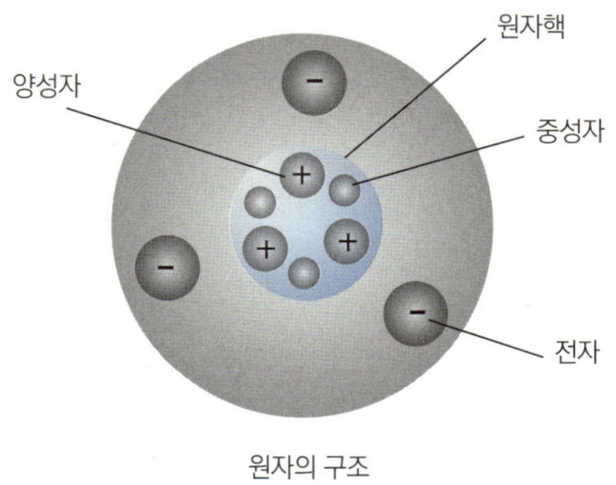

원자의 구조

　1938년, 독일의 물리학자 오토 한, 슈트라스만, 마이트너는 중성자를 어떤 원자핵에 충돌시키면 원자핵이 두 개의 새로운 원자핵으로 쪼개진 다는 것을 알아냈습니다. 그들이 선택한 원자핵은 우라늄의 동위원소였 어요. 그들은 우라늄 동위원소에 중성자를 충돌시키면, 우라늄 원자핵이 바륨 원자핵과 크립톤 원자핵으로 쪼개지고, 다시 중성자 2개 또는 3개 가 튀어나온다는 사실을 알아냈어요. 그들은 이 반응에서 에너지가 발생 하는 것도 알아냈지요.

　이때 튀어나온 중성자가 다시 우라늄 핵을 두 개의 원자핵으로 쪼개고 그때 튀어나온 중성자들이 다시 우라늄 핵을 쪼개면서 반응이 두 배씩 계속 커집니다. 이렇게 우라늄 원자핵들이 쪼개지는 반응이 연쇄적으로 일어나는 것을 연쇄 핵분열이라고 불러요. 원자 폭탄의 기본 원리지요. 여기서 드디어 등비수열이 등장합니다. 에너지가 2배, 4배, 8배…로 순식 간에 증가하니 아주 짧은 시간에 엄청난 에너지가 발생해요. 이게 바로 원자 폭탄의 무서운 힘이에요.

　원자 폭탄은 바로 우라늄 원자핵들이 연쇄 핵분열할 때 발생하는 에너 지를 이용한 무기입니다. 예를 들어, 하나의 중성자가 우라늄 원자핵과 충돌해 우라늄 원자핵을 두 개로 쪼갠 후, 2개의 중성자가 튀어나온다고 가정할게요. 이 과정에서 발생하는 에너지를 a라고 할 때, 두 개의 중성 자가 튀어나와 다시 두 개의 핵을 쪼개면서 발생하는 에너지는

$$2 \times a$$

가 됩니다. 이 과정에서 4개의 중성자가 튀어나오고, 이 중성자가 다시

4개의 우라늄 원자핵을 쪼개면서 8개의 중성자가 튀어나옵니다. 이 과정에서 발생하는 에너지는

$$4 \times a$$

가 되고, 다시 8개의 중성자는 8개의 우라늄 원자핵을 쪼개면서 16개의 중성자가 튀어나오게 됩니다. 이 과정에서 발생하는 에너지는

$$8 \times a$$

가 되지요. 결국 각 단계별로 발생하는 에너지는 다음과 같아요.

$$[1단계]\ 발생하는\ 에너지 = a$$
$$[2단계]\ 발생하는\ 에너지 = 2 \times a$$
$$[3단계]\ 발생하는\ 에너지 = 4 \times a$$
$$[4단계]\ 발생하는\ 에너지 = 8 \times a$$
$$[5단계]\ 발생하는\ 에너지 = 16 \times a$$

수학자들은 2를 여러 번 곱한 것을 다음과 같이 나타내요.

$$2 \times 2 = 2^2$$
$$2 \times 2 \times 2 = 2^3$$
$$2 \times 2 \times 2 \times 2 = 2^4$$

이것을 2의 거듭제곱이라고 불러요. 이제 연쇄 핵분열에서 발생하는 에너지를, 거듭제곱을 활용해 표현하면 아래와 같지요.

$$[1단계] \text{ 발생하는 에너지} = a$$
$$[2단계] \text{ 발생하는 에너지} = 2 \times a$$
$$[3단계] \text{ 발생하는 에너지} = 2^2 \times a$$
$$[4단계] \text{ 발생하는 에너지} = 2^3 \times a$$
$$[5단계] \text{ 발생하는 에너지} = 2^4 \times a$$

원자 폭탄에 들어가는 우라늄 속의 원자핵의 수는 엄청나게 많아요. 그러니까 여러 단계를 거치게 되면 발생하는 에너지는 엄청나게 커지죠. 예를 들어, 80단계를 거치게 되면 발생하는 에너지는

$$a \times (1 + 2 + 2^2 + 2^2 \cdots + 2^{79})$$
$$= 1208925819614629174706175 \times a$$

가 되어 상상할 수 없는 에너지가 됩니다. 이 에너지가 순식간에 발생하면 대량 학살 무기가 되는데 이것이 바로 원자 폭탄이에요.

하지만 이 에너지가 모두 나쁜 곳에만 쓰이는 것은 아니랍니다. 연쇄 핵분열을 조절하면 전기를 생산할 수 있어요. 바로 원자력 발전이지요. 원자로를 최초로 만든 사람은 이탈리아의 물리학자 엔리코 페르미예요. 1942년, 페르미는 최초의 원자로인 '시카고 파일-1Chicago Pile-1'을 성공적으로 작동시켰어요. 페르미는 원자로에서 천천히 연쇄 핵분열을 일어

나게 했어요. 흑연 벽돌을 층층이 쌓아 감속재로 사용했고, 충분히 발전이 된 후에는 카드뮴 제어봉으로 중성자를 포획하여 더 이상 핵분열 반응이 일어나지 않게 하는 방법을 사용했어요.

핵분열을 이용한 전력 생산은 1948년 9월, 미국 테네시주 오크

지금은 폐쇄된 X-10 원자로의 모습

리지에 설치된 X-10 원자로에서 처음 시작되었습니다. 이 원자로는 핵반응을 통해 만들어진 에너지로 전구에 불을 밝히는 데 성공했어요. 그리고 1954년 6월, 소련의 오브닌스크에 세계 최초의 상업용 원자력 발전소가 세워졌습니다. 전력을 대규모로 생산하기 위해 지어진 이 발전소는 전력 생산 용량이 5메가 와트였다고 해요.

암흑기를 밝힌 수학자, 피보나치

유럽의 중세 시대는 고대 로마 역사와 밀접한 관계가 있습니다. 로마는 기원전 753년, 로물루스가 세운 왕정에서 시작되었어요. 당시 로마는 왕과 원로원Senatus이 나라를 다스리고 있었어요. 원로원이란 왕에게 조언을 하는 원로들의 집단이에요. 그러나 기원전 509년, 왕정이 무너지면서 로마는 공화정 시대로 접어듭니다. 이때부터는 왕 대신 집정관이 민정과 군사를 책임졌는데, 이때도 원로원은 여전히 중요한 자문 기구였어요.

아르카디우스가 다스렸던 동로마 제국과 호노리우스가 다스렸던 서로마 제국

로마 제국은 기원전 27년, 로마 공화정이 무너지고 아우구스투스가 황제로 즉위하며 시작되었어요. 기원후 395년, 테오도시우스 황제 사망 후에는 동로마와 서로마로 나뉘었고, 476년에는 게르만족 장군 오도아케르에 의해 서로마가 멸망합니다. 이후 동로마 제국도 오스만 제국에 의해 역사 속으로 사라지게 되지요.

이렇게 서로마 제국의 멸망 이후부터 동로마 제국의 멸망까지 약 1천 년을 유럽의 중세 시대라고 불러요. 이 시기를 암흑기라고 부르기도 하는데, 이 시기에는 수학과 과학의 발전이 눈에 띄게 정체되었기 때문이에요. 하지만 이 시기에도 뛰어난 수학자가 있었어요. 바로 중세 유럽을 대표하는 수학자 피보나치Fibonacci예요. 그는 동방의 수학 지식과 인도-아라비아 숫자를 유럽에 전해 주었고, 우리가 잘 아는 피보나치수열을 소개한 인물이기도 해요.

피보나치는 1170년경, 이탈리아의 도시국가였던 피사 공화국에서 태어났습니다. 그의 본명은 정확히 알려져 있지 않지만, 사람들은 그를 레오나르도 피사노Leonardo Pisano, 레오나르도 보나치Leonardo Bonacci, 혹은 레오나르도 비골로 피사노Leonardo Bigollo Pisano 등 다양한 이름으로 불렀어요. 피보나치는 자신의 책에 서명을 할 때, 레오나르도 비골로 피사노라는 서명을 남겼어요. '비골로'라는 뜻은 '여행자' 또는 '엉뚱한 사람'이라는 뜻인데, 피보나치는 특히 이 별명을 좋아했다고 해요. 피보나치는

이탈리아 피사에 있는 피보나치의 동상

어린 시절 아버지를 따라 십여 년 동안 이집트, 시칠리아, 그리스, 터키, 시리아 등을 자주 방문하면서 여러 나라의 수학을 접할 수 있었어요. 아라비아 수 체계와 인도 수학을 접한 피보나치는 당시 유럽에서 사용하던 로마 숫자보다 인도-아라비아 숫자가 훨씬 효율적이라는 사실을 깨닫고 이를 유럽에 소개했어요.

훗날 피보나치는 고향으로 돌아와 수학적 통찰력과 다양한 경험을 바탕으로 1202년, 『계산의 책』을 썼습니다. 이 책은 산술과 대수에 대한 내용을 담고 있는데, 0과 십진법, 소수의 개념, 1차, 2차 방정식의 해법, 분수의 계산 등을 다루었어요. 우리가 잘 아는 피보나치수열도 이 책에 나온답니다.

토끼와 피보나치수열

피보나치는 『계산의 책』에서 아주 흥미로운 문제를 제시했습니다.

"암수 토끼 한 쌍이 매달 한 쌍의 새끼를 낳고, 새끼는 태어난 지
두 달 후부터 매달 새끼를 낳는다면, 1년 후에는 몇 쌍의 토끼가 될까?"

먼저 첫째 달과 둘째 달에는 새끼 한 쌍이므로 여전히 토끼는 한 쌍입니다. 셋째 달에는 어른이 된 첫 번째 쌍이 새끼 한 쌍을 낳아 모두 두 쌍이, 넷째 달에는 첫 번째 쌍이 다시 새끼를 낳아 총 세 쌍이, 다섯째 달에는 첫 번째 쌍이 또다시 한 쌍을 낳고, 새끼도 어른이 되어 한 쌍을 낳아 총 다섯 쌍이 됩니다. 이런 식으로 매달 암수 쌍의 수를 나열하면 다음과 같고 이를 피보나치수열이라고 불러요.

$$1, 1, 2, 3, 5, 8, 13 \dots$$

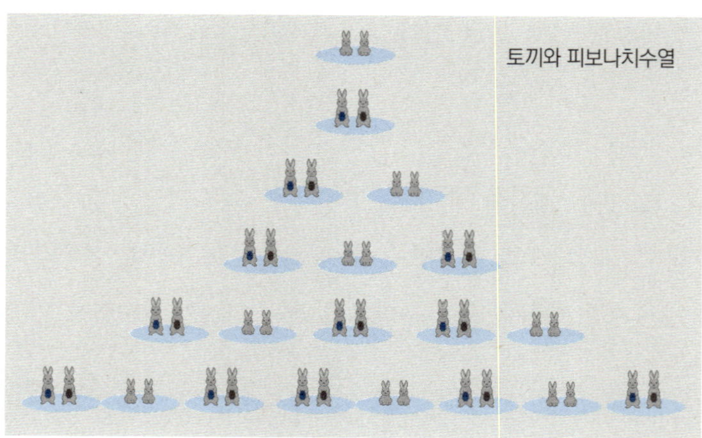

비록 수열에 피보나치의 이름이 붙었지만, 이 수열을 처음 알아낸 사람은 고대 인도의 수학자이자 시인인 핑갈라Pingala예요. 그가 기원전 3세기경에 쓴 운율 이론서 『찬다르샤스트라』에 피보나치수열이 등장한 바 있어요. 다만 유럽에서 피보나치가 이를 수학적으로 정리해 알리면서 유명해졌지요.

피보나치수열의 규칙은 아주 간단합니다.

$$1, 1, 2, 3, 5, 8, 13, 21, 34, 55, 89, 144, 233 \cdots$$

앞의 두 수를 더해 다음 수를 만든다는 것이지요.

$$1 + 1 = 2, \ 1 + 2 = 3, \ \ 2 + 3 = 5, \ \ 3 + 5 = 8 \cdots$$

이와 같은 방식으로 피보나치수열을 구할 수 있어요.

피보나치수열의 성질 ①

피보나치수열의 다섯 번째 수인 5부터 재미있는 규칙을 찾을 수 있습니다. 먼저 다섯 번째 수를 세 번째 수인 2로 나누어 볼게요.

$$5 \div 2 = 2 \cdots 1$$

몫은 2이고 나머지는 1이네요. 이번에는 여섯 번째 수 8을 네 번째 수인 3으로 나누어 보세요.

$$8 \div 3 = 2 \cdots 2$$

이번에는 몫이 2이고 나머지는 2입니다. 계속해서 같은 방법으로 몫과 나머지를 구하면

$$13 \div 5 = 2 \cdots 3$$
$$21 \div 8 = 2 \cdots 5$$
$$34 \div 13 = 2 \cdots 8$$

이처럼 몫은 계속 2로 일정하고, 나머지는 1, 2, 3, 5, 8 …로 이어지며 또 하나의 피보나치수열을 이룬다는 것을 알 수 있어요. 피보나치수열 속에 또 다른 피보나치수열이 숨어 있다는 뜻이지요.

피보나치수열의 성질 ②

피보나치수열에서 이웃한 두 수를 나눠 분수로 나타내면, 흥미로운 규칙이 드러납니다.

$$(\text{두 번째 수}) \div (\text{첫 번째 수}) = 1 \div 1 = 1$$
$$(\text{세 번째 수}) \div (\text{두 번째 수}) = 2 \div 1 = 2$$
$$(\text{네 번째 수}) \div (\text{세 번째 수}) = 3 \div 2 = \frac{3}{2}$$
$$(\text{다섯 번째 수}) \div (\text{네 번째 수}) = 5 \div 3 = \frac{5}{3}$$

이때, 자연수는 분모가 1인 분수, 즉 $1 = \dfrac{1}{1}$로 나타낼 수 있으므로

$$(\text{두 번째 수}) \div (\text{첫 번째 수}) = 1 = \frac{1}{1}$$

$$(\text{세 번째 수}) \div (\text{두 번째 수}) = 2 = 1 + \frac{1}{1}$$

$$(\text{네 번째 수}) \div (\text{세 번째 수}) = \frac{3}{2} = 1 + \frac{1}{2}$$

$$(\text{다섯 번째 수}) \div (\text{네 번째 수}) = \frac{5}{3} = 1 + \frac{2}{3}$$

가 되지요. 여기서 두 번째 식의 $2 = 1 + \dfrac{1}{1}$을 세 번째 식의 2 자리에 넣으면

$$(\text{두 번째 수}) \div (\text{첫 번째 수}) = 1 = \frac{1}{1}$$

$$(\text{세 번째 수}) \div (\text{두 번째 수}) = 2 = 1 + \frac{1}{1}$$

$$(\text{네 번째 수}) \div (\text{세 번째 수}) = \frac{3}{2} = 1 + \cfrac{1}{1 + \cfrac{1}{1}}$$

$$(\text{다섯 번째 수}) \div (\text{네 번째 수}) = \frac{5}{3} = 1 + \frac{2}{3}$$

로 나타낼 수 있습니다. 네 번째 식에서 $\dfrac{2}{3}$를 분자가 1인 분수로 바꾸면, 역수를 취하게 되므로 $\dfrac{1}{\frac{3}{2}}$이 됩니다. 이렇게 분자나 분모가 분수로 쓰여 있는 분수를 번분수라고 불러요. 세 번째 식을 보면

$$\frac{3}{2} = 1 + \cfrac{1}{1 + \cfrac{1}{1}}$$

이므로

$$\frac{\frac{3}{2}}{} = \cfrac{1}{1+\cfrac{1}{1+\frac{1}{1}}}$$

로 쓸 수 있어요. 그러니까 네 번째 식도 1만으로 나타낼 수 있지요.

$$(두\ 번째\ 수) \div (첫\ 번째\ 수) = \frac{1}{1}$$

$$(세\ 번째\ 수) \div (두\ 번째\ 수) = 1 + \frac{1}{1}$$

$$(네\ 번째\ 수) \div (세\ 번째\ 수) = 1 + \cfrac{1}{1+\frac{1}{1}}$$

$$(다섯\ 번째\ 수) \div (네\ 번째\ 수) = 1 + \cfrac{1}{1+\cfrac{1}{1+\frac{1}{1}}}$$

또한 피보나치수열에서 앞의 수에 대한 다음 수의 비율을 반올림해서 소수 셋째 자리까지 쓰면 다음과 같아요.

$$(두\ 번째\ 수) \div (첫\ 번째\ 수) = 1$$
$$(세\ 번째\ 수) \div (두\ 번째\ 수) = 2$$
$$(네\ 번째\ 수) \div (세\ 번째\ 수) = 1.5$$
$$(다섯\ 번째\ 수) \div (네\ 번째\ 수) \fallingdotseq 1.667$$
$$(여섯\ 번째\ 수) \div (다섯\ 번째\ 수) = 1.6$$
$$(일곱\ 번째\ 수) \div (여섯\ 번째\ 수) = 1.625$$

$$(\text{여덟 번째 수}) \div (\text{일곱 번째 수}) \fallingdotseq 1.615$$

$$(\text{아홉 번째 수}) \div (\text{여덟 번째 수}) \fallingdotseq 1.619$$

$$(\text{열 번째 수}) \div (\text{아홉 번째 수}) \fallingdotseq 1.618$$

$$(\text{열한 번째 수}) \div (\text{열 번째 수}) \fallingdotseq 1.618$$

이렇게 계속 계산하면 비율이 점점 1.618에 가까워집니다. 이 숫자는 황금비라고 불리는데, 고대부터 아름다움의 기준으로 여겨져 미술 작품이나 건축물, 자연 속에서도 자주 등장해요. 단순한 규칙으로 시작된 피보나치수열이 황금비와 연결된다는 사실은, 수학이 자연과 예술의 질서를 설명하는 언어라는 점을 다시 한번 느끼게 합니다.

황제를 감탄시킨 피보나치

1220년, 피보나치는 『기하학 연습Practica Geometriae』이라는 책을 썼습니다. 이 책은 삼각형이나 사다리꼴과 같은 평면 도형의 넓이를 구하거나, 입체 도형의 부피를 계산하는 방법을 다루고 있어요. 이론에만 머무르지 않고 나무의 높이를 구하는 실생활 문제까지 풀어냈지요.

피보나치는 유럽에서 인정받는 수학자였어요. 그의 명성은 유럽 전역에 알려졌지요. 수학에 깊은 관심을 가졌던 신성 로마 제국의 황제인 프리드리히 2세도 피보나치의 실력을 궁금해했어요. 프리드리히 2세는 신하인 요하네스에게 피보나치를 시험해 볼 수학 문제를 내게 했는데, 피보나치는 문제를 모두 풀어내며 실력을 뽐냈어요. 이때 출제된 문제와 피보나치의 풀이는 피보나치의 또 다른 책인 『꽃Flos』과 『제곱근에 관하여Liber Quadratorum』에 수록되어 있어요. 그중 한 문제를 함께 볼까요?

$$x^2 = y^2 - 5,\ z^2 - y^2 = 5$$ 를 만족하는 분수 x, y, z를 찾아라

문제를 해결하기 위해 피보나치는 다음과 같은 식을 활용했어요.

$$720 = 12^2 \times 5$$
$$41^2 + 720 = 49^2$$
$$41^2 - 720 = 31^2$$

두 번째 식과 세 번째 식을 각각 12^2으로 나누면

$$\left(\frac{41}{12}\right)^2 + 5 = \left(\frac{49}{12}\right)^2$$

$$\left(\frac{41}{12}\right)^2 - 5 = \left(\frac{31}{12}\right)^2$$

과 같은 식을 얻을 수 있어요. 따라서 $x = \frac{31}{12}$, $y = \frac{41}{12}$, $z = \frac{49}{12}$ 가 됩니다. 이처럼 피보나치는 당시로선 매우 앞선 수학적 통찰력을 보여 주었고 유럽 수학사에 큰 자취를 남겼어요.

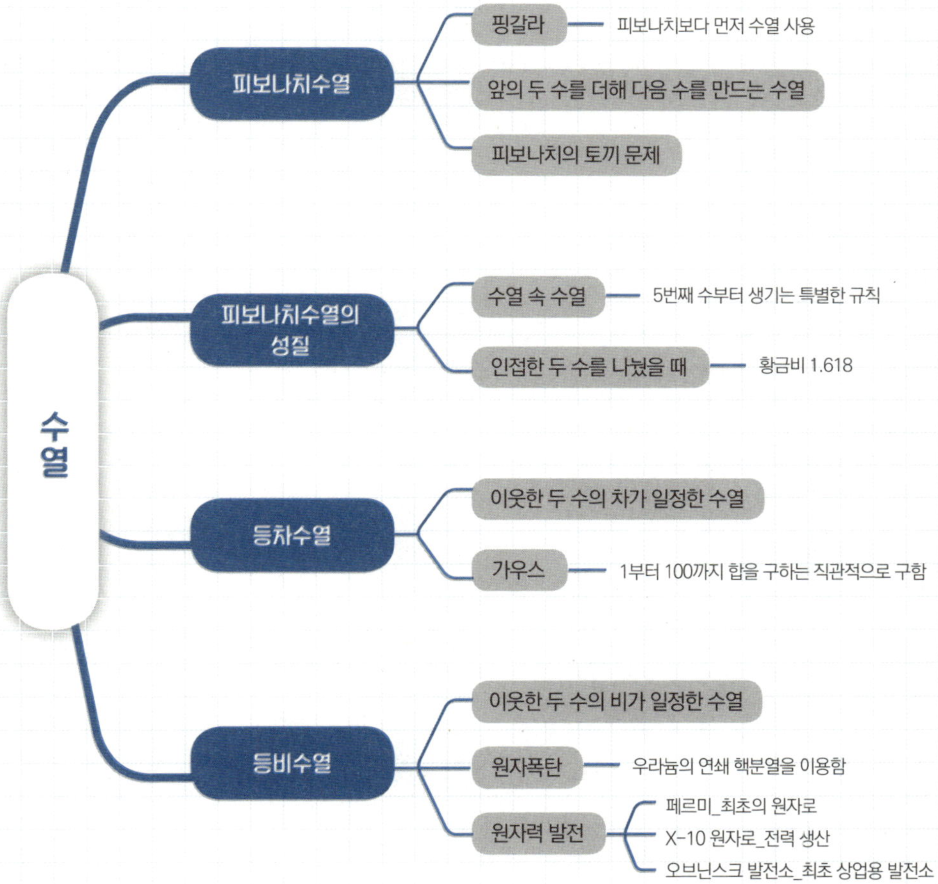

수열

피보나치수열
- 핑갈라 — 피보나치보다 먼저 수열 사용
- 앞의 두 수를 더해 다음 수를 만드는 수열
- 피보나치의 토끼 문제

피보나치수열의 성질
- 수열 속 수열 — 5번째 수부터 생기는 특별한 규칙
- 인접한 두 수를 나눴을 때 — 황금비 1.618

등차수열
- 이웃한 두 수의 차가 일정한 수열
- 가우스 — 1부터 100까지 합을 구하는 직관적으로 구함

등비수열
- 이웃한 두 수의 비가 일정한 수열
- 원자폭탄 — 우라늄의 연쇄 핵분열을 이용함
- 원자력 발전
  - 페르미_최초의 원자로
  - X-10 원자로_전력 생산
  - 오브닌스크 발전소_최초 상업용 발전소

6장

무한의 경계를 넘은 오일러와 베르누이

오일러의 공식이 소개된 그의 책 『무한에 대한 연구 개론』

정교수의 pick

◆ 오일러수　◆ 오렘의 무한급수　◆ 베르누이 형제
◆ 베르누이의 무한급수　◆ 바젤 문제

덧셈의 끝에서 만난 특별한 수, *e*

2004년, 소설가 오가와 유코가 발표한 〈박사가 사랑한 수식〉에는 수많은 수학 용어가 등장합니다. 그중에서 박사가 사랑한 수식은 바로 오일러 공식이에요. 이 공식은 단순한 수학 공식을 넘어 인물의 감정을 표현하고 연결하는 역할을 합니다. 박사는 오일러의 공식을 가장 아름다운 공식이라 말하며 주인공과 그녀의 아들에게 수학의 경이로움을 전달하지요.

"오일러의 공식은 어둠 속에서 빛나는 한 줄기 유성의 빛이었다. 어둠의 동굴에 새겨진 시 한 줄이었다."

수많은 수학 공식 중, 박사가 그토록 사랑한 오일러 공식. 이 공식을 탄생시킨 불씨는 바로 오일러 수 *e*입니다. 지금부터 이 작은 수 하나가 어떻게 위대한 공식의 씨앗이 되었는지 따라가 볼까요?

오렘의 무한급수

어떤 규칙에 따라 나열된 수를 무한히 더하면 어떻게 될까요? 무한히 계속되는 덧셈의 끝은 과연 어디일까요? 만약 계속 더해 나간다고 해도, 끝이 없다면 그 합은 어떻게 될까요? 이렇게 무한히 더한 수들의 합을 우리는 무한급수라고 합니다.

이 문제를 처음으로 진지하게 고민한 사람은 프랑스의 수학자 니콜라스 오렘Nicolas Oresme입니다. 오렘은 프랑스 북부 노르망디 지방, 캉 근처의 작은 마을 알레마뉴에서 태어났어요. 비록 가난한 집안에서 자랐지만 성실하고 총명한 덕분에 장학생으로 선발되어 나바라 대학교에서 공부할 수 있었지요.

1356년, 박사 학위를 받은 오렘은 1364년, 루앙 대성당 대학교의 학장으로 임명되었습니다. 당시에는 성당이 학문과 교육의 중심이었기 때문에 학장이라는 자리는 학문적으로도, 사회적으로도 굉장히 중요한 자리였어요. 하지만 오렘은 보통의 수학자가 아니었답니다. 그는 철학자이자 신학자였고, 언어학자이자 과학 저술가로도 활약했어요. 1369년에는 프랑스 국왕 샤를 5세의 요청으로 아리스토텔레스의 철학책을 프랑스어로 번역하기도 했고, 1377년에는 리지외의 주교로 임명되어 교회와 학문을 잇는 중세 지식인으로서의 삶을 살았어요. 오렘은 수학과 철학을 넘나든 중세의 지식인이라 할 수 있지요. 그중에서도 그가 남긴 무한급수에 대한 통찰은 수학 발전의 중요한 초석이 되었답니다.

무한급수란 무한히 더한 수의 합입니다. 오렘은 다음과 같은 무한급수의 결

니콜라스 오렘

과를 알고 있었어요.

$$\frac{1}{2}+\frac{1}{4}+\frac{1}{8}+\frac{1}{16}+\frac{1}{32}+\cdots=1$$

이 무한급수를 기하급수라고 부르는데, 처음 수는 $\frac{1}{2}$, 두 번째 수는 $\frac{1}{2}$의 절반인 $\frac{1}{4}$, 세 번째 수는 $\frac{1}{4}$의 절반인 $\frac{1}{8}$, 네 번째 수는 $\frac{1}{8}$의 절반인 $\frac{1}{16}$입니다. 다음 수는 $\frac{1}{16}$의 절반이 될 것이라는 걸 짐작할 수 있지요? 분수가 등장해서 어려워 보이겠지만 색종이 한 장만 있으면 이 급수를 간단히 증명할 수 있습니다. 먼저 정사각형 색종이 한 장을 준비하세요. 다음과 같은 색종이의 넓이를 1이라고 합시다.

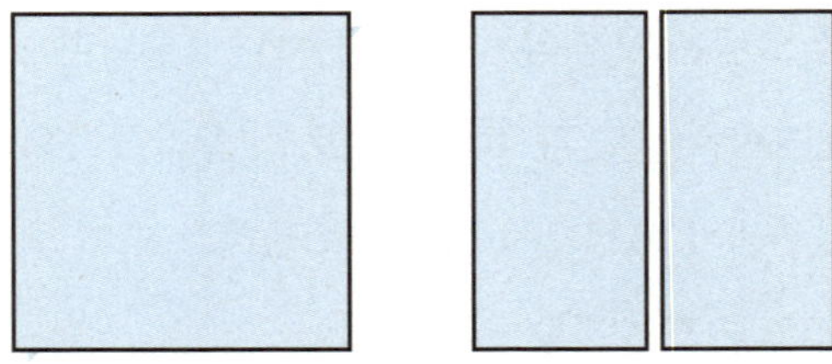

먼저 색종이를 절반으로 자르세요. 색종이 절반의 넓이는 $\frac{1}{2}$이므로, 식으로 나타내면

$$\frac{1}{2}+\frac{1}{2}=1$$

입니다. 자른 색종이 중 오른쪽 색종이를 다시 절반으로 나누세요. 식으로 나타내면 다음과 같습니다.

$$\frac{1}{2}+\frac{1}{4}+\frac{1}{4}=1$$

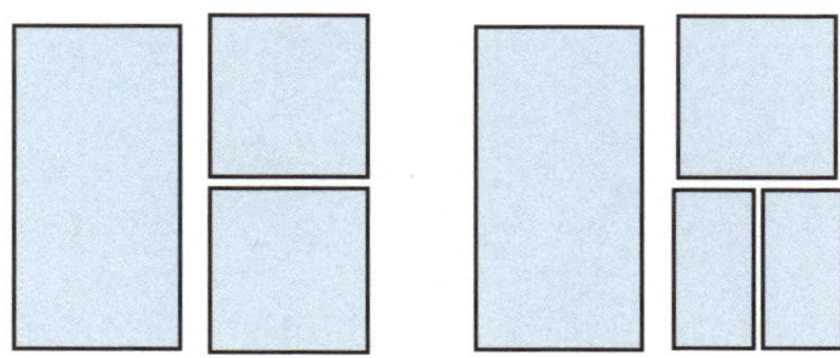

이제 위 그림처럼 오른쪽 아래 색종이를 반으로 나누고, 식으로 나타
내면

$$\frac{1}{2}+\frac{1}{4}+\frac{1}{8}+\frac{1}{8}=1$$

이 되고, 자른 오른쪽 색종이를 다시 반으로 나누면

$$\frac{1}{2}+\frac{1}{4}+\frac{1}{8}+\frac{1}{16}+\frac{1}{16}=1$$

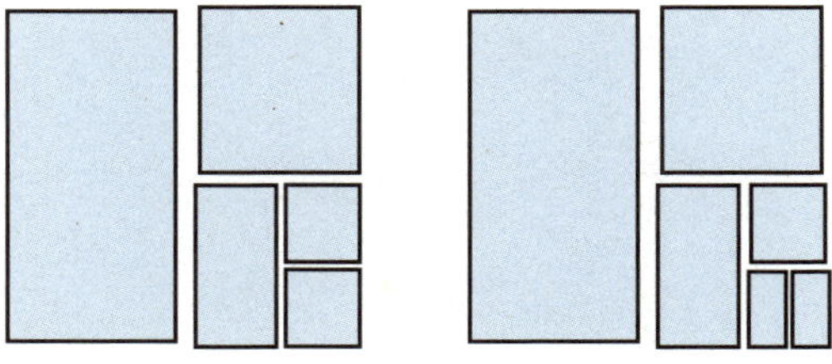

이 됩니다. 다시 색종이를 반으로 나누고, 식으로 나타내면

$$\frac{1}{2} + \frac{1}{4} + \frac{1}{8} + \frac{1}{16} + \frac{1}{32} + \frac{1}{32} = 1$$

이 되지요. 이런 식으로 무한히 색종이를 자르게 되면

$$\frac{1}{2} + \frac{1}{4} + \frac{1}{8} + \frac{1}{16} + \frac{1}{32} + \cdots = 1$$

이라는 것을 알 수 있습니다. 색종이의 넓이는 변하지 않아요.

오렘이 도전한 새로운 무한급수는 다음과 같습니다.

$$\bigcirc = \frac{1}{2} + \frac{2}{4} + \frac{3}{8} + \frac{4}{16} + \frac{5}{32} + \cdots$$

먼저 오렘은 이 식에 2를 곱했어요.

$$2 \times (\bigcirc) = 1 + \frac{2}{2} + \frac{3}{4} + \frac{4}{8} + \frac{5}{16} + \cdots$$

첫 번째 식과 두 번째 식을 다음과 같이 쓰고

$$2 \times (\bigcirc) = 1 + \frac{2}{2} + \frac{3}{4} + \frac{4}{8} + \frac{5}{16} + \cdots$$

$$\bigcirc = \frac{1}{2} + \frac{2}{4} + \frac{3}{8} + \frac{4}{16} + \frac{5}{32} + \cdots$$

위의 식에서 아래 식을 빼면

$$\bigcirc = 1 + \frac{1}{2} + \frac{1}{4} + \frac{1}{8} + \frac{1}{16} + \frac{1}{32} + \cdots = 2$$

가 됩니다.

오렘은 또 다른 무한급수도 연구했어요.

$$\bigcirc = 1 + \frac{1}{2} + \frac{1}{3} + \frac{1}{4} + \frac{1}{5} + \frac{1}{6} + \frac{1}{7} + \frac{1}{8} + \cdots$$

오렘은 이 무한급수의 합이 엄청나게 큰 값이 됨을 알아냈어요. 오렘이 살던 시대에는 무한대의 개념이 없었기 때문에 큰 값이 된다고 생각한 거지요. 오렘은 이 무한급수를 다음과 같이 괄호로 묶어 나타냈어요.

$$1 + \frac{1}{2} + \left(\frac{1}{3} + \frac{1}{4}\right) + \left(\frac{1}{5} + \frac{1}{6} + \frac{1}{7} + \frac{1}{8}\right) + \cdots$$

첫 번째 괄호 안을 보세요. $\frac{1}{3}$은 $\frac{1}{4}$보다 큽니다. 그러므로

$$\frac{1}{3} + \frac{1}{4} > \frac{1}{4} + \frac{1}{4}$$

이 되지요. 즉

$$\frac{1}{3} + \frac{1}{4} > \frac{1}{2}$$

이 됩니다. 오렘은 두 번째 괄호에서도 $\frac{1}{5}$이 $\frac{1}{8}$보다 크고, $\frac{1}{6}$이 $\frac{1}{8}$보다 크고, $\frac{1}{7}$이 $\frac{1}{8}$보다 크므로

$$\frac{1}{5}+\frac{1}{6}+\frac{1}{7}+\frac{1}{8} > \frac{1}{8}+\frac{1}{8}+\frac{1}{8}+\frac{1}{8}$$

이 된다는 사실을 알았어요. 결국 위의 식을 정리하면

$$\frac{1}{5}+\frac{1}{6}+\frac{1}{7}+\frac{1}{8} > \frac{1}{2}$$

이 되지요. 따라서

$$1+\frac{1}{2}+\frac{1}{3}+\frac{1}{4}+\frac{1}{5}+\frac{1}{6}+\frac{1}{7}+\frac{1}{8}+\cdots > 1+\frac{1}{2}+\frac{1}{2}+\frac{1}{2}+\cdots$$

이 됩니다. 이때 $\frac{1}{2}+\frac{1}{2}+\frac{1}{2}+\cdots$은 $\frac{1}{2}$을 끝없이 더한 것이므로 그 값은 엄청나게 큰 값이 됩니다. 오렘은 ㉡이 엄청나게 큰 값보다 크므로 ㉡ 역시 엄청나게 큰 수가 된다는 것을 알아냈어요. 이 엄청나게 큰 값은 훗날 무한대라고 불리게 되지요.

수학의 판을 바꾼 베르누이 가문

긴 수학의 역사에서 한 가문이 여러 세대에 걸쳐 수학의 발전 이끈 사례는 매우 드뭅니다. 그중에서도 스위스 바젤 출신의 베르누이 가문은 단연 으뜸이에요. 이 가문은 3대에 걸쳐 무려 8명의 수학자를 배출했는데, 그 시작은 야콥 베르누이Jacob Bernoulli와 요한 베르누이Johann Bernoulli 두 형제였어요.

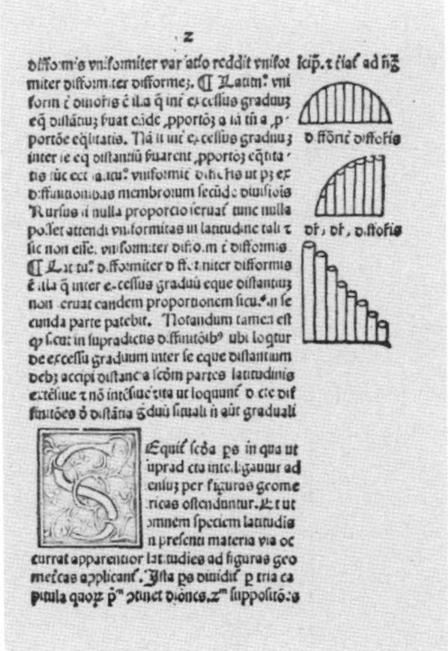

수학자 비아지오 펠라카니가 요약한 오렘의 책
『역학의 형상과 수학적 개념론』

[1대: 형제에서 시작된 수학 가문]

야콥 베르누이는 원래 아버지의 뜻에 따라 신학을 공부했어요. 하지만 수학과 천문학에 매료된 그는 진로를 바꾸게 되지요. 야콥은 1676년부터 1682년까지 유럽 전역을 여행하며 최신 수학과 과학을 공부한 후, 스위스로 돌아와 바젤 대학교에서 역학을 가르칩니다. 그는 베르누이 수를 도입하고, 무한급수와 미분 방정식, 확률론의 기초를 다졌어요.

동생인 요한 베르누이는 원래 의학을 공부했어요. 그러던 중 형에게 수학을 배우면서 흥미를 느꼈고, 결국 수학자의 길을 걷게 됩니다. 바젤 대학교를 졸업한 요한은 네덜란드 흐로닝언 대학교의 수학 교수가 되었어요. 형제는 당시 새로운 개념으로 알려진 미적분학을 함께 연구하면서 라이프니츠의 이론을 적극적으로 발전시켰지요. 또 요한은 나중에 로피탈 정리를 완성하는 데 핵심적인 역할을 합니다.

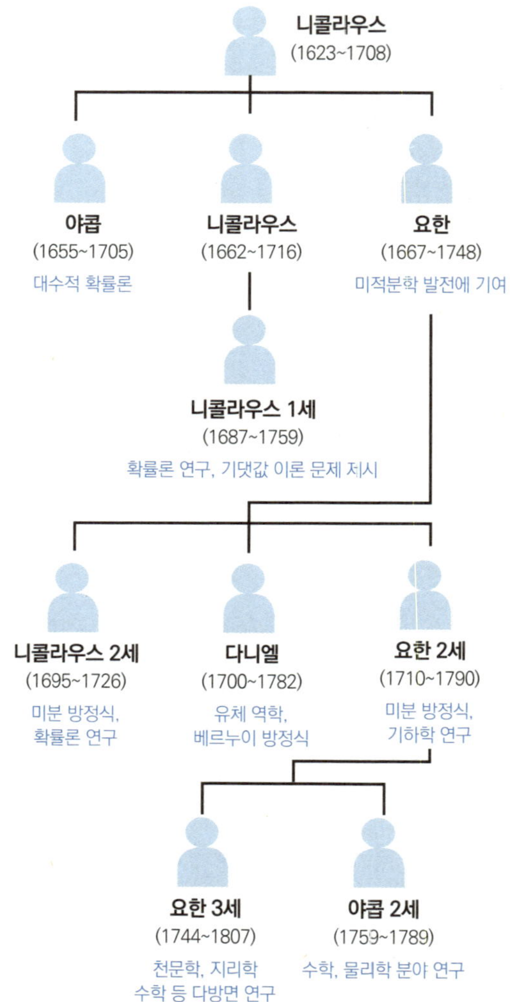

[2대: 수학 가문의 전통을 이어간 자손들]

니콜라우스 베르누이의 아들인 니콜라우스 1세는 곡선 이론과 미분 방
정식, 확률론을 연구하는 수학자였어요. 요한 베르누이의 아들들도 역시

수학에 뛰어난 재능을 보였지요. 다니엘 베르누이는 유체 역학 분야의 선구자로, 지금도 널리 쓰이는 베르누이의 정리를 발표했고, 니콜라우스 2세와 요한 2세도 미분 방정식과 수리 물리학 등의 분야에서 활약했답니다.

[3대: 수학에서 천문학까지]

3대에서도 전통은 이어졌습니다. 요한 3세는 수학뿐만 아니라 천문학에서도 활약했고, 야콥 2세는 물리학자와 수학자로서 분야를 가리지 않고 연구해 학문 발전에 크게 이바지 했어요.

베르누이 가문은 단지 수학자를 많이 배출한 것이 아니라 유럽 수학의 발전에 직접적인 영향을 미친 가문이었습니다. 미적분학, 확률론, 유체 역학 등 다양한 분야에서 이들이 남긴 업적은 오늘날 교과서에서도 찾아볼 수 있어요. 한 가문이 수 세기에 걸쳐 수학과 과학의 발전을 이룬 셈이지요.

베르누이 형제의 무한급수

야콥 베르누이가 남긴 가장 위대한 업적 중 하나는 무한급수에 대한 체계적인 연구입니다. 그는 오렘의 무한급수 개념을 바탕으로, 무수히 계속되는 수열의 합을 어떻게 계산할 수 있을지 고민했어요. 그리고 1689년, 『무한급수와 유한합에 관한 논문Tractatus de Seriebus Infinitis』을 발표하며 당시로서는 매우 혁신적인 계산법을 제시했어요. 이 논문은 수열의 합이 일정한 규칙을 따를 때, 그 전체 합을 구할 수 있는 공식에 대해 다루고 있어요. 야콥은 이 연구를 통해 오늘날 베르누이 수Bernoulli Numbers라고 불리는 중요한 수열도 처음으로 정의했답니다. 그의 연구는 이후 오일러와 같은 위대한 수학자들에게도 큰 영향을 주었어요.

이제 야콥 베르누이의 무한급수를 살펴봅시다. 야콥은 먼저 다음과 같은 수열의 합을 생각했어요.

$$1 + \frac{1}{4} + \frac{1}{9} + \frac{1}{16} + \frac{1}{25} + \frac{1}{36} + \frac{1}{49} + \cdots$$

이 무한급수는 분모가 제곱수인 단위분수들의 합입니다. 야콥은 이 무한급수를 더하면 유한한 값을 얻을 수 있음을 증명했어요. 먼저 야콥은 괄호를 활용해 다음과 같이 식을 정리했어요.

$$1 + \left(\frac{1}{4} + \frac{1}{9} \right) + \left(\frac{1}{16} + \frac{1}{25} + \frac{1}{36} + \frac{1}{49} \right) + \cdots$$

여기서 $\frac{1}{9} < \frac{1}{4}$ 임을 이용하면

$$\frac{1}{4} + \frac{1}{9} < \frac{1}{4} + \frac{1}{4}$$

이 됩니다. 따라서

$$\frac{1}{4} + \frac{1}{9} < \frac{1}{2}$$

이 되지요. 마찬가지로 두 번째 괄호에서 $\dfrac{1}{25} < \dfrac{1}{16}$, $\dfrac{1}{36} < \dfrac{1}{16}$, $\dfrac{1}{49} < \dfrac{1}{16}$ 임을 이용하면

$$\frac{1}{16} + \frac{1}{25} + \frac{1}{36} + \frac{1}{49} < \frac{1}{16} + \frac{1}{16} + \frac{1}{16} + \frac{1}{16}$$

이 되므로 결국

$$\frac{1}{16} + \frac{1}{25} + \frac{1}{36} + \frac{1}{49} < \frac{1}{4}$$

이 됩니다. 이 방법을 계속 반복하면

$$1 + \left(\frac{1}{4} + \frac{1}{9}\right) + \left(\frac{1}{16} + \frac{1}{25} + \frac{1}{36} + \frac{1}{49}\right) + \cdots < 1 + \frac{1}{2} + \frac{1}{4} + \frac{1}{8} + \frac{1}{16} + \cdots$$

이 됩니다. 따라서

$$1 + \left(\frac{1}{4} + \frac{1}{9}\right) + \left(\frac{1}{16} + \frac{1}{25} + \frac{1}{36} + \frac{1}{49}\right) + \cdots < 2$$

로 정리할 수 있어요. 즉 이 무한급수는 2보다 작으므로 유한한 값이 되지요.

야콥과 요한은 오렘의 무한급수 문제를 다시 살펴보았어요. 앞서서 오렘은 무한급수를 계산하면서

$$1 + \frac{1}{2} + \frac{1}{3} + \frac{1}{4} + \frac{1}{5} + \cdots (1)$$

의 값은 엄청나게 큰 수라고 설명했습니다. 형제는 이 수가 유한한 값이 될 수 없다는 것을 수학적으로 정밀하게 증명하고 싶었고, 결국 이를 요한이 증명해냅니다. 요한은 먼저 다음과 같은 무한급수를 떠올렸습니다.

$$\frac{1}{2} + \frac{1}{6} + \frac{1}{12} + \frac{1}{20} + \frac{1}{30} + \cdots (2)$$

이 식은

$$\frac{1}{1 \times 2} + \frac{1}{2 \times 3} + \frac{1}{3 \times 4} + \frac{1}{4 \times 5} + \frac{1}{5 \times 6} + \cdots$$

처럼 분모를 두 수의 곱으로 바꾸어 나타낼 수 있고, 이를 계산하면

$$\frac{1}{1} - \frac{1}{2} + \frac{1}{2} - \frac{1}{3} + \frac{1}{3} - \frac{1}{4} + \frac{1}{4} - \frac{1}{5} + \cdots = 1$$

이 됩니다. 요한은 위의 (1)번 식에서 첫째 항을 제외한 나머지 합의 분모가 2, 6, 12, 20, 30…이 되도록 다음과 같이 썼어요.

$$\frac{1}{2} + \frac{2}{6} + \frac{3}{12} + \frac{4}{20} + \frac{5}{30} + \cdots (3)$$

식을 정리하면,

$$1 + \frac{1}{2} + \frac{1}{3} + \frac{1}{4} + \frac{1}{5} + \cdots = 1 + \frac{1}{2} + \frac{2}{6} + \frac{3}{12} + \frac{4}{20} + \frac{5}{30} + \cdots$$

이 되므로 (3)번 식에 1을 더한 값이 (1)번식이라는 사실을 알 수 있습니다. 이어서 요한은 다음과 같이 식을 정리했어요. 앞선 (2)번 식을 두 수의 곱으로 바꾼 다음 계산하면 1이 된다고 했습니다. 따라서

$$\frac{1}{2} + \frac{1}{6} + \frac{1}{12} + \frac{1}{20} + \frac{1}{30} + \cdots = 1$$

이 됩니다. 이 식을 다시 정리하면

$$\frac{1}{6} + \frac{1}{12} + \frac{1}{20} + \frac{1}{30} + \cdots = 1 - \frac{1}{2} = \frac{1}{2}$$

$$\frac{1}{12} + \frac{1}{20} + \frac{1}{30} + \cdots = 1 - \frac{1}{2} - \frac{1}{6} = \frac{1}{3}$$

$$\frac{1}{20} + \frac{1}{30} + \cdots = 1 - \frac{1}{2} - \frac{1}{6} - \frac{1}{12} = \frac{1}{4}$$

으로 나타낼 수 있어요. 이 식에서 좌변은 좌변끼리 우변은 우변끼리 모두 더하면 좌변은 (3)번 식과 같고, 우변은 (1)번 식과 같다는 사실을 알 수 있습니다. 그런데 앞선 정리에서 (1) = 1 + (3)이므로 (1)번 식 자리에 (3)번 식을 대입하면

$$(3) = 1 + (3)$$

이 됩니다. 이런 식을 만족하는 유한한 값은 존재하지 않아요. 이후 시간이 더 흐르고 19세기 말, 칸토어가 위와 같은 식은 유한한 값이 아니라 무한대라는 특별한 상태에서 만족한다는 것을 증명합니다.

베르누이와 오일러, 그리고 오일러수

오일러 수는 수학에서 가장 유명하고, 자주 등장하는 수 중 하나일 겁니다. 우리에게는 미적분의 자연로그의 밑으로 사용되는 e로 더 익숙한 이름이지요. 이 이름은 오일러Euler의 이름에서 따왔습니다. 사실 이 수를 발견한 것은 오일러가 아닙니다. 최초로 발견한 사람은 바로 야콥 베르누이예요.

1683년경, 야콥 베르누이는 복리 문제를 연구하다 오일러수를 발견했습니다. 이자는 계산 방법에 따라서 단리와 복리로 나눌 수 있습니다. 이

레온하르트 오일러

•1707년: 스위스 바젤에서 개신교 목사의 아들로 태어남.

•1720년: 13세, 바젤 대학교에 입학하고, 요한 베르누이 밑에서 수학을 공부함.

•1723년: 16세, 수학과 신학 사이에서 고민하다 수학의 길을 걷기로 함.

•1727년: 20세, 초청을 받아 러시아로 떠남.

•1738년: 31세, 지나친 연구 활동으로 결국 오른쪽 눈의 시력을 잃음.

•1741년: 34세, 프로이센의 초청을 받아 베를린 아카데미로 떠남.

•1766년: 59세, 왼쪽 눈 마저 실명함. 이후 두 눈을 완전히 실명한 상태에서도 연구를 계속하였고, 구술로 수백 편의 논문을 발표하였음.

•1783년: 76세의 나이로 러시아 상트페테르부르크에서 사망함.

때 단리 이자는 원금에 대해서만 이자를 계산하는 방법이고, 복리 이자
는 원금뿐만 아니라 발생한 이자에 대해서도 이자를 계산하는 방법을 말
해요. 야콥은 이 연구를 통해 극한식을 발견하고, 이 식이 특정한 수로
수렴한다는 사실을 발견했습니다. 하지만 이 수에 정확한 값이나 이름,
기호를 붙이지는 않았지요. 이제 오일러의 차례입니다. 약 50년 후, 오일
러는 야콥이 발견한 극한의 수렴 값에 기호 'e'를 붙입니다.

야콥 베르누이의 복리 문제와 오일러수는 다음과 같은 예를 들어 설명
할 수 있습니다.

"은행에 1억 원을 예금하고 몇 년 후에 찾을 때, 원금과 이자의 합,
즉 원리합계는 얼마일까?"

복리 문제에 대해 야콥 베르누이는 연이율이 은행에 예금을 넣어둔 시
간(연)의 역수로 주어지는 경우를 생각했습니다.

먼저 1년 후, 예금을 찾으면 연이율은 $\frac{1}{1}$이 되므로

$$(\text{원리합계}) = 1\text{억} \times \left(1 + \frac{1}{1}\right) = 2\text{억}$$

이 됩니다.

2년 후는 어떨까요? 연이율은 $\frac{1}{2}$이 되므로

$$(\text{원리합계}) = 1\text{억} \times \left(1 + \frac{1}{2}\right) \times \left(1 + \frac{1}{2}\right)$$

$$= 1억 \times \left(1 + \frac{1}{2}\right)^2$$

$$= 2.25억$$

이 됩니다.

3년 후에는 연이율이 $\frac{1}{3}$이므로

$$(원리합계) = 1억 \times \left(1 + \frac{1}{3}\right) \times \left(1 + \frac{1}{3}\right) \times \left(1 + \frac{1}{3}\right)$$

$$= 1억 \times \left(1 + \frac{1}{3}\right)^3$$

$$\fallingdotseq 2.37억$$

오일러와 팩토리얼(!)

오일러는 야콥 베르누이가 발견하고 자신이 e라고 명명한 수에 관심이 많았습니다. 오일러는 이 수를 다음과 같이 분모가 자연수의 팩토리얼인 분수들을 무한히 더한 무한급수로 표현했어요.

$$e = 1 + \frac{1}{1!} + \frac{1}{2!} + \frac{1}{3!} + \frac{1}{4!} + \frac{1}{5!} + \cdots$$

이때 팩토리얼(!)은 1부터 해당 수까지 자연수를 모두 곱한 것을 말합니다. 즉 다음과 같아요.

$$1! = 1$$
$$2! = 2 \times 1 = 2$$
$$3! = 3 \times 2 \times 1 = 6$$
$$4! = 4 \times 3 \times 2 \times 1 = 24$$
$$5! = 5 \times 4 \times 3 \times 2 \times 1 = 120$$

팩토리얼이라는 단어는 프랑스 수학자 아르보가스트 Louis François Antoine Arbogast가 1800년에 처음 사용했고, 팩토리얼을 나타내는 기호인 !는 1808년, 프랑스의 수학자 크램프 Christian Kramp가 처음 사용했어요.

이 되겠지요. 그러므로 10,000년 후 예금을 찾는다면 연이율은 $\frac{1}{10000}$이 되니까

$$(\text{원리합계}) = 1억 \times \left(1 + \frac{1}{10000}\right)^{10000} \fallingdotseq 2.718억$$

이 됩니다. 야콥 베르누이는 이러한 방법으로 1억 원을 은행에 무한대의 시간 동안 예금했을 때 원리합계는 일정한 수에 가까워진다는 것을 알아냈습니다. 이 수가 바로 오일러가 e로 나타낸 오일러수입니다. 이 수는 무리수로

$$e = 2.718281828459045235360287471352\cdots$$

가 됩니다. 결국 오늘날의 오일러수는 오일러가 체계적으로 정리한 개념이며, 야콥의 복리 문제는 오일러수 탄생의 시발점이라 할 수 있어요.

바젤 문제, 오일러와 수열의 만남

이탈리아의 수학자 멩골리

바젤 문제는 1650년, 이탈리아의 수학자 멩골리 Pietro Mengoli가 제시한 문제입니다. 멩골리가 낸 문제는 무한급수의 값을 구할 수 있는가에 대한 것이었어요.

$$1 + \frac{1}{4} + \frac{1}{9} + \frac{1}{16} + \frac{1}{25} + \cdots$$

물론 이 무한급수가 유한한 값이 된다는 것은 이미 야콥 베르누이가 알아냈습니다. 하지만 멩골리는 이 무한급수가 어떤 값이 되는지 궁금했어요. 많은 사람들이 이 문제에 도전했지만 쉽게 풀 수 없었습니다. 그러던 중 1734년, 오일러가 마침내 이 수열의 구체적인 값을 구했답니다. 오일러의 답은

$$1 + \frac{1}{4} + \frac{1}{9} + \frac{1}{16} + \frac{1}{25} + \cdots \ = \frac{1}{6} \times \pi^2$$

이었어요. 이 문제를 푼 오일러는 수학계의 중심인물로 떠올랐고, 문제는 오일러의 고향 이름을 따서 바젤 문제라고 불리게 되었답니다.

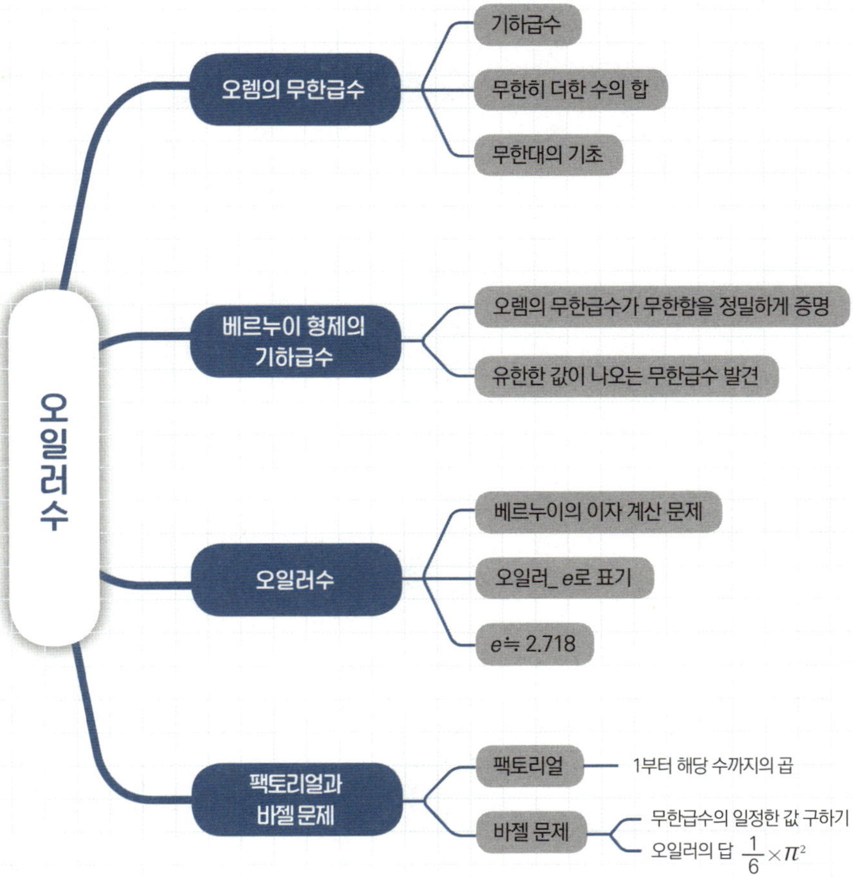

오일러 수

오렘의 무한급수
- 기하급수
- 무한히 더한 수의 합
- 무한대의 기초

베르누이 형제의 기하급수
- 오렘의 무한급수가 무한함을 정밀하게 증명
- 유한한 값이 나오는 무한급수 발견

오일러수
- 베르누이의 이자 계산 문제
- 오일러_ e 로 표기
- $e \fallingdotseq 2.718$

팩토리얼과 바젤 문제
- 팩토리얼 — 1부터 해당 수까지의 곱
- 바젤 문제
  - 무한급수의 일정한 값 구하기
  - 오일러의 답 $\dfrac{1}{6} \times \pi^2$

7장

수학자들이 사랑한 신기한 수들

10만 개의 주사위로 만든, 무한대를 본 남자 라마누잔

정교수의 pick

- ◆ 마방진　◆ 도형수　◆ 분할수　◆ 카탈랑수
- ◆ 카프리카 루틴　◆ 카프리카수　◆ 택시수

택시를 탄 수부터 괄호에 묶인 수까지

2016년 11월, 〈무한대를 본 남자〉라는 영화가 개봉되었습니다. 인도 빈민가 출신의 천재 수학자 라마누잔과 그의 천재성을 알아본 영국 왕립 학회의 괴짜 수학자 하디 교수의 이야기를 담고 있어요. 여러 수학자들이 라마누잔의 출신과 형편을 들며 반대하지만, 하디 교수는 케임브리지 대학교로 라마누잔을 초청합니다. 성격도 가치관도 신앙도 전혀 다르지만, 수학에 대한 열정 하나로 함께한 두 사람은 모두가 불가능하다고 생각했던 수학의 난제를 풀기 위해 무한대로의 여정을 떠나지요. 이 영화에는 이번에 다룰 라마누잔의 택시수도 등장한답니다. 지금부터 수학이 얼마나 신기하고 흥미진진한지 보여주는 숫자들의 이야기를 함께 살펴보도록 해요!

거북의 등에서 탄생한 마방진

특정한 방향으로 수를 더하거나 곱했을 때 일정한 값이 되도록 한 것을 마법진이라고 부릅니다. 가장 대표적인 것은 가로줄, 세로줄과 두 대각선의 합이 같게 한 마방진이에요. 이때 각 숫자는 한 번씩만 사용되지요.

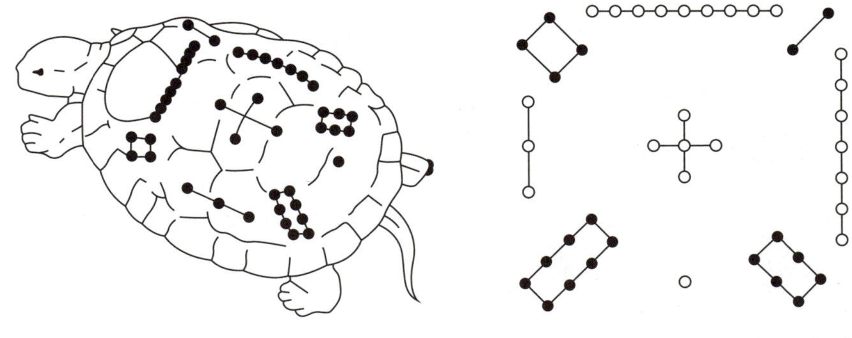

마방진의 역사는 지금으로부터 4천 년 전, 고대 중국으로 거슬러 올라갑니다. 중국 하나라의 우왕은 황하강의 지류인 뤄허강이 계속해서 범람하자 이를 막기 위해 강의 신에게 제물을 바쳤습니다. 하지만 홍수는 멈추지 않았어요. 그러던 어느 날, 왕은 강가에서 신령한 거북이 한 마리를 발견하게 됩니다. 거북이의 등껍질에는 특이한 무늬, 즉 점들이 일정한 규칙에 따라 배열되어 있었어요. 이 점들을 숫자로 바꾸어 보니, 각 행, 열, 대각선의 합이 모두 15가 되었지요. 이를 본 왕은 신에게 15개의 제물을 바쳐 강의 범람을 막을 수 있었다고 해요.

이 일화에 나오는 것이 바로 최초의 마방진이에요. 가로와 세로의 수의 개수가 3개인 마방진을 삼차 마방진이라고 부르는데, 이때 같은 값이 나오는 가로, 세로, 대각선의 합을 마법 수라고 해요.

최초의 사차 마방진은 인도의 점성술사인 바라하미히라Varāhamihira가 4×4 정사각형의 형태로 수를 배열한 것으로, 고대 인도에서 점성술의 계산 도구로 활용되었어요. 르네상스 시대에는 독일의 예술가 알브레히트 뒤러Albrecht Dürer가 1514년에 발표한 판화 〈Melencolia I〉속에 사차

<Melencolia I>, 오른쪽 위에 사차 마방진
이 보인다.

마방진을 그려넣어 더욱 유명해졌습니다.

마방진에 대한 구체적인 기록은 10세기, 이라크 바스라에 있는 이슬람 철학 비밀 결사대 순수형제단이 편찬한 백과사전에 등장합니다. 이 책에는 삼차부터 9차까지의 마방진이 등장해요.

마방진은 여러 사람들에 의해 사각형이 아닌 다른 도형으로도 확장되었습니다. 중국 남송시대의 수학자 양휘杨辉, Yang Hui는 1275년, 그의 책『속고적기산법續古摘奇算法』에서 동심원 모양의 마방진인 마원진을 소개했어요. 마원진에서는 중앙의 9를 둘러싼 8개 반지름에 있는 수의 합은 모두 69이고, 중앙의 9를 둘러싼 각 원의 수들의 합은 138이 됩니다.

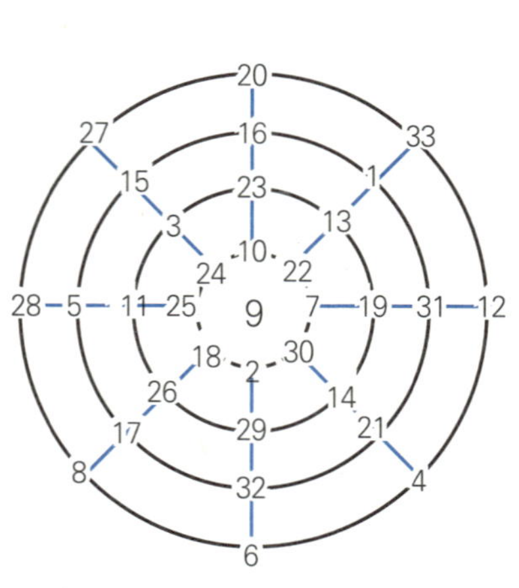

원형의 마방진, 마원진

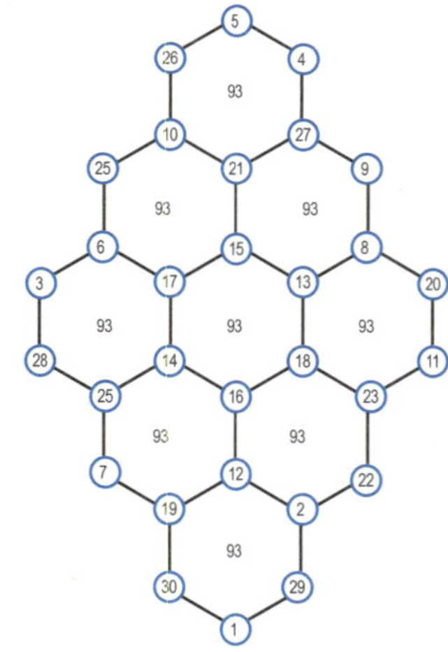

최석정의 마방진, 지수귀문도

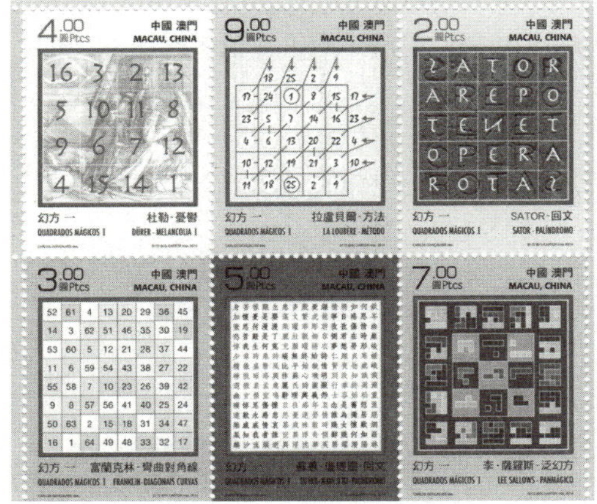

마카오 우체국이 2014년 10월 9일
발행한 마방진을 담은 우표

　우리나라에서도 조선 후기의 문신 최석정崔錫鼎이 그의 책『구수략』에 지수귀문도라는 특이한 형태의 마방진을 실었습니다. 이것은 아홉 개의 육각형이 거북 등껍질처럼 연결된 도형으로, 육각형 형태의 꼭짓점에 1부터 30까지 수를 배치했을 때, 각 육각형을 이루는 여섯 개의 수의 합이 모두 같도록 정교하게 설계되어 있답니다.

피타고라스의 도형수

1부터 시작해 1씩 증가하는 수의 집합을 자연수라고 합니다.

$$1, 2, 3, 4, 5 \cdots$$

　일정한 규칙에 따라 배열된 수의 집합을 수열이라고 했지요? 자연수 역시 인접한 두 수 사이의 차는 항상 1로 일정한 수열입니다. 이렇게 차이가 일정한 수열을 등차수열이라고 했습니다. 고대 그리스 사람과 바빌로니아 사람들도 이미 알고 있었지요.

피타고라스는 세상의 모든 것이 숫자로 이루어져 있다고 믿었습니다. 1은 모든 것의 기원을 나타내고, 2는 조화이자 여성의 수를 나타낸다고 생각했어요. 3은 세계를 구현하는 수이자 남성의 수이며, 가장 이상적인 숫자로 아폴로 신의 상징이라 생각했지요. 또한 4는 완성이자 사계절을 상징하고, 5는 짝수 2와 홀수 3의 합이기 때문에 결혼을 나타낸다고 믿었어요.

그는 10을 위대하고 완전한 수라고 생각했습니다. 이 수는 테트락티스 Tetractys라는 네 줄의 삼각형 도형에서 비롯되었어요. 아래 그림처럼 네 줄을 모두 더하면 완전한 수 10이 되지요.

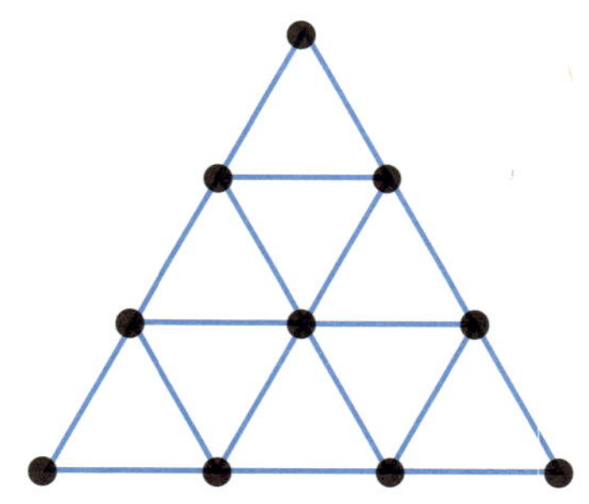

테트락티스, 각 줄을 모두 더하면 10이 된다.

이제 피타고라스가 발견한 아름다운 도형수에 대해 이야기해 볼까요? 아마 아래 그림처럼 볼링핀 10개가 삼각형 모양으로 배치된 모습을 본 적이 있을 겁니다. 맨 앞줄에 1개, 그 뒤로 2개, 3개, 4개가 순서대로 늘어서 있지요. 위에서 내려다보면 정삼각형이 됩니다. 이렇게 도형을 이루는 수를 도형수라고 해요.

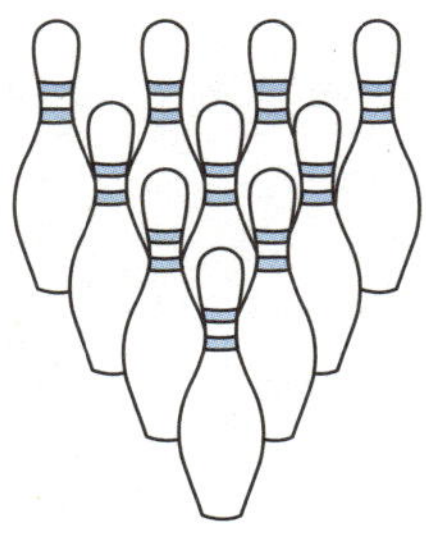

피타고라스는 수와 도형과의 관계를 매우 중요하게 여겼습니다. 예를 들어,

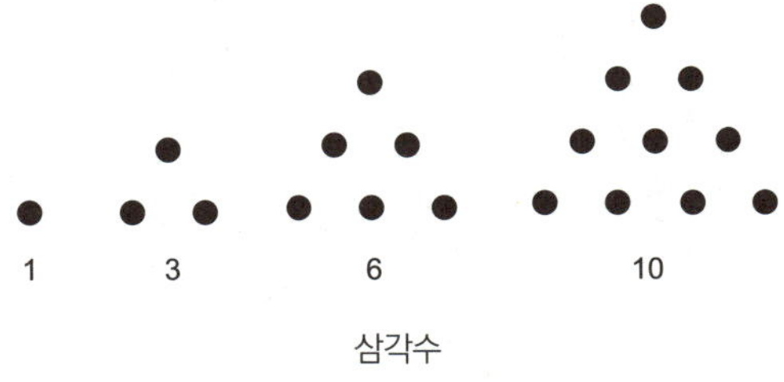

삼각수

1, 3, 6, 10 …처럼 점들을 삼각형 모양으로 쌓았을 때, 점의 개수를 나타내는 수를 삼각수Triangular Numbers라고 불렀어요. 다음 그림을 보세요.

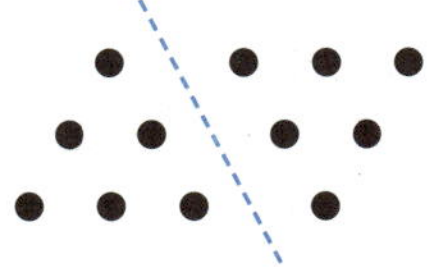

점선의 왼쪽 점의 개수와 오른쪽 점의 개수가 같습니다. 따라서 전체 점의 개수는 3×4로 이것은

$$3 \times (3 + 1)$$

이라고 쓸 수 있어요. 이것은 세 번째 삼각수인 6의 두 배이므로, 세 번째 삼각수는

$$\frac{1}{2} \times 3 \times (3+1)$$

이 되지요. 마찬가지로 네 번째 삼각수는

$$\frac{1}{2} \times 4 \times (4+1)$$

이 됩니다.

피타고라스는 다음과 같이 정사각형 모양으로 주어지는 사각수Tetrahedral Number에 대해서도 연구했어요.

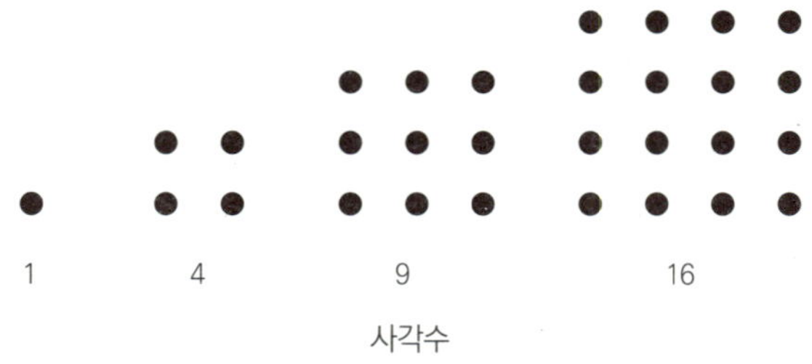

사각수

처음 네 개의 사각수는 1, 4, 9, 16로 항상 제곱수입니다. 즉, 사각수는

$$1^2, 2^2, 3^2, 4^2 \cdots$$

이 되지요. 사각수에는 다음과 같은 재미있는 성질이 있어요.

$$1 = 1^2$$
$$1 + 3 = 2^2$$
$$1 + 3 + 5 = 3^2$$
$$1 + 3 + 5 + 7 = 4^2$$
$$1 + 3 + 5 + 7 + 9 = 5^2$$

위의 식처럼 홀수들을 차례로 더하세요. 계산 결과는 사각수가 됩니다. 왜 그럴까요?

세 번째 사각수인 9를 다음과 같이 세 영역으로 나누세요.

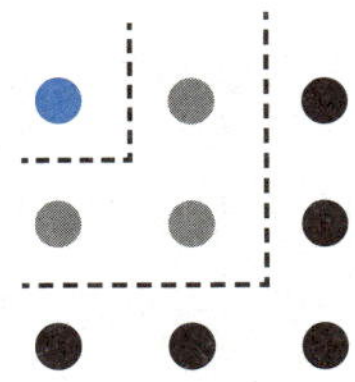

파란색 점은 한 개, 회색 점은 세 개, 검은색 점은 다섯 개이니까 전체 점의 개수는

$$1 + 3 + 5$$

입니다. 이것이 3^2과 같으므로 두 식은 서로 같지요.

삼각수와 사각수 사이에도 재미있는 관계가 있습니다. 첫 번째 삼각수

1과 두 번째 삼각수 3을 더하면 4, 즉 사각수가 되지요. 마찬가지로 두 번째 삼각수 3과 세 번째 삼각수 6을 더하면 9가 되는데, 이것 역시 사각수이지요. 삼각수를 차례로 쓰면

$$1, 3, 6, 10, 15, 21 \cdots$$

이고, 이웃하는 삼각수끼리 더하면 사각수가 된답니다.

$$
\begin{array}{ccccccc}
1 & 3 & 6 & 10 & 15 & 21 \cdots \\
/ & \vee & \vee & \vee & \vee & \vee \\
1 & 4 & 9 & 16 & 25 & 36 \cdots
\end{array}
$$

피타고라스는 이러한 삼각수와 사각수를 확장하여 다각형의 점 배열로 나타나는 수들을 생각했습니다. 그리고 오각형을 이루는 점의 개수를 나타내는 수를 오각수, 육각형을 이루는 점의 개수를 나타내는 수를 육각수로 정의하면서 모든 도형이 그에 대응하는 수와 관련이 있음을 알아냈어요. 이렇게 도형과 관련된 수를 일컬어 도형수라고 불러요.

오일러의 분할수

앞서 만난 오일러 수의 주인공 오일러는 분할수라는 새로운 수를 발견했습니다. 분할수란 어떤 자연수를 덧셈으로 나타내는 서로 다른 방법의 수를 말

해요. 예를 들어, 1을 서로 다르게 덧셈으로 나타내는 방법은 다음과 같아요.

$$1 = 1$$

방법은 한 가지뿐이지요. 2를 서로 다른 덧셈으로 나타내는 방법은

$$2 = 2$$
$$= 1 + 1$$

두 가지이고, 3을 서로 다른 덧셈으로 나타내는 방법은

$$3 = 3$$
$$= 2 + 1$$
$$= 1 + 1 + 1$$

세 가지네요. 4를 서로 다른 덧셈으로 나타내는 방법은

$$4 = 4$$
$$= 3 + 1$$
$$= 2 + 2$$
$$= 2 + 1 + 1$$
$$= 1 + 1 + 1 + 1$$

모두 다섯 가지이고, 5를 서로 다른 덧셈으로 나타내는 방법은

$$5 = 5$$
$$= 4 + 1$$
$$= 3 + 2$$
$$= 3 + 1 + 1$$
$$= 2 + 2 + 1$$
$$= 2 + 1 + 1 + 1$$
$$= 1 + 1 + 1 + 1 + 1$$

일곱 가지입니다. 이렇게 서로 다른 덧셈으로 나타내는 것을 분할이라고 하고, 분할의 경우의 수를 분할수라고 불러요. 그러니까 분할수를 차례대로 쓰면

$$1, 2, 3, 5, 7, 11, 15, 22, 30, 42, 56, 77, 101 \cdots$$

이 되지요. 이러한 분할수는 한 편지에서 시작했어요. 1740년 9월 4일, 독일 베를린에 사는 수학자 노데Philip Naudé가 오일러에게 편지를 보냈어요. 편지에는 '50을 서로 다른 양의 정수들의 합으로 나타내는 방법이 몇 가지인가'를 묻는 내용이 쓰여 있었지요. 이 편지를 계기로 오일러는 분할에 대한 개념에 흥미를 갖고 연구를 시작했습니다. 단순히 몇 가지 방법이 있는지 세는 데서 그치지 않고, 분할수를 계산하는 방법도 찾기 위해 노력했어요. 결국 오일러는 질문에 대한 답을 논문으로 만들어 1741년 4월

6일에 발표하게 됩니다. 분할수에 관한 자세한 연구 내용은 1748년에 쓴 오일러의 『무한해석 입문Introductio in Analysin Infinitorum』에 수록되었어요.

실베스터와 실베스터 수

이번에는 독특한 수열을 만든 수학자 실베스터James Joseph Sylvester와 실베스터 수Sylvester Numbers에 대해 살펴봅시다. 영국 런던에서 태어난 실베스터는 수학적 재능이 뛰어났습니다. 14세의 어린 나이에 대학교에 입학해 수학을 배웠지만, 동료 학생을 폭행한 사건으로 인해 퇴학당하고 맙니다. 하지만 계속 공부를 이어 가 교수가 된 실베스터는 런던 대학교에서 미국 버지니아 대학교로 옮겼지만 이곳에서도 폭행 사건으로 불명예스럽게 교수직을 그만두게 됩니다.

영국으로 다시 돌아온 실베스터는 1844년, 보험회사에 입사해 보험에 관련된 수학을 연구하다가 1855년, 울위치에 있는 왕립 육군 사관학교의 수학 교수가 되었어요. 실베스터는 시도 좋아했어요. 그는 프랑스어, 독일어, 이탈리아어, 라틴어와 그리스어로 쓰인 시들을 번역했고, 1870년에는 시의 운율에 수학적 규칙을 적용하고 체계화하려고 시도한 『The Laws of Verse』라는 책을 내기도 했어요.

1876년에는 미국으로 다시 건너가 새로 개교한 존스 홉킨스 대학교의 초대 수학 교수가 되었고, 미국 최초의 수학 전문 학술지인 「American Journal of Mathematics」를 창간하기도 했습니다. 이후 1883년, 영국으로 돌아온 실베스터는 옥스퍼드 대학교의 기하학 교수를 맡으며 활발한 활동을 이어 갔어요.

실베스터가 발견한 실베스터 수는 2부터 시작해 다음과 같은 규칙에 의해 만들어집니다. 2에서 시작해서, 이전까지의 모든 실베스터 수를 곱한 값에 1을 더하는 방식입니다.

$$2$$
$$1+2=3$$
$$1+2\times3=7$$
$$1+2\times3\times7=43$$
$$1+2\times3\times7\times43=1807$$

그러므로 실베스터 수들은 다음과 같아요.

$$2, 3, 7, 43, 1807, 3263443, 10650056950807,$$
$$113423713055421844361000443 \cdots$$

제임스 조지프 실베스터

- 1814년: 영국 런던에서 태어남.
- 1828년: 런던 대학교에 입학해 드 모르강 밑에서 수학을 배움.
- 1831년: 케임브리지 세인트존스 칼리지에 입학해 수학 공부를 이어 감.
- 1838년: 런던 대학교 자연철학 교수가 됨.
- 1841년: 미국 버지니아 대학교 수학 교수가 되었으나 4개월 만에 그만둠.
- 1855년: 왕립 육군 사관학교 수학 교수가 됨.
- 1876년: 존스 홉킨스 대학교의 초대 수학 교수가 됨.

카탈랑수

이 수는 수학에서 괄호를 묶는 방법, 계단 오르기, 도형 분할 등 다양한 문제에서 등장합니다. 이 수의 이름은 카탈랑수입니다. 이 수는 18세기에 몽골의 수학자 명안도가 최초로 발견했고, 오일러가 다시 다루었지만 사람들에게 별로 알려지지 않았어요. 이 수들이 사람들에게 알려지게 된 건 벨기에의 수학자 카탈랑Eugène Charles Catalan에 의해서예요.

먼저 간단한 예로 연속된 수들을 괄호로 묶는 방법과 관계가 있어요. 먼저 0을 괄호로 묶는 방법은 한 가지 방법뿐입니다.

$$(0)$$

0 + 1을 괄호로 묶는 방법도 다음과 같이 한 가지예요.

$$0 + 1 = (0 + 1)$$

0 + 1 + 2를 괄호로 묶는 방법은 다음과 같이 두 가지지요.

$$(0 + (1 + 2))$$
$$((0 + 1) + 2)$$

0 + 1 + 2 + 3을 괄호로 묶는 방법은 다음과 같이 5가지입니다.

$$(0 + (1 + (2 + 3)))$$

$$(0 + ((1 + 2) + 3))$$

$$((0 + 1) + (2 + 3))$$

$$((0 + (1 + 2)) + 3)$$

$$(((0 + 1) + 2) + 3)$$

$0 + 1 + 2 + 3 + 4$를 괄호로 묶는 방법은 다음과 같이 14가지예요.

$$(0 + (1 + (2 + (3 + 4)))) \qquad (0 + (1 + ((2 + 3) + 4)))$$
$$(0 + ((1 + 2) + (3 + 4))) \qquad (0 + ((1 + (2 + 3)) + 4))$$
$$(0 + (((1 + 2) + 3) + 4)) \qquad ((0 + 1) + (2 + (3 + 4)))$$
$$((0 + 1) + ((2 + 3) + 4)) \qquad ((0 + (1 + 2)) + (3 + 4))$$
$$(((0 + 1) + 2) + (3 + 4)) \qquad ((0 + (1 + (2 + 3))) + 4)$$
$$((0 + ((1 + 2) + 3)) + 4) \qquad (((0 + 1) + (2 + 3)) + 4)$$
$$(((0 + (1 + 2)) + 3) + 4) \qquad (((0 + 1) + 2) + 3) + 4)$$

이런 방식으로 괄호 묶는 경우의 수를 나열하면 다음과 같은 수열을 얻을 수 있습니다.

$$1, 1, 2, 5, 14, 42, 132, 429, 1430, 4862, 16796, 58786, 208012,$$
$$742900\cdots$$

이 수열이 바로 카탈랑수예요.

카프리카 루틴과 카프리카수

이번에는 한 선생님이 발견한 재미있는 수에 대해 살펴볼 차례입니다. 인도의 수학 선생님이었던 카프리카Kaprekar는 중학교 수학 선생님이었어요. 카프리카는 재미있는 수를 발견하는 것을 즐겼는데, 그 중 대표적인 것이 카프리카 루틴Kaprekar's Routine과 카프리카수Kaprekar Numbers입니다.

먼저 카프리카 루틴에 대해 살펴봅시다. 이 규칙은 세 자릿수에서 시작하는데, 모든 자릿수가 같은 숫자, 예를 들어 222, 555 같은 수는 제외합니다. 예를 들어, 다음과 같은 수를 보면

$$667$$

이 숫자의 자릿수 6, 6, 7로 만들 수 있는 가장 큰 수는 766, 가장 작은 수는 667입니다. 두 수의 차를 구하면

$$766 - 667 = 99$$

입니다. 이때 99는 세 자릿수가 아니므로 앞에 0을 붙여서 099라고 씁니다. 그러면

$$766 - 667 = 099$$

가 되지요. 이렇게 세 자릿수를 구성하는 세 개의 숫자로 만들 수 있는

가장 큰 수에서 가장 작은 수를 빼는 것을 카프리카 루틴이라고 부릅니다. 이제 0, 9, 9로 가장 큰 수를 만들면 990이고 가장 작은 수를 만들면 099가 되므로 큰 수에서 작은 수를 빼면

$$990 - 099 = 891$$

이 되지요. 이 방법을 891에 적용하면

$$981 - 189 = 792$$

가 되고, 다시 792에 적용하면

$$972 - 279 = 693$$

이 되지요. 다시 693에 적용하면

$$963 - 369 = 594$$

가 되고, 다시 594에 적용하면

$$954 - 459 = 495$$

가 됩니다. 그런데 495에 대해 이 방법을 적용하면

$$954 - 459 = 495$$

로 495가 다시 나타납니다. 이렇게 임의의 세 자릿수에 카프리카 루틴을 계속 반복하면 495에서 멈추게 돼요. 이때 495를 세 자릿수에 대한 카프리카 상수라고 불러요. 네 자릿수에 대해서도 카프리카 루틴을 발견할 수 있습니다. 계산을 반복해 얻어지는 수는 6174가 되는데, 이때 6174를 네 자리수에 대한 카프리카 상수라고 불러요. 역시 모든 자릿수가 같은 수로 반복되는 경우는 제외해야 함을 잊지 마세요.

카프리카는 또 하나 흥미로운 수를 발견했습니다. 그는 어떤 수의 제곱을 구한 후, 그 결과를 두 개의 자연수로 나누어 더하면 원래 수와 같은 경우가 있음을 알아냈어요. 예를 들어, 703을 제곱하면

$$703^2 = 494209$$

가 됩니다. 이 숫자를 두 개의 자연수 494와 209로 나누어 더하면

$$494 + 209 = 703$$

으로 다시 원래 숫자가 됩니다. 이런 성질을 만족하는 수를 카프리카수라고 불러요. 카프리카는 이런 수들을 찾아내 정리했어요. 다음은 대표적인 카프리카수 몇 가지입니다.

$$1, 9, 45, 55, 99, 297, 703, 999, 2223, 2728, 4879, 4950, 5050 \cdots$$

이처럼 카프리카수는 수학 속에 숨겨진 놀라운 대칭성과 규칙성을 보여 줍니다.

라마누잔의 택시수

이번에는 앞에서 등장했던 라마누잔Srinivasa Ramanujan Aiyangar에 대해 이야기할 차례입니다. 라마누잔은 인도 타밀나두주 에로데에서 태어났습니다. 라마누잔은 어릴 때부터 수학에 뛰어난 재능을 보였어요. 11살 무렵에는 이미 대학생 수준이었는데, 당시 그의 집에 함께 살던 두 명의 대학생 모두 라마누잔의 수학 실력에 감탄했다고 해요. 고등학교를 졸업한 라마누잔은 마드라스에 있는 파차이야파 대학교에서 수학을 공부했어요. 하지만 수학을 제외한 과목에는 흥미가 없어 성적이 좋지 않았고, 학교 생활에 잘 적응하지 못해 결국 중퇴하고 맙니다.

그의 재능을 알아본 사람은 인도 수학자 라마스와미 아이어Ramaswami Aiyer였습니다. 1910년, 라마누잔은 아이어에게 자신의 연구 내용이 담긴 수학 노트를 보냈습니다. 노트에 기록된 놀라운 내용에 깊은 인상을 받은 아이어는, 주변인들에게 라마누잔을 소개하기도 하고 논문이 학회지에 실리는 데 도움을 주기도 했어요.

인도의 천재 수학자 라마누잔

이듬해 라마누잔의 논문은 〈Journal of the Indian Mathematical Society〉에 실리며 처음으로 학계의 관심을 받게 되었습니다. 1913년 1월 16일, 라마누잔은 직접 자신의 수학적 발견들을 영국 수학자들에게 소개하기 위해 케임브리지 대학교의 하디 교수G.H. Hardy에게 편지를 보냈어요. 하디는 처음엔 연구 내용의 진위 여부를 두고 라마누잔을 의심했지만, 곧 라마누잔의 기이하면서도 깊이 있는 수학적 직관에 큰 감명을 받고 그를 케임브리지로 초청했습니다.

라마누잔은 1914년 3월 17일, 네바사호S.S. Nevasa를 타고 마드라스를 떠나 4월 14일, 영국 런던에 도착합니다. 곧바로 하디와 함께 연구를 시작한 라마누잔은 1916년에 케임브리지에서 학사 학위를 받고, 1918년에 영국 왕립 학회의 최연소 인도계 회원으로 선출되기도 하지요.

그러나 낯선 기후, 음식, 문화적 차이로 인해 원래도 좋지 않았던 건강이 더욱 악화되었어요. 그는 결핵, 비타민 결핍 등으로 입원과 퇴원을 반

가운데가 라마누잔, 맨 오른쪽이 하디

복하다 1919년, 고국으로 돌아갔고, 이듬해인 1920년, 불과 32세의 나이로 생을 마감합니다.

택시수는 라마누잔이 병원에 입원해 있던 어느 날, 발견된 수입니다. 1918년, 병상에 있던 라마누잔을 하디 박사가 찾아왔어요. 하디 박사는 라마누잔에게 이렇게 말했습니다.

"오늘 타고 온 택시 번호는 1729였네. 참 따분한 수지."

이 이야기를 들은 라마누잔이 눈이 반짝였어요.

"아니요. 정말 흥미로운 숫자예요. 이 숫자는 두 세제곱수의 합으로 나타낼 수 있거든요. 게다가 두 가지 방법으로요."

이 일화로 유명해진 수가 바로 택시수입니다. 택시수는 두 자연수의 세제곱의 합으로 나타낼 수 있는 수를 말해요. 예를 들어, 다음과 같은 수가 있어요.

$$2,\ 1729,\ 87539319,\ 6963472309248,\ 48988659276962496 \cdots$$

이를 두 자연수의 세제곱의 합으로 나타내면 다음과 같지요.

$$2 = 1^3 + 1^3$$
$$1729 = 1^3 + 12^3$$
$$1729 = 9^3 + 10^3$$
$$87539319 = 167^3 + 436^3$$
$$87539319 = 228^3 + 423^3$$
$$87539319 = 255^3 + 414^3$$

이처럼 라마누잔의 천재성과 수학을 향한 열정은 숫자 속에 숨은 패턴을 꿰뚫어 보는 경지에 이르러 있었습니다. 그가 남긴 방대한 연구 내용은 지금까지도 많은 수학자들의 연구 주제가 되고 있습니다. 동시에 그의 이름은 지금도 수학의 세계에서 깊은 경외심과 함께 기억되고 있어요.

폴리오미노 수

테트리스 게임, 해 본 적 있나요? 위에서 떨어지는 다양한 블록들을 자세히 보면 모두 정사각형을 이어 붙인 형태임을 알 수 있습니다. 이런 조각들을 수학에서는 폴리오미노라고 해요.

다음은 폴리오미노와 관련된 수열이에요.

$$1, 1, 2, 5, 12, 35, 108, 369, 1285, 4655, 17073 \cdots$$

이 수를 우리는 폴리오미노 수Polyomino Numbers라고 부릅니다. 이 수에 대해 설명하려면 먼저 정사각형 한 개를 그려야 해요.

이처럼 한 칸짜리 도형을 모노미노Monomino라고 불러요. 어떤 방향으로 회전하거나 뒤집어도 모습이 바뀌지 않기 때문에 가능한 모양은 단 하나입니다. 이제 정사각형 두 개를 붙여 보세요. 이렇게 모노미노를 붙여 만든 도형을 도미노Domino라고 하는데, 회전하고 뒤집었을 때 서로 다른, 즉 만들 수 있는 다른 도형은 1가지입니다.

모노미노 세 개를 붙인 것은 트로미노Tromino라고 부르는데, 만들 수 있는 서로 다른 모양은 모두 2가지입니다.

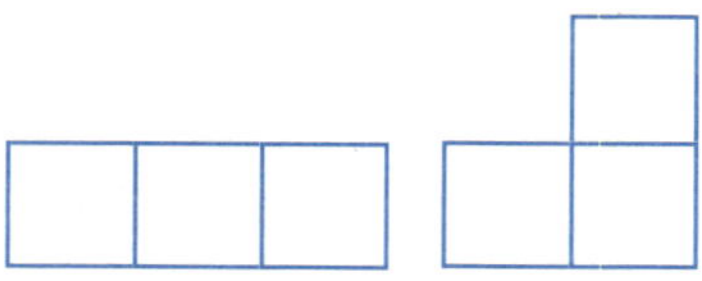

모노미노 네 개를 붙이면 테트로미노Tetromino라고 부르는데, 만들 수 있는 서로 다른 모양은 5가지입니다.

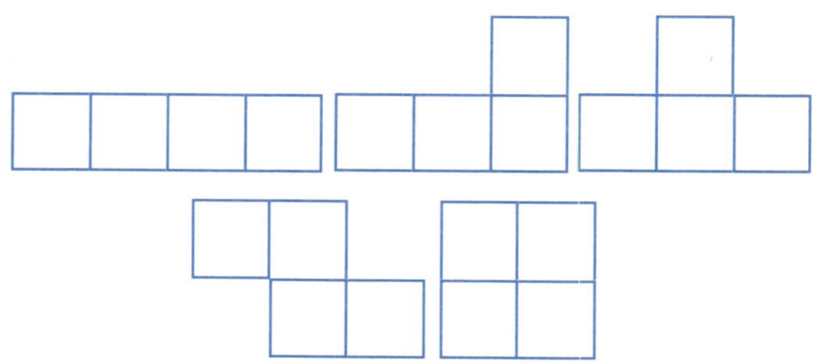

이처럼 같은 크기의 정사각형을 이어 붙였을 때, 회전이나 대칭을 고려해 만들 수 있는 서로 다른 도형의 수를 세는 것이 바로 폴리오미노의 개념입니다. 예를 들어, 다섯 개의 정사각형을 붙인 펜토미노Pentomino는 12가지, 여섯 개를 붙인 헥소미노Hexomino는 35가지가 있지요.

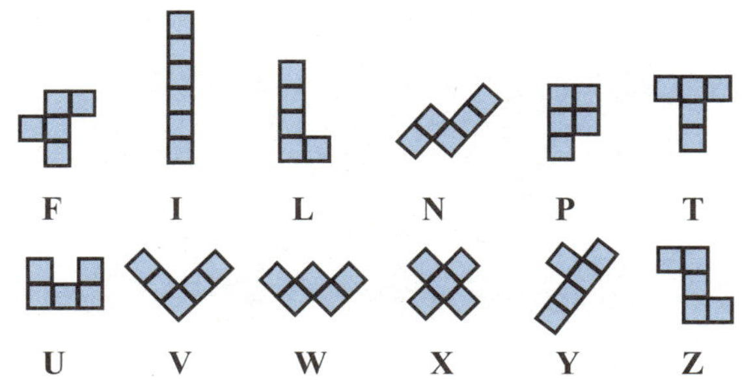

다섯 개의 정사각형을 이어 붙여 만든 펜토미노

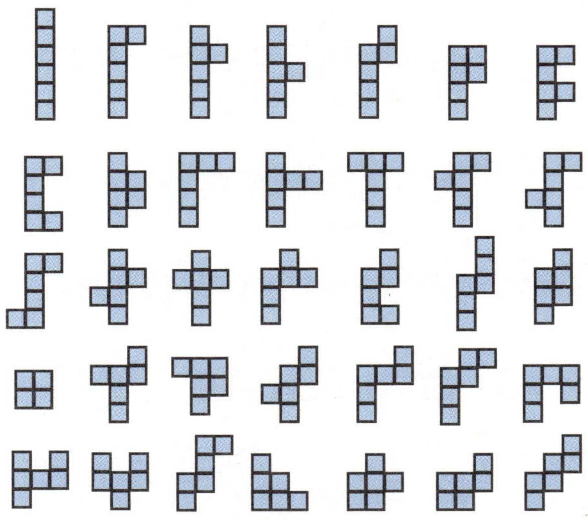

여섯 개의 정사각형을 이어 붙여 만든 헥소미노

모노미노의 수, 도미노의 수, 트로미노의 수, 테트로미노의 수, 펜토미노의 수, 헥소미노의 수를 나열하면 다음과 같아요.

$$1, 1, 2, 5, 12, 35 \cdots$$

폴리오미노 수를 누가 발견했는지는 알려져 있지 않지만, 이 용어는 1953년, 미국 남부 캘리포니아 대학교 전기공학과 교수인 솔로몬 골롬Solomon Golomb이 처음 사용했어요. 그리고 이 개념은 1985년, 구소련의 소프트웨어 엔지니어인 알렉세이 파지트노프Alexey Leonidovich Pajitnov가 테트로미노를 이용해 개발한 게임 테트리스Tetris를 통해 세계적으로 유명해졌답니다.

스도쿠

스도쿠는 전 세계적으로 사랑받는 숫자 퍼즐입니다. 가로 9칸, 세로 9칸으로 이루어져 있는 표에 1부터 9까지의 숫자를 중복되지 않도록 채워 넣는 게임이지요. 단순히 숫자를 적는 것처럼 보여도 논리적 사고력과 집중력을 요구한답니다. 규칙만 지킬 뿐, 수학적인 계산은 필요하지 않아서 수학을 잘 하지 못해도 누구나 즐길 수 있어요.

스도쿠는 1979년, 미국의 건축가 하워드 가른스Howard Garns가 같은 해 5월, 미국의 〈델 매거진즈Dell Magazines〉라는 잡지에 처음으로 선보였습니다. 이후 1984년, 일본의 출판사 니코리ニコリ, Nikoli가 퍼즐 전문 잡지인 〈퍼즐 통신 니코리〉를 창간하며 이 퍼즐에 '스도쿠'라는 이름을 붙여 본격적으로 대중화했지요. 2000년대 중반 이후로는 영국, 미국을 비롯해 세계 곳곳으로 퍼져나가며 대표적인 두뇌 게임으로 자리 잡았어요.

5	3	4		7				
6			1	9	5			
	9	8					6	
8				6				3
4			8		3			1
7				2				6
						2	8	
			4	1	9			5
				8			7	9

생각의 가지

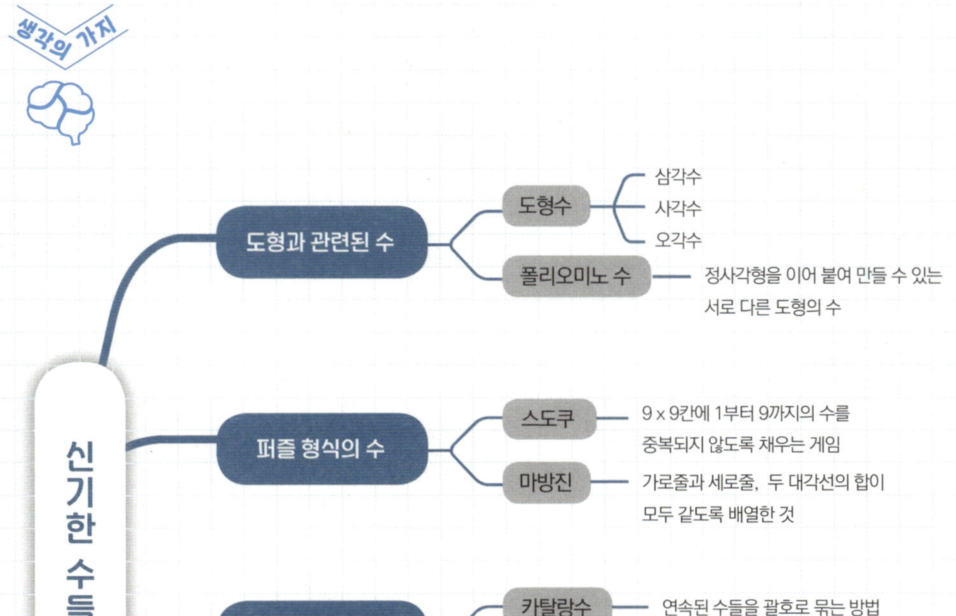
신기한 수들

도형과 관련된 수
도형수
삼각수
사각수
오각수
폴리오미노 수
정사각형을 이어 붙여 만들 수 있는 서로 다른 도형의 수

퍼즐 형식의 수
스도쿠
9 × 9칸에 1부터 9까지의 수를 중복되지 않도록 채우는 게임
마방진
가로줄과 세로줄, 두 대각선의 합이 모두 같도록 배열한 것

수열과 관련된 수
카탈랑수
연속된 수들을 괄호로 묶는 방법
실베스터 수
2에서 시작해 이전까지의 모든 실베스터 수를 곱한 값에 1을 더한 수

수학자와 관련된 수
오일러의 분할수
어떤 자연수를 덧셈으로 나타내는 서로 다른 방법의 수
카프리카 루틴
세 숫자로 만들 수 있는 세 자릿수 중 가장 큰 수에서 가장 작은 수를 뺀 것
카프리카수
어떤 수의 제곱을 두 개의 자연수로 나누어 더했을 때, 원래 수와 같은 수
택시수
두 자연수의 세제곱의 합으로 나타낼 수 있는 수

이과센스

방정식의 세계

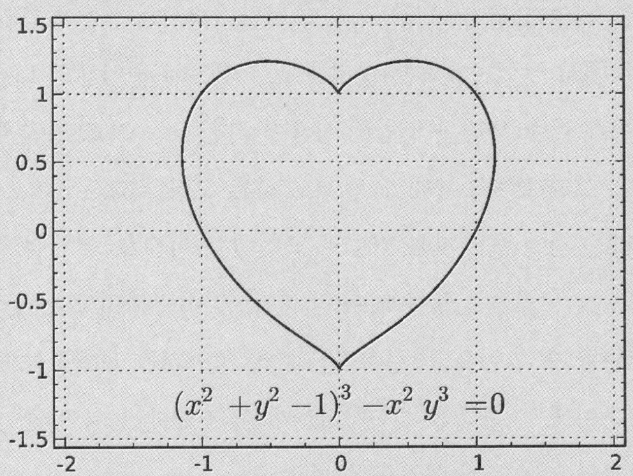

$$(x^2 + y^2 - 1)^3 - x^2 y^3 \fallingdotseq 0$$

사랑은 공식으로 풀 순 없지만, 그래프로는 그릴 수 있다.

정교수의 pick

◆ 고대 방정식   ◆ 미지수   ◆ 근의 공식   ◆ 삼차 방정식
◆ 사차 방정식   ◆ 허수

수학으로 사랑을 고백한다고?

수학으로 좋아하는 사람에게 고백을 할 수 있다면 어떨까요? 숫자와 기호로 가득해 딱딱하게만 느껴지는 수학이지만, 때때로 수학은 아주 감성적인 학문이기도 하답니다. 2004년, 방영된 한 드라마에서 주인공은 짝사랑하는 여주인공에게 자신의 마음을 전하는데 아주 특별한 방법을 사용합니다. 그는 좌표 평면 위에 그림을 그려 보여주는데, 놀랍게도 하트 모양 그래프였어요. 사랑이라는 감정을 숫자와 기호로 표현한 셈이지요. 이처럼 곡선의 방정식은 계산 도구를 넘어 감정, 상상, 사랑까지도 시각적으로 표현할 수 있어요. 방정식이란 결국 무언가를 표현하는 언어이기 때문이에요. 지금부터 수학자들이 수천 년에 걸쳐 만들어 낸 '방정식의 언어'를 알아보도록 해요.

방정식은 어디서 시작되었을까?

방정식은 숫자 놀이를 넘어, 고대 문명부터 현대 과학에 이르기까지 인간의 문제 해결 능력을 상징하는 수학의 언어입니다. 잘 알다시피, 방정식은 주어진 등식을 만족하는 미지수를 구하는 문제입니다. 예를 들어, 미지수를 □라고 두고 $2 \times □ = 6$을 만족하는 □를 구하는 문제가 방정식이에요. 이때 □는 3이 되지요. 이렇게 등식을 만족하는 □의 값을 방정식의 근 또는 방정식의 해라고 불러요.

방정식을 푸는 방법을 처음 알아낸 것은 고대 이집트 사람들이에요. 이집트 사람들은 이 미지수를 '아하Aha'라고 불렀어요. 기원전 1650년경의 문헌인 린드 파피루스에는 다음과 같은 문제가 있어요.

$$\text{"아하와 그것의 } \frac{1}{3} \text{ 을 더하면 16이다. 아하는 얼마인가?"}$$

지금이라면 쉽게 미지수를 사용해 문제를 풀겠지만, 이집트 사람들은 지금의 방법과 다르게 이 문제를 풀었습니다. 아하를 대략 얼마 정도라고 예측하는 방법을 사용한 거예요. 예를 들어, 아하를 3이라고 예측하면 3의 $\frac{1}{3}$은 1이므로 아하와 그것의 $\frac{1}{3}$을 더하면 $3 + 1 = 4$가 됩니다. 그런데 16은 4의 4배이므로 아하는 처음 예측한 수인 3의 4배인 12가 되지요. 이처럼 이집트 사람들은 추정을 반복하며 정답을 찾아나가는 방식을 사용했어요.

한편 고대 바빌로니아 사람들은 더욱 복잡한 방정식을 다루었어요. 바로 미지수의 곱, 즉 $□ \times □$가 들어가는 방정식을 연구했지요. 예를 들어,

$$□ \times □ + □ - 2 = 0$$

와 같은 식이지요. 이 식은 □가 1일 때 성립하는데, 이렇게 $□ \times □ = □^2$이 들어가는 방정식을 이차 방정식이라고 부르고, 고대 이집트 사람들이

연구한 □만 들어가는 방정식을 일차 방정식이라고 불러요.

묘비조차 방정식으로 남긴 수학자, 디오판토스

방정식 하면 떠오르는 유명한 인물 중 한 명이 바로 디오판토스 Diophantus입니다. 그의 생애에 대해서 알려진 바는 거의 없지만, 기원후 3세기경, 알렉산드리아에서 활동한 그리스 수학자로 여겨져요. 디오판 토스는 그의 생애를 수수께끼처럼 표현한 묘비 문제로 유명해요. 함께 풀어 볼까요?

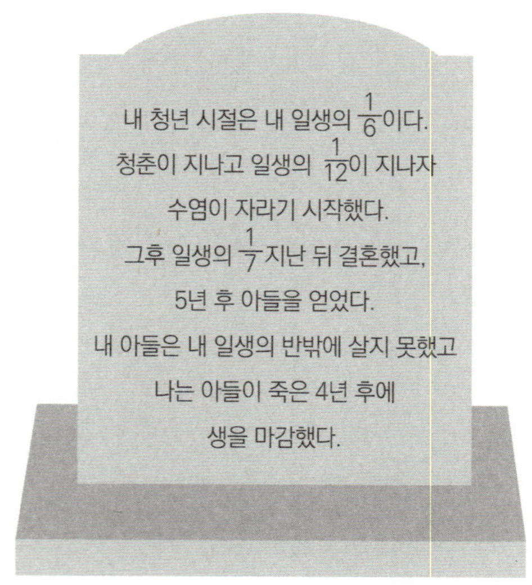

디오판토스의 일생을 □라고 놓으면 다음 그림과 같이 나타낼 수 있 어요.

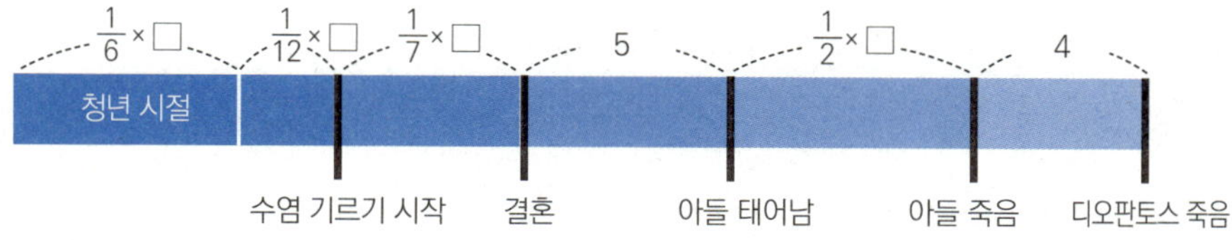

이것을 식으로 쓰면

$$\frac{1}{6}\times\square + \frac{1}{12}\times\square + \frac{1}{7}\times\square + 5 + \frac{1}{2}\times\square + 4 = \square$$

가 됩니다. 이 식을 만족하는 □의 값은 84가 되지요.

디오판토스는 묘비에조차 방정식 문제를 새길 정도로 방정식을 사랑한 수학자예요. 그는 평생 방정식에 관한 연구를 하고 그 내용을 『산술Arithemetica』이라는 책에 담았습니다.

이 책은 방정식과 해를 찾는 문제를 체계적으로 다룬 책 중 하나예요. 디오판토스는 정수해만을 가지는 방정식, 오늘날 우리가 디오판토스 방정식이라 부르는 특별한 방정식을 탐구하는 데 몰두했어요.

디오판토스의 저서 『산술』

기호가 없던 시대에서 기호의 시대까지

디오판토스 이후에도 수학은 계속 발전했지만, 지금처럼 기호를 이용한 수식 표현이 등장한 것은 비교적 최근 일입니다. 15세기 후반이 되어서야 여러 기호가 만들어졌지요. 그 이전까지는 수식 기호가 없었기 때문에 식을 문장으로 써야 했습니다. 계산 과정도 말로 설명해야 했지요. 기록에 따르면 최초의 수식 기호는 1484년, 프랑스의 의사이자 수학자인 슈케Nicholas Chuquet가 만들었다고 해요. 그는 자신의 책『수의 과학에서의 세 부분Triparty en la Science des Nombres』에서 덧셈 기호로 '더 많게'라는 뜻을 가진 라틴어 plus의 앞 글자를 변형한 $\bar{p}$라고 썼고, 뺄셈 기호를 '더 적게'라는 뜻을 가진 라틴어 moins의 앞 글자를 변형한 $\bar{m}$이라고 썼어요. 당시에는 등호(=)가 없었기 때문에 '같다'라는 표현은 라틴어 egaulx라고 썼지요. 또한 $5 \times \square$를 $.5.^1$로, $6 \times \square \times \square$을 $.6.^2$으로 나타냈어요. 다음은 슈케의 기호로 쓴 방정식입니다.

$$.4.^1 \text{egaulx a} .2.^0$$

이것은 $4 \times \square = 2$를 나타내요.

슈케의 책이 나오고 약 3년 후인 1487년, 새로운 수학 기호가 등장합니다. 이탈리아의 수학자 파치올리는 1487년에 완성된『산술, 기하와 비 Summa de Arithmetica, Geometria, Proportioni et Proportionalita』라는 책에서 덧셈 기호를 p로, 뺄셈 기호를 m으로 나타냈어요.

현재 사용하는 덧셈 기호 +와 뺄셈 기호 −가 처음 등장한 것은 1489

년이에요. 독일의 비트만Johannes Widmann은 『상인을 위한 산술서Behende und hüpsche Rechenung auff allen Kauffmanschafft』라는 책을 썼는데, 이 책에 현재의 덧셈, 뺄셈 기호가 처음 등장하지요.

등호는 1557년, 영국의 수학자 레코드Robert Recorde가 『지혜의 숫돌The Whetstone of Witte』에서 처음 사용했어요. 그는 '같다'라는 말을 반복해서 쓰는 것을 귀찮아 했어요. 그래서 세상에서 가장 평등한 두 선인 =을 택해 등호로 삼았다고 해요.

부등호 기호 <와 >는 영국의 수학자 해리엇Thomas Harriot이 곱셈 기호 ×는 영국의 오트레드William Oughtred가 처음 사용했지요. 이렇듯 수학 기호는 갑자기 만들어진 것이 아니라 말로 설명해야 하는 불편함을 줄이고 계산과 논리를 더 간결하게 표현하려는 실용적 요구에 의해 발명되고 정착되었어요.

비트만의 책에 등장하는 수학 기호

레코드의 『지혜의 숫돌』

미지수를 나타내는 방법, x

방정식을 배운 사람이라면 누구나 당연히 사용하는 x, x^2, x^3같은 미지수 표기법도 처음부터 존재했던 것은 아닙니다. 이 기호 역시 수학의 역사 속에서 오랜 시간에 걸쳐 자리 잡은 결과예요. 15세기 말, 파치올리는 미지수를 '어떤 것'을 뜻하는 라틴어 cosa의 첫 두 글자인 co로 쓰고, 미지수의 제곱은 제곱을 나타내는 라틴어 censo의 첫 두 글자인 ce라고 썼어요. 미지수의 세제곱은 세제곱을 나타내는 라틴어 cuba의 첫 두 글자인 cu라고 썼지요. 또한 미지수의 네제곱은 제곱의 제곱이므로 cece라고 썼어요. 예를 들어, 오늘날 우리가 사용하는 x^3은, 파치올리 시대에는 cu로 쓰였던 셈이지요. 이 표기법은 알파벳이 아닌 약어 형태의 라틴어 단어로 수식을 표현하는 중간 단계라고 할 수 있어요.

미지수를 x로 처음 사용한 수학자는 데카르트예요. 그는 1637년, 그의 책 『기하학』에서 미지수를 x로 나타내고, 미지수의 제곱을 xx 또는 x^2으로 나타냈어요. 그는 미지수의 세제곱은 x^3으로, 미지수의 네제곱은 x^4과 같이 나타냈지요. 이 표기 방식은 이후 대수학과 해석 기하학의 표준이 되었고, 지금은 전 세계적으로 통용되는 대수 기호 언어의 시작점이 되었어요.

델 페로와 타르탈리아, 삼차 방정식을 풀다

수학자들은 다양한 기호를 만들어 방정식을 더 간단하게 표현할 수 있게 되었습니다. 더 이상 말로 설명하지 않아도 되었어요. 이렇게 방정식의 표현법이 정리되자, 이제는 방정식의 풀이법에 대한 도전이 이어졌지요. 그중에서도 삼차 방정식은 수학자들의 큰 관심사였어요.

수학 역사가들은 삼차 방정식의 해를 최초로 구한 수학자로 이탈리아의 델 페로Scipione del Ferro를 꼽습니다. 델 페로는 중세 시대 최고의 대학 중의 하나인 이탈리아 볼로냐 대학교 수학 교수였어요. 델 페로가 삼차 방정식의 해를 어떻게 구했는지는 알려지지 않았습니다. 다만 그가 풀었던 삼차 방정식은 일반적인 형태가 아니라 $x^3 + 2 \times x = 3$과 같이 이차항 x^2이 없는 특정한 형태였어요. 그는 자신의 풀이법을 논문이나 책으로 내지 않고 죽기 바로 직전, 제자인 피오레Antonio Maria del Fiore에게 말로 설명했어요. 피오레는 자신이 삼차 방정식의 해법을 독점하고 있다며 자랑했지요.

한편 볼로냐에서 북쪽으로 약 180킬로미터 떨어진 브레시아에 니콜로 폰타나Niccolò Fontana라는 젊은 수학자가 살고 있었습니다. 니콜로는 타르탈리아Tartaglia, '말 더듬는 자'라는 별명으로 불렸어요. 1512년, 프랑스군이 브레시아를 침공했을 때 성당으로 피신한 니콜로는 턱과 입천장을 찔리는 중상을 입었는데, 이로 인해 언어 장애가 생겼다고 해요. 이후 그는 흉터를 가리기 위해 평생 수염을 기르고 살았다고 하지요.

이후 베로나로 이주했다가 1534년, 베네치아로 간 타르탈리아는 계산 학교Abacus School에서 수학을 가르치며 생계를 꾸렸어요. 계산 학교는 상인 공동체가 세운 학교로 이탈리아의 상인과 회계사나 무역업자들을 위한 수학을 가르치는 학교예요.

1530년 어느 날, 브레시아의 수학 교사인 다코이Zuanne da Coi는 타르탈리아에게 삼차 방정식 $x^3 + 3 \times x^2 = 5$를 풀 수 있는지를 물었어요. 이 문제에 흥미를 느낀 타르탈리아는 스스로 해법을 찾아냈고, 더 나아가 삼차 방정식의 일반적인 근을 구하는 공식을 만들었어요. 이후 1535년, 수학사에 길이 남을 놀라운 대결이 벌어졌습니다. 당시 이탈리아에서는 수학자들이 서로 문제를 내고 풀며 실력을 겨루는 대결이 유행했어요. 주어진 문제를 가장 빨리 푸는 사람에게 상금을 주는 방

타르탈리아의 초상

식이었지요. 피오레와 타르탈리아는 삼차 방정식에 대한 문제로 대결을 펼쳤어요. 두 사람은 서로에게 30문제를 내고 두 달 동안 문제를 먼저 푸는 사람이 승자가 되는 것으로 정했지요.

피오레는 자신의 장기인 $x^3 + 2 \times x = 3$과 같이 x^2이 없는 형태의 삼차 방정식 문제 30개를 타르탈리아에게 출제했고, 타르탈리아는 $x^3 + 3 \times x^2 = 5$와 같이 x^2이 있는 형태의 삼차 방정식 문제 30개를 피오레에게 출제했어요. 피오레는 x^2이 있는 형태의 삼차 방정식의 해법을 몰랐기 때문에 타르탈리아가 낸 문제를 한 문제도 풀지 못했고, 삼차 방정식의 근을 구하는 방법을 알고 있던 타르탈리아는 피오레가 출제한 문제를 모두 풀었지요. 결과는 타르탈리아의 압승이었어요.

타르탈리아는 훗날 1500쪽 분량의 대작 『수와 측정에 관하여General Trattato di Numeri et Misure』를 집필합니다. 이 책에는 이자 계산, 거듭제곱, 타르탈리아의 삼각형, 비율과 분수 등 실용적인 수학 문제들이 풍부하게

실려 있었어요. 이처럼 타르탈리아는 실용 수학자로서 방정식 해법을 개발한 탁월한 수학자였답니다.

카르다노와 사차 방정식

제롤라모 카르다노Gerolamo Cardano는 천재적인 의사이자 수학자로 1501년, 이탈리아 파비아에서 태어났습니다. 그의 아버지는 레오나르도 다빈치와 교류가 있었던 인물로 본인 역시 수학적 재능을 지닌 변호사였어요.

1520년, 카르다노는 파비아 대학교에 입학해 의학을 공부했지만 1521년에 발발한 전쟁으로 학업을 중단할 수밖에 없었어요. 이후 파도바 대학교로 옮긴 카르다노는 1525년, 의학 박사 학위를 받았고 대도시에서 자신의 병원을 열고 싶었지만 출생 신분에 막혀 불가능해지자, 피오베 디 사코라는 작은 마을에서 병원을 엽니다. 의사로서 카르다노는 장티푸스를 최초로 진단 한 것으로 유명해요.

카르다노는 수학에서도 큰 업적을 남겼습니다. 몇몇 귀족들의 도움으로 카르다노는 밀라노에서 수학 교수직을 얻었어요. 이로 인해 그는 밀라노에서 수학자이자 의사로 명성을 얻었지요. 특히 카르다노는 음수를 체계적으로 사용했답니다.

1539년, 카르다노는 타르탈리아를 자신의 집으로 초대합니다. 삼차 방정식의 해법이 궁금했기 때문이에요. 그는 타르탈리아에게 삼차 방정식의 근의 공식을 알려달라고 졸랐어요. 타르탈리아는 이 공식을 공개하지 않는다는 조건으로 카르다노에게 해법을 알려 주었지요. 하지만 카르다 노는 타르탈리아와의 약속을 깨고, 1545년『위대한 술법Ars Magna』이라 는 자신의 책에서 삼차 방정식의 해법과 사차 방정식의 해법을 소개했어 요. 그는 삼차 방정식의 경우는 타르탈리아가, 사차 방정식의 경우는 페 라리가 해결했다는 것을 책에서 밝혔지만 아직까지도 많은 사람들이 삼 차 방정식과 사차 방정식을 최초로 푼 사람으로 카르다노를 떠올리지요. 이 소식을 들은 타르탈리아는 크게 분노해 카르다노에게 수학 대결을 신 청합니다. 하지만 카르다노 대신 페라리와 대결을 하게 되었고, 이 대결 에서 사차 방정식까지 이해하고 있던 페라리에게 패하고 맙니다. 결국 타르탈리아는 그간 쌓은 명성을 모두 잃었다고 해요.

허수의 탄생

삼차 방정식의 근의 공식은 수학사에서 뜻밖의 발견으로 이어졌습니 다. 이탈리아의 수학자 봄벨리Rafael Bombelli는 페로-타르탈리아-카르다 노의 공식을 다시 살펴보았어요. 봄벨리는 삼차와 사차 방정식이 근에는 $(\sqrt{-1})^2 = -1$, 즉 제곱하여 음수가 되는 수, 즉 $\sqrt{-1}$가 존재해야한다는 것 을 알아냈어요. 봄벨리는 이 내용을 자신의 책인『대수L'algebra』에 발표 했는데, 이렇게 제곱을 하여 음수가 되는 수를 허수라고 불러요.

보통 허수의 발견자를 가우스라고 생각하는 사람들이 많습니다. 하지 만 허수의 발견자는 봄벨리이고 가우스는 $\sqrt{-1}$에 i라는 기호를 붙이고 체계적으로 정리한 것에 가깝습니다. 여기서 i는 imaginary number의 이니셜로 가우스는 이 수를 상상의 수라고 생각했어요. 하지만 오늘날 우리는 이 상상의 수 없이는 전자기학, 양자역학, 금융공학 등 현대 과학을 설명할 수 없게 되었지요. 허수는 '없을 것 같던 것'이 '없어서는 안 될 것'이 된 대표적인 예랍니다.

오차 이상 방정식의 해법을 찾아서

사차 방정식의 해법까지 발견된 후, 수학자들은 오차 방정식의 해법도 찾으려고 했어요. 많은 수학자들이 도전했지만 모두 실패로 돌아갔지요. 하지만 오차 이상 고차 방정식의 대수적인 해법은 없다고 주장한 사람이 있어요. 바로 프랑스의 수학자이자 천문학자인 라그랑주Joseph-Louis Lagrange예요.

라그랑주는 1736년 1월 25일, 이탈리아 토리노에서 태어났습니다. 라그랑주는 유복한 가정에서 태어났지만 어릴 때 아버지가 투기로 대부분의 재산을 잃는 바람에 경제적으로 어려움을 겪으며 자랐어요. 라그랑주의 아버지는 아들이 법을 공부하기를 바랐지만, 라그랑주는 17세 때 우연히 읽은 핼리의 논문에 매료되어 수학에 빠지게 됩니다. 이후 그는 토리노 대학교에서 수학과 물리학을 공부했어요.

라그랑주가 53세가 되던 해, 프랑스 혁명이 일어납니다. 라그랑주는 혼란 속에서도 살아남아 프랑스의 신설 교육 기관인 '에콜 폴리테크니크'에서 해석학 교수로 활동하며 수학 교육에 힘썼어요. 그는 나폴레옹에게 인정받아 1803년, 레지옹 도뇌르 훈장을 받고 제국의 백작으로 임명되기도 했습니다. 라그랑주는 파리 팡테옹에 안장되었으며 그의 이름은 에펠탑에 새겨진 72인의 위대한 과학자 중 한 명으로 남아 있답니다.

라그랑주 사후, 1800년대에 들어와 두 명의 젊은 천재 수학자가 오차 방정식에 다시 도전합니다. 바로 아벨과 갈루아예요. 두 사람은 독자적인 방법으로 오차 이상 고차 방정식의 근의 공식이 존재하지 않는다는 것을 증명했어요.

[1] 오차 방정식에 도전한 젊은 천재, 아벨

아벨은 노르웨이의 네드스트란드에서 태어나 목사의 아들로 자랐습니다. 아벨은 13살에 오늘날 오슬로라고 불리는 크리스티아니아의 한 라틴어 학교에 입학했어요. 그를 가르쳤던 수학 교사인 홀름보에는 아벨의 수학적 재능을 한눈에 알아보고는 그에게 오일러, 라그랑주, 라플라스가 쓴 수학책을 읽으며 수학 공부를 하도록 권유했지요. 수학에 빠진 아벨은 다른 공부는 등한시하는 바람에 다른 과목의 교사들은 아벨을 그리 좋아하지 않았다고 해요.

수학에 몰두한 아벨은 21살에 당시 노르웨이 최고 학부였던 왕립 프리드리히 대학교(현 오슬로 대학교)에 입학해 공부를 이어갑니다. 이 무렵에 이미 아벨은 노르웨이에서 가장 똑똑한 수학자라 불렸어요.

1819년, 오차 방정식의 연구를 시작한 아벨은 마침내 1823년, 거듭제곱근의 성질을 이용해 오차 방정식은 대수적인 해법이 존재하지 않는다는 사실을 증명해 냅니다. 아벨은 프리드리히 대학교의 한스틴 교수가 창간한 노르웨이 최초의 과학 저널 Magazin for Naturvidenskaberne에 오차 방정식의 근의 공식이 존재하지 않음을 알리는 논문을 썼어요. 하지만 노르웨이의 수학 저널에 게재되는 것으로는 자신이 한 일을 세계적인 수학자들에게 알릴 수 없다고 판단한 아벨은 이 논문을 프랑스어로 다시 쓰기도 했지요.

1826년, 아벨은 세계적인 수학자들이 모여 있는 프랑스 파리로 갔어요. 당시 아벨의 주 연구 주제는 타원 적분이었습니다. 아벨은 이 논문을 프랑스 과학 아카데미에 보냈지만, 당대 최고의 수학자 코시Augustin-Louis Cauchy가 이 논문에 대한 검토를 미루면서 논문은 채택되지 못합니다. 이후 이 논문은 독일의 수학자 크렐August Leopold Crelle이 만든 저널에 게재되며 마침내 빛을 보게 됩니다.

1827년, 다시 크리스티아나로 돌아온 아벨은 경제적 어려움 때문에 개인 과외를 하기 시작했어요. 아벨의 수학 재능을 아낀 파리 아카데미는 스웨덴·노르웨이 국왕에게 그가 수학에만 전념할 수 있게 배려해 달라는 편지를 썼지요. 한편 아벨의 열렬한 지원자인 크렐 역시 베를린에 기술고등학교를 설립해 아벨을 교수진에 포함시킬 계획을 세우고 있었어요.

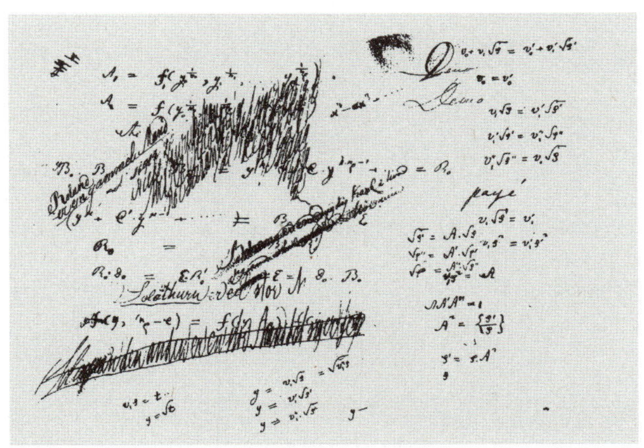

아벨의 노트

1828년, 베를린 대학교의 야코비가 타원 적분에 대한 논문을 발표합니다. 아벨은 이 논문이 자신의 연구와 내용이 거의 동일하다는 것을 알고 분개했어요. 아벨은 야코비가 아직 연구하지 못한 타원 적분에 관한 내용을 연구하기 시작했고, 이때부터 아벨의 건강은 급속도로 악화되기 시작합니다. 그리고 이듬해 4월 6일, 고작 26세의 나이로 수학 천재 아벨은 세상을 떠나고 맙니다. 병명은 폐결핵이었어요. 그가 죽은 후 얼마 뒤, 그의 집으로 베를린 기술고등학교의 교수로 임명한다는 편지가 배달되어 안타까움을 더했습니다. 이후 아벨의 연구는 타원 적분 이론으로 이어졌고, 이후 '아벨 함수', '아벨 군', '아벨 정리'같은 수많은 수학 개념에 그의 이름이 붙게 되었어요.

[2] 정치와 수학 사이를 달린, 갈루아

갈루아 Evariste Galois는 1811년 10월 25일, 프랑스 파리 교외의 부르라렌에서 시장인 아버지와 법률가의 딸인 어머니 밑에서 태어났습니다. 갈루아는 12살까지 높은 교양 수준을 지녔던 어머니에게 교육을 받았고, 1823년 리세 루이 르 그랑 Lycée Louis-le-Grand에 입학합니다. 그해는 정치적인 문제로 인해 많은 학생이 퇴학당한 해였어요. 하지만 갈루아는 성실히 학업에 임했고 라틴어 과목에서 우수상을 받을 정도였지요. 하지만 14세가 될 무렵 라틴어에 흥미를 잃은 갈루아는 대신 수학에 몰두하게 되었어요. 갈루아는 르장드르의 『기하학 원론』을 소설처럼 읽고, 15살에 라그랑주의 『대수에 관한 논고』를 이해할 정도로 수학에 천부적인 재능을 보였어요.

1828년, 갈루아는 더 높은 수준의 수학 공부를 하기 위해 당시 최고의 수학 교육 기관인 에콜 폴리테크니크 시험에 응시하지만, 탈락하고 맙니다. 대신 에콜 노르말 쉬페리외르에 입학해 수학 공부를 이어 가지요.

이듬해 갈루아는 연분수에 관한 첫 논문을 발표하고, 곧바로 다항 방정식에 대한 연구에 몰두합니다. 그는 프랑스 과학 아카데미 앞으로 두 편의 논문을 보냈지만, 코시는 논문에 불명확한 부분이 있다는 이유로 출판을 보류해요. 하지만 코시는 논문에 문제가 있음에도 갈루아의 연구가 중요한 내용을 담고 있다는 사실을 알고, 갈루아에게 논문을 수정할 것을 권유합니다.

갈루아는 오차 이상의 다항 방정식의 해의 존재를 가리는 판별식에 대한 자신의 논문을 여러 차례 제출하였으나, 끝내 정식으로 출판되지는 못했어요. 1829년, 처음 제출한 두 편의 논문을 수정해 다시 제출했지만, 아카데미 심사위원이었던 푸리에가 사망하면서 논문이 분실되어 버렸지요. 결국, 그해 수학상 수상자는 야코비로 결정되었고 갈루아는 수상에서 제외되었어요. 갈루아는 자신의 논문이 심사에서 제외된 것은 정치적 음모 때문이라고 생각했어요. 갈루아는 결국 수상에 실패하였지만, 자신의 논문을 학회지에 기고해서 출간했답니다.

당시 프랑스는 정치적 격변 한가운데 있었어요. 1830년, 7월 혁명으로 샤를 10세가 퇴위하고 루이 필리프 1세가 즉위하자, 갈루아는 급진적인 공화주의에 더욱 가까워집니다. 그는 《가제트 데제콜La Gazette des Écoles》에 시위를 반대하는 교장을 공개 비판하는 편지를 실었다가 퇴학당했고, 곧이어 국가 방위군 포병대에 가입해 공화주의 활동에 참여합니다.

학교를 그만 둔 이후 갈루아는 수학과 정치 집회에만 몰두했습니다. 1830년 12월 31일, 국가 방위군 포병대는 정부를 약화시키고자 한다는 이유로 해산되었고, 19살 포병대 장교였던 갈루아는 국가 전복 음모에 가담하였다는 혐의로 체포되었어요. 갈루아는 비록 퇴학을 당했지만, 방정식에 대한 연구를 멈추지 않았어요. 그는 방정식의 해의 존재를 판별하는 조건에 대한 논문을 1832년 1월, 아카데미에 다시 제출합니다. 하지만 이번에는 심사를 맡은 수학자 푸아송Siméon Denis Poisson이 "갈루아의 방정식 이론은 불충분하고 더 이상 엄밀하게 발전시킬 가능성이 없다"라며 게재를 거절했어요.

그리고 그해 5월 30일, 갈루아는 비극적인 결투에 나서게 됩니다. 동기는 불분명하지만 정치적 음모 또는 여성 문제 등 다양한 추측이 존재해요. 결투 전날 밤, 갈루아는 친구 슈발리에에게 자신의 수학 이론을 정리한 편지를 씁니다. 다음 날 결투에서 복부에 총상을 입은 갈루아는, 1832년 5월 31일, 만 20살의 나이로 세상을 떠납니다. 그의 사망후, 남겨진 메모와 편지를 통해 갈루아의 수학 이론은 학계에서 재조명되었어요. 특히 친구 슈발리에에게 보낸 편지는 훗날 '갈루아 이론'이라 하여 군론과 현대 대수학의 기초가 되었고 양자역학이 발전하는 데도 기여했지요. 그는 살아생전 단 한 편의 논문도 정식으로 출판하지 못했지만, 수학사에 영원히 남는 이름이 되었어요.

생각의 가지

방정식

고대 방정식
이집트 — 아하_미지수를 나타내는 말
바빌로니아 — 2차 방정식의 해법을 알아냄

수학 기호
슈케_ $\overline{p}$, $\overline{m}$, egaulx
파치올리_ $\overline{p}$, $\overline{m}$
오트레드_ 곱셈 기호 사용
해리엇_ 부등호 기호 사용
레코드_ 지혜의 숫돌에서 등호(=) 사용
비트만_ +와 − 기호

미지수 x와 허수
파치올리 — 미지수 x를 co, x^2를 ce, x^3를 cu, x^4를 cece로 표현
데카르트 — 미지수 x를 처음 사용함
허수 — 제곱하여 음수가 되는 수
가우스_ $\sqrt{-1}$에 기호 i붙임
봄벨리_ 허수 발견

고차 방정식
삼차 방정식 — 타르탈리아_ x^2이 있는 형태의 방정식
델 페로_ x^2이 없는 형태의 방정식
사차 방정식 — 카르다노_사차 방정식의 해법 소개
고차 방정식 — 아벨과 갈루아_오차 이상 방정식에서는 근의 공식이 없음을 밝힘

이과
센스

9장

세상을 바꾼 기적의 열쇠, 로그

네이피어의 로그 발견을 기념하는 니카라과의 우표

정교수의 pick

- ◆ 소수 ◆ 로그 ◆ 스테빈
- ◆ 네이피어 ◆ 브릭스 ◆ 상용로그

혼란을 질서로 바꾼 수학 도구

1971년, 중남미의 작은 나라 니카라과는 '세상을 바꾼 10가지 수학 공식'을 기념하는 우표를 발행했습니다. 우표는 뉴턴의 만유인력 법칙부터 피타고라스의 정리까지, 10개의 아름다운 수학 공식을 나타냈어요. 이 10개의 우표 중 하나가 바로 네이피어의 로그log입니다. 큰 수를 작은 값으로 바꾸어 주는 로그는 별의 밝기를 재는 단위인 등급, 소리의 세기를 나타내는 데시벨, 지진의 크기를 측정하는 리히터 규모 등에 사용되지요. 거대한 수를 작고 다루기 쉬운 수로 바꾸는 능력 덕분에 로그는 천문학, 지질학 등 다양한 분야에서 중요한 역할을 해 왔어요. 그런데 이러한 로그 탄생 배경에는 소수라는 또 하나의 새로운 개념이 자리 잡고 있습니다. 지금은 너무나 당연하게 사용하는 소수, 누가 어떻게 발견했는지 함께 알아볼까요?

소수 표현의 발견

1보다 작은 수를 나타내는 방법에는 무엇이 있을지 한번 생각해 보세요. 아마 분수와 소수가 떠오를 겁니다. 예를 들어, 1을 10개로 나눈 하나를 분수로는 $\frac{1}{10}$ 이라고 표현하고, 소수로는 0.1이라고 표현하지요. 그런데 이 소수라는 개념을 정리하고 표현법을 만든 사람이 있습니다. 바로 시몬 스테빈_{Simon Stevin}이에요. 벨기에의 아름다운 운하 도시 브뤼헤에서 태어난 스테빈은 상점 점원으로 일하다가 1581년, 30대 초반의 나이에 라틴 학교에 입학하기 위해 네덜란드의 레이던으로 이주했습니다. 이후 레이던 대학교를 졸업한 스테빈은 네덜란드 공화국의 모리스_{Maurits van Oranje} 왕자의 신임을 받아 군대의 보급과 재정을 담당하는 관리로 일하게 되었어요.

스테빈은 이자를 계산할 때 흔히 사용하는 복잡한 분수들을 불편하게 여겼습니다. 예를 들어, 이자율이 $\frac{1}{11}$ 과 같이 계산하기 불편한 분수로 되어 있는 것이 마음에 들지 않았어요. 그래서 스테빈은 이율을 나타내는 분수의 분모가 10, 100, 1000 등과 같아야 한다고 주장했지요. 동시에 이런 분수를 마치 정수처럼 표시할 수 있는 새로운 표현을 찾아냈는데, 그것이 바로 소수 표현입니다. 그는 자신의 생각을 1585년에 출간한 책 『10분의 1에 관하여 De Thiende』에 담았습니다.

이 책에서 스테빈은 소수의 표기법과 계산 방법에 대해 체계적으로 설명했습니다. 예를 들어, 분수 $\frac{13}{100}$ 을 1①3②처럼 썼는데, 여기서 ①은 소수 첫째 자리, ②는 둘째 자리를 뜻합니다. 즉 1①은 소수 첫째 자리의 수 1임을, 3②는 소수 둘째 자리의

『10분의 1에 관하여』의 표지

수가 3임을 나타내요. 같은 방식으로 분수 $\dfrac{678}{1000}$은 6①7②8③이 되는 데 지금의 표현으로 나타내면 0.678이 되지요. 하지만 안타깝게도 스테빈의 소수 표기법은 그리 오래 가지 못합니다. 1617년, 수학자 존 네이피어John Napier가 오늘날 우리가 사용하는 소수점Decimal point을 도입했기 때문이에요.

스테빈은 수학뿐 아니라 물리학과 공학에도 조예가 깊었습니다. 그는 힘

대항해 시대

15세기 후반부터 17세기까지, 유럽의 대항해 시대가 열렸습니다. 1492년 8월, 에스파냐의 이사벨라 여왕의 지원을 받은 콜럼버스가 신대륙으로 출발했을 때만 해도, 그의 성공을 믿는 사람은 아무도 없었어요. 그러나 그해 10월 12일 새벽 2시, 콜럼버스와 선원들은 유럽 사람들이 존재조차 몰랐던 신대륙에 도착합니다. 이후 1497년 7월, 바스쿠 다 가마는 리스본 항구에서 출발해 희망봉을 돌아 10개월의 대장정 끝에 인도에 도달했지요. 1519년에는 마젤란이 선원 270명과 함께 세비야를 출발했습니다. 마젤란은 12월 중순에는 브라질 리우데자네이루에, 이듬해 1월에는 라플라타강에 도착합니다. 항해를 계속해 남쪽으로 내려가 잔잔한 대양에 들어선 마젤란은 이 대양을 '태평양'이라고 명명하며 해양 탐험에 혁명을 일으켰어요.

마젤란의 항해 경로

의 평형 조건을 수학적으로 설명한 최초의 학자이며, 요새를 설계하거나 성을 쌓는 기술을 연구했고, 수로를 만드는 등 해결해야 하는 실생활 문제에 대해서도 깊은 관심을 보였어요. 특히 아르키메데스의 원리에 푹 빠졌던 스테빈은 돛의 힘을 이용해 달릴 수 있는 마차를 만들기도 했습니다. 이 마차는 무려 28명을 싣고도 달리는 말을 쉽게 앞지를 수 있었다고 해요.

네이피어의 로그

16세기 대항해 시대의 바다에서 나침반만으로 항로를 찾기란 여간 어려운 일이 아니었습니다. 선원들은 항로를 찾기 위해 하늘의 별을 관측하는 천문학적 지식과 복잡한 수식을 활용해야 했어요. 하지만 당시 수학 계산은 일일이 손으로 해야 했습니다. 게다가 다뤄야 하는 수가 워낙 커서 작은 실수 하나가 선원 전체의 생명을 위협하기도 했어요. 이처럼 큰 수의 곱셈과 나눗셈이 필요한 선원들의 고충을 가슴 아파하며 도와주고자 한 사람이 있었으니, 바로 스코틀랜드의 귀족이자 수학자였던 존 네이피어입니다.

1550년, 스코틀랜드 에든버러 근교 머치스턴 타워에서 태어난 네이피어는 유복한 어린 시절을 보냈습니다. 그 시기 귀족 자제들이 그러했듯, 네이피어도 학교에 가지 않고 가정에서 교육을 받았어요. 13세가 되던 해, 대학에 진학한 네이피어는 그의 재능을 알아본 외삼촌의 권유로 유럽에서 공부를 하기로 합니다.

유럽에서 다양한 학문을 접하고 스코틀랜드로 돌아온 네이피어는 시골 영지에서 수확량을 늘리기 위해 수력 배수 장치를 개발하고 토지 생산성을 올리기 위해 소금 비료를 실험하는 등 다양한 연구에 몰두합니다. 그러던 중 그의 친구이자 의사였던 존 크레이그 John Craig가 덴마크에서 머무는 동안 삼각비를 이용한 곱셈 계산법을 배웠다는 소식을 듣습니다. 이 이야기는 네이피어에게 깊은 인상을 남겼고, 곧 "삼각비를 이용한 방법보다 곱셈을 덧셈으로 바꿔 주는 더 쉬운 방법은 없을까?"라는 고민에 빠지게 됩니다. 그렇게 네이피어는 1594년, 로그에 대한 개념을 세우고 로그표를 작성하기 시작했어요. 이후 20년 동안 네이피어는 방대한 로그표를 손수 계산하며 정리해 나갔고, 마침내 1614년, 로그표를 완성해 『로그의 놀라운 규칙 Mirifici Logarithmorum Canonis Descriptio』이라는 책으로 발표합니다.

네이피어의 로그는 단순한 수학 공식이 아니었어요. 복잡한 계산을 쉽게 바꿔 주는 혁신적인 도구였고, 천문학, 물리학, 심지어 오늘날의 공학과 금융 분야에도 큰 영향을 끼쳤답니다.

네이피어의 로그표

브릭스의 상용로그

그런데 네이피어가 만든 로그는 구조가 복잡하고 계산 방식도 익숙하지 않았어요. 이때, 이 복잡한 로그를 좀 더 간단하고 실용적으로 바꾼 사람이 등장합니다. 바로 영국의 수학자 헨리 브릭스Henry Briggs예요.

네이피어가 쓴 로그에 관한 책은 수학자들 사이에서 인기를 끌었어요. 브릭스 역시 깊은 감명을 받고 네이피어를 만나기 위해 1615년, 직접 마차를 타고 4일을 달려 스코틀랜드 에든버러까지 찾아갔어요. 브릭스는 에딘버러에 한 달 가까이 머물며, "이제는 누구나 쉽게 여기지만, 당신이 발견하기 전까지 아무도 이를 발견하지 못했다"라며 네이피어에 대한 존경심을 드러냈지요.

브릭스는 네이피어에게 새로운 로그를 만들 것을 제안합니다. 두 사람은 로그값을 더 단순하게 만들겠다는 의지 아래 '1의 로그값을 0으로 만

헨리 브릭스

- 1561년: 영국 요크셔 지방 워리우드에서 태어남.
- 1577년: 케임브리지 대학교 세인트존스 칼리지에 입학함.
- 1596년: 런던 그레셤 칼리지의 첫 번째 기하학 교수로 임명되어 수학, 천문학, 항해학을 가르침.
- 1610년: 『항해 개선을 위한 표Tables for the Improvement of Navigation』 출간
- 1614년: 네이피어가 로그표를 발표함.
- 1615년: 네이피어를 만나기 위해 에든버러를 방문함.
- 1616년: 네이피어와 새로운 로그에 대해 논의함.
- 1617년: 1부터 1000까지의 상용로그를 담은 논문 발표함.
- 1624년: 『Arithmetica Logarithmica』를 출간함.

들자'라는 아이디어를 생각해 냈어요. 하지만 네이피어는 건강상의 문제로 더 이상 연구를 하지 못했지요. 브릭스는 네이피어의 연구를 이어받아 새로운 로그 만들기에 착수했어요. 이후 1616년에도 네이피어를 방문해 새로운 로그에 관한 이야기를 나누었지요. 그다음 해 여름에도 만나려 했지만, 안타깝게도 네이피어가 사망하는 바람에 세 번째 만남은 성사되지 못합니다.

브릭스는 연구를 이어 갔어요. 그리고 지금 우리가 사용하는 상용로그 Common Logarithm를 만들었지요. 상용로그는 밑이 10인 로그로, 다음과 같이 정의할 수 있어요.

$$\log_{10}(1)=0$$
$$\log_{10}(10)=1$$
$$\log_{10}(100)=2$$
$$\log_{10}(1,000)=3$$
$$\log_{10}(10,000)=4$$

10을 여러 번 곱한 것을 10의 거듭제곱이라고 불러요. 10을 두 번 곱한 것을

$$10 \times 10 = 10^2$$

이라고 쓰고, '10의 제곱'이라고 읽지요. 마찬가지로 10을 세 번 곱하면

$$10 \times 10 \times 10 = 10^3$$

이 되고, 이것을 '10의 세제곱'이라고 읽어요. 그러므로 우리는 다음과 같은 식들을 얻을 수 있지요.

$$10^0 = 1$$
$$10^1 = 10$$
$$10^2 = 100$$
$$10^3 = 1000$$
$$10^4 = 10000$$
$$10^5 = 100000$$

그러므로 큰 수들은 10의 위에 작게 쓴 숫자인 2, 3, 4, 5에 의해 나타낼 수 있습니다. 브릭스는 다음과 같이 로그를 정의했어요.

$$0 = 1의 \ 로그$$
$$1 = 10의 \ 로그$$
$$2 = 100의 \ 로그$$
$$3 = 1000의 \ 로그$$
$$4 = 10000의 \ 로그$$
$$5 = 100000의 \ 로그$$

여기서 우리는 수가 커질수록 로그값도 커지며 수가 10배로 커질 때마다 로그값은 1씩 증가한다는 것을 알 수 있어요. 브릭스는 1부터 1000까지의 로그값을 계산해 1617년, 「Logarithmorum Chilias Prima」라는 논

1	Logarithmi.		Logarithmi.	3	Logarithmi.
1	00000,00000,00000	34	15314,78917,04226	67	18260…
2	03010,29995,66398	35	15440,68044,35028	68	18324…
3	04771,21254,71966	36	15563,02500,76729	69	18388…
4	06020,59991,32796	37	15682,01724,06700	70	18450…
5	06989,70004,33602	38	15797,83596,61681	71	18512…
6	07781,51250,38364	39	15910,64607,01650	72	18573…
7	08450,98040,01426	40	16020,59991,32796	73	18633…
8	09030,89986,99194	41	16127,83856,71974	74	18692…
9	09542,42509,43932	42	16232,49290,39790	75	18750…
10	10000,00000,00000	43	16334,68455,57959	76	18808…
11	10413,92685,15823	44	16434,52676,48619	77	18864…
12	10791,81246,04762	45	16532,12513,77534	78	18920…
13	11139,43352,30684	46	16627,57831,68157	79	18976…
14	11461,28035,67824	47	16720,97857,93572	80	19030…
15	11760,91259,05568	48	16812,41237,37559	81	19084…
16	12041,19982,65592	49	16901,96080,02851	82	19138…
17	12304,48921,37827	50	16989,70004,33602	83	19190…
18	12552,72505,10221	51	17075,70176,09794	84	19242…
19	12787,53600,95283	52	17160,03343,63480	85	19294…
20	13010,29995,66398	53	17242,75869,60079	86	19344…
21	13222,19294,73392	54	17323,93759,82297	87	19395…
22	13424,22680,82221	55	17403,61689,49424	88	19444…
23	13617,27836,01759	56	17481,88017,00620	89	19493…
24	13802,11241,71161	57	17558,74855,67249	90	19542…
25	13979,40008,67204	58	17634,27993,56294	91	19590…
26	14149,73347,97082	59	17708,52011,64214	92	19637…
27	14313,63764,15899	60	17781,51250,38364	93	19684…
28	14471,58031,34222	61	17853,29835,01077	94	19731…
29	14623,97997,89896	62	17923,91689,49825	95	19777…
30	14771,21254,71966	63	17993,40549,45358	96	19822…
31	14913,61692,83417	64	18061,79973,98389	97	19867…
32	15051,49978,31991	65	18129,13356,64286	98	19912…
33	15185,13939,87789	66	18195,43935,54187	99	19956…
34	15314,78917,04226	67	18260,74802,70083	100	20000

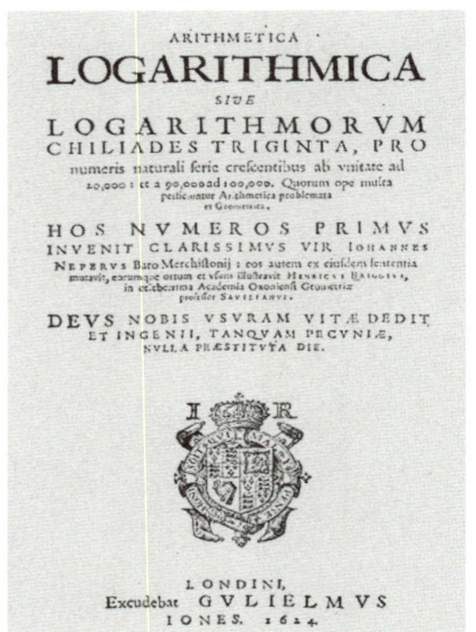

좌_ Logarithmorum Chilias Prima의 한 페이지
우_ Arithmetica Logarithmica의 표지

문으로 발표했어요. 이후 1624년에 『Arithmetica Logarithmica』를 출간했는데, 이 책에는 1부터 20,000까지, 그리고 90,000부터 100,000까지의 로그값이 실려 있어요.

이후 네덜란드 수학자 아드리안 블락Adriaan Vlacq이 남은 20,000부터 90,000까지의 로그값을 계산해 1628년에 출간하면서, 마침내 1부터 100,000까지의 완성된 상용로그표가 만들어졌답니다.

생각의 가지
로그 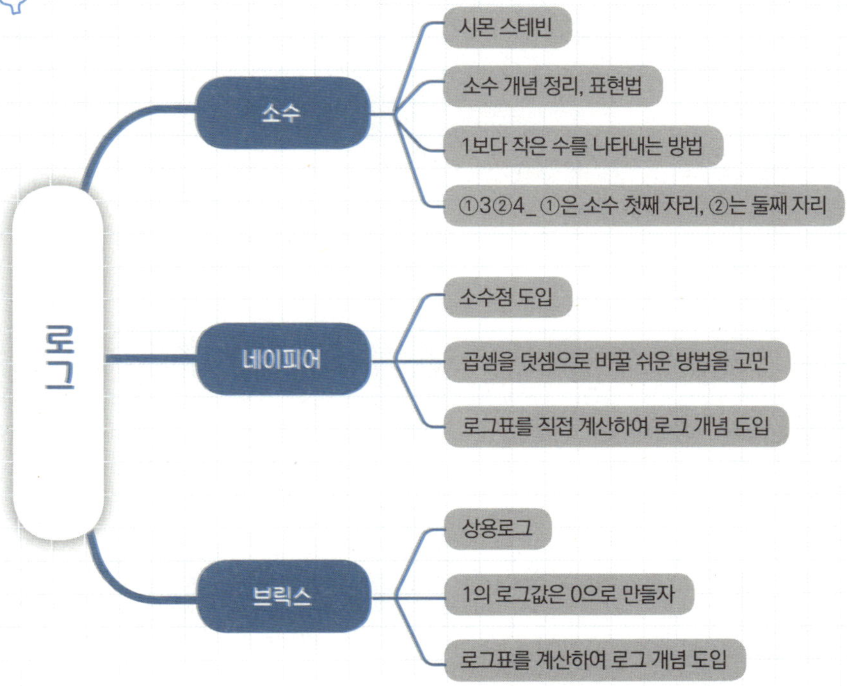
소수
시몬 스테빈
소수 개념 정리, 표현법
1보다 작은 수를 나타내는 방법
①3②4_ ①은 소수 첫째 자리, ②는 둘째 자리
네이피어
소수점 도입
곱셈을 덧셈으로 바꿀 쉬운 방법을 고민
로그표를 직접 계산하여 로그 개념 도입
브릭스
상용로그
1의 로그값은 0으로 만들자
로그표를 계산하여 로그 개념 도입

이과센스

10장

운명의 수학, 확률

앞면일까, 뒷면일까? 아무도 던지기 전까지는 알 수 없다.

정교수의 pick

◆ 경우의 수 ◆ 파스칼의 삼각형 ◆ 기댓값
◆ 독립 시행 ◆ 조건부 확률 ◆ 확률 계산

주사위에서 우주까지, 확률의 역사

우리는 일상 속에서 자주 '확률'을 사용합니다. 가장 단순한 예는 동전 던지기나 주사위 게임이에요. 앞면이 나올지 뒷면이 나올지, 어떤 숫자가 나올지는 누구도 확실히 알 수 없지요. 그래서 우리는 '가능성'을 따져 보게 됩니다.

일기 예보를 떠올려 보세요. 내일 비가 올지 안 올지, 완전하게 예측할 수 있나요? 그렇지 않지요. 그래서 기상청에서는 "비 올 확률이 60퍼센트입니다"처럼 확률로 예보를 합니다. 그렇다면 '비 올 확률이 50퍼센트'라는 것은 어떤 의미일까요? 이 말은 비가 오지 않을 확률도 50퍼센트라는 말입니다. 결국 기상청도 내일 날씨는 정확히 모른다는 뜻이지요. 단지 과거 비슷한 조건에서 100번 중 50번 정도는 비가 왔고 50번 정도는 비가 안 왔기 때문에 이렇게 예보하는 것입니다. 이처럼 우리는 확률을 일상에서 자연스럽게 사용해요. 그렇다면 수학자들은 확률을 언제, 어떻게 처음으로 연구하기 시작했을까요?

가능성의 계산, 경우의 수

확률 이론보다 앞서 등장하는 이론이 있습니다. 바로 '경우의 수'를 구하는 문제예요. 우리가 어떤 선택을 할 때, 할 수 있는 모든 가능성을 세는 것이 경우의 수입니다. 경우의 수를 구하는 방법 중에서 몇 개를 뽑아 순서대로 세우는 방법의 수를 순열이라고 부르고, 순서는 생각하지 않고 몇 개를 뽑기만 하는 방법의 수를 조합이라고 해요. 예를 들어, 3개의 문자 A, B, C에서 두 개를 뽑아 순서대로 세우는 경우는 AB, AC, BA, BC, CA, CB이므로 이때 경우의 수는 6가지가 돼요. 하지만 두 개를 뽑기만 하는 경우는 A와 B를 뽑는 경우, B와 C를 뽑는 경우, A와 C를 뽑는 경우로 총 세 가지가 되지요.

경우의 수를 헤아리는 문제를 처음 생각한 사람은 기원전 4세기 고대 그리스의 크세노크라테스예요. 크세노크라테스는 오늘날 튀르키예 이스탄불인 소아시아의 칼케돈에서 태어났습니다. 그는 플라톤의 제자였어요. 그는 그리스 알파벳으로 만들 수 있는 음절의 수를 헤아렸는데 이것이 최초의 경우의 수에 대한 연구랍니다.

9세기에 인도의 수학자 마하비라Mahāvīra는 더 체계적인 방법을 제시했어요. 그는 6가지 다른 맛, 즉 단맛, 톡 쏘는 맛, 떫은맛, 신맛, 짠맛, 쓴맛 중 세 가지 맛을 뽑는 경우의 수에 대한 공식을 찾아냈어요. 그는 6개 중 3개를 뽑는 경우의 수는 $6 \times 5 \times 4$를 $3 \times 2 \times 1$로 나눈 값이 된다는 것을 알아냈어요. 그는 일반적으로 n개 중 r개를 뽑는 경우의 수에 대한 공식을 찾아냈지요.

중국 고전 중 가장 오래된 『주역』에서도 경우의 수를 볼 수 있습니다.

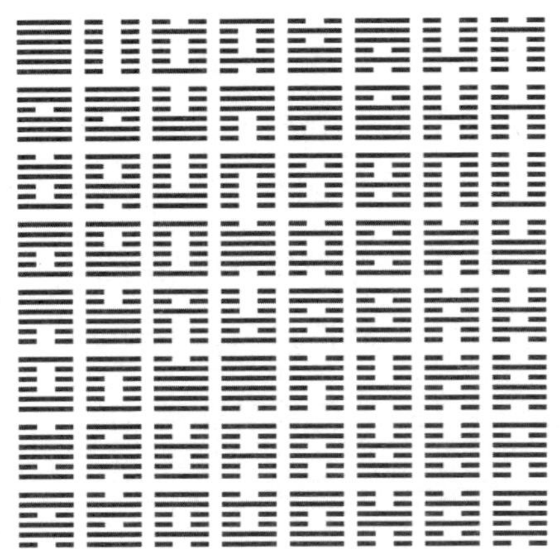

점선과 실선으로 만든 64개의 조합

주역은 기원전 1000년~기원전 750년, 서주 시대에 쓰인 점술 책인데, 이 책에는 64괘가 등장합니다. 64괘에는 실선과 점선으로 이루어진 여섯 줄의 무늬가 나타나요. 실선과 점선이라는 두 개의 줄에서 중복해서 6개를 뽑아 순서대로 세우는 경우의 수는 $2 \times 2 \times 2 \times 2 \times 2 \times 2 = 64$가 되기 때문에 64괘라는 이름이 붙었답니다.

천재 수학자, 파스칼

경우의 수와 조합에 대한 탐구는 이후 확률 이론의 기초가 되었습니다. 그리고 이 확률 이론을 본격적으로 수학의 영역으로 끌어들인 인물이 바로 파스칼Blaise Pascal이에요. 파스칼은 수학에서 엄청난 재능을 보였고 뛰어난 업적을 세웠지만 이른 나이에 사망하고 맙니다.

파스칼은 프랑스 오베르뉴 지역에 있는 클레르몽페랑에서 태어났어요. 세 살 무렵 어머니를 여읜

블레즈 파스칼

그는 과학과 수학에 관심이 많던 아버지의 영향을 받으며 자랐지요. 하

지만 몸이 약했던 파스칼은 대부분의 시간을 집에서 지냈고, 가정교사와 공부했습니다.

어느 날, 12살의 파스칼은 삼각형 내각의 합이 180도라는 사실을 자기 힘으로 발견하여 주변을 깜짝 놀라게 합니다. 이 일로 파스칼의 아버지는 아들에게 유클리드의 『원론』을 사 주었고, 파스칼은 그 책을 독학하며 수학에 깊이 빠져들었어요. 그리고 13살에 '파스칼의 삼각형'이라 부르는 규칙을 발견했고, 14살에는 프랑스 수학자들의 모임(프랑스 학술원)에 공식 초청을 받았어요.

파스칼은 16살 때 원뿔 단면을 연구한 논문 「원뿔곡선론Essai pour les Coniques」을 썼어요. 이 논문을 읽은 데카르트는 이렇게 훌륭한 논문을 고작 16살짜리가 쓸 수는 없다며, 파스칼의 아버지가 자신의 논문을 아들의 이름으로 게재했다고 생각했지요. 하지만 순전히 파스칼 자신의 연구임이 수학자 메르센Marin Mersenne에 의해 밝혀지면서 파스칼은 프랑스 수학계의 주목을 받기 시작했어요.

어느 날 파스칼은 사두마차를 타고 가던 중, 말의 고삐가 풀려 마차가 다리 쪽으로 돌진하는 사고를 겪습니다. 다행히 크게 다치지는 않았지만, 이 사건을 계기로 그는 삶과 죽음에 대해 깊이 고민하게 되었어요. 이후 파스칼은 수학 대신 신학에 몰두했고 『팡세Pensées』라는 책에서 "인간은 생각하는 갈대다"라는 유명한 말을 남겼지요.

파스칼은 1658년부터 심각한 두통에 시달리면서 정신적으로 큰 고통을 겪습니다. 그러다 결국 1662년 8월 19일, 누이의 집에서 경련 발작으로 겨우 39세의 젊은 나이에 세상을 떠나고 말아요. 비록 짧았지만 깊이만큼은 누구보다 깊었던 파스칼의 삶은 수학, 과학, 철학, 신학에 걸쳐 여전히 빛나고 있답니다.

파스칼의 삼각형

파스칼은 조합과 확률에 관심이 많았습니다. 그리고 이 수들을 삼각형 모양으로 나타냈고 체계적으로 정리했어요. 오늘날 파스칼의 삼각형이라 불리는 이 도형은 경우의 수를 아주 직관적으로 보여 주는 도구랍니다. 파스칼의 삼각형은 다음과 같이 수들이 삼각형 모양으로 배열된 것을 말해요.

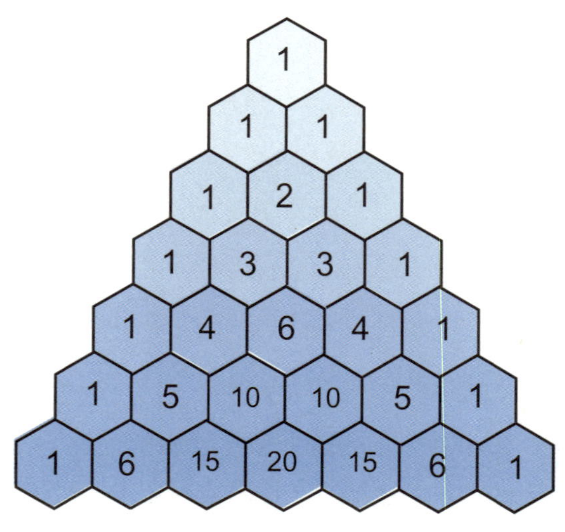

파스칼의 삼각형

이 수들은 경우의 수로부터 나와요. 세 번째 줄을 예로 들어 볼게요.

A, B라는 두 개의 문자가 있을 때, 각각 몇 개를 뽑는 경우의 수를 찾으면 다음과 같아요.

2개 중 0개의 문자를 뽑는다 : 경우의 수 = 1 (가지)

2개 중 1개의 문자를 뽑는다 : 경우의 수 = 2 (가지)

2개 중 2개의 문자를 뽑는다 : 경우의 수 = 1 (가지)

경우의 수는 세 번째 줄의 수 1, 2, 1과 같지요.

이번에는 세 개의 문자 A, B, C가 있는 경우를 생각해 보지요.

3개 중 0개의 문자를 뽑는다 : 경우의 수 = 1 (가지)

3개 중 1개의 문자를 뽑는다 : 경우의 수 = 3 (가지)

3개 중 2개의 문자를 뽑는다 : 경우의 수 = 3 (가지)

3개 중 3개의 문자를 뽑는다 : 경우의 수 = 1 (가지)

이때 나타나는 수 1, 3, 3, 1은 파스칼의 삼각형의 네 번째 줄에 있는 수들이 되는 것을 볼 수 있어요.

이처럼 파스칼의 삼각형은 단순한 숫자 배열 같지만, 조합과 경우의 수를 시각적으로 보여주는 도구예요. 그래서 수학자들은 이 삼각형 속에 숨겨진 다양한 규칙을 연구해 왔답니다. 그중에는 패턴을 따라 선을 그리면 나타나는 놀라운 성질들도 있어요.

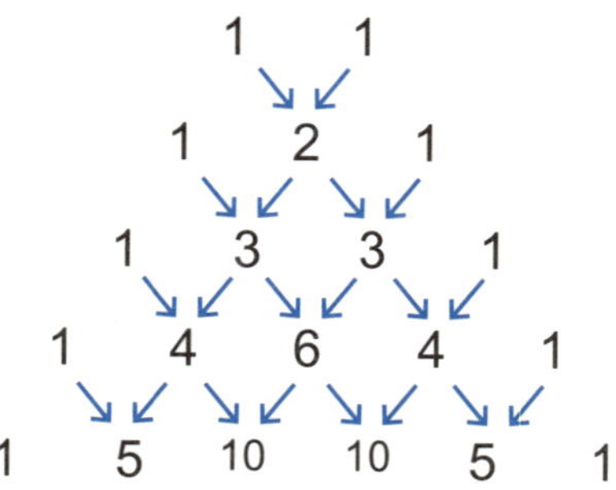

이때 화살표를 따라 양옆의 두 수를 더하면 바로 그 아래 줄의 수가 됩니다. 예를 들어, 두 번째 줄의 2는 1+1이고, 세 번째 줄의 3은 1+2가 되지요.

이번에는 각 줄의 수를 모두 더해 보세요. 아래와 같이 2의 거듭제곱 꼴이 되는 것을 알 수 있어요.

$$1+1=2=2^1$$
$$1+2+1=4=2^2$$
$$1+3+3+1=8=2^3$$
$$1+4+6+4+1=16=2^4$$
$$1+5+10+10+5+1=32=2^5$$

마지막으로 다섯 번째 줄의 수 1, 4, 6, 4, 1은 다음과 같이 나타낼 수 있어요.

$$첫\ 번째\ 수 = 1$$

$$\text{두 번째 수} = \frac{4}{1}$$

$$\text{세 번째 수} = \frac{4}{1} \times \frac{3}{2}$$

$$\text{네 번째 수} = \frac{4}{1} \times \frac{3}{2} \times \frac{2}{3}$$

$$\text{다섯 번째 수} = \frac{4}{1} \times \frac{3}{2} \times \frac{2}{3} \times \frac{1}{4}$$

이렇게 파스칼의 삼각형은 경우의 수와 조합, 그리고 확률까지 이어지는 놀라운 수학의 연결 고리를 보여 준답니다.

파스칼의 삼각형, 진짜 주인은 누구?

우리가 파스칼의 삼각형이라고 부르는 이 배열은 사실 파스칼이 처음 발견한 것이 아니랍니다. 파스칼보다 훨씬 오래전부터 다양한 문화권의 수학자들에게 알려져 있었어요. 페르시아의 수학자 알 카라지Al-Karaji는 파스칼의 삼각형에 등장하는 수들을 처음으로 찾아냈다고 전해져요. 하지만 연구 대부분은 분실되어 정확히 언제 파스칼의 삼각형을 발견했는지는 알려지지 않았어요. 다만 그가 10세기 중반부터 11세기 초까지 살았기 때문에 파스칼 보다 훨씬 전에 이 연구를 했었던 것으로 추정될 뿐이에요.

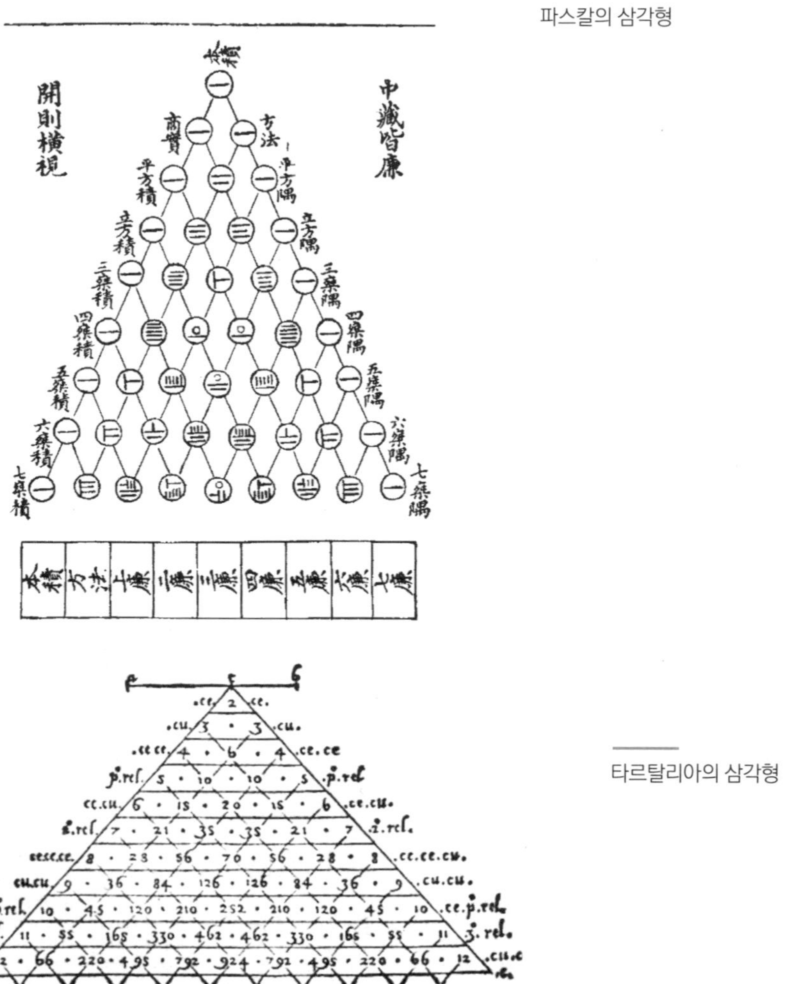

중국의 수학자 가헌이 발견한
파스칼의 삼각형

타르탈리아의 삼각형

알 카라지 이후, 오마르 카이얌 Omar Khayyám은 알 카리지의 아이디
어를 발전시켜 이 삼각형을 정리했어요. 지금도 이란에서는 이 삼각형
을 '카이얌의 삼각형'으로 부른답니다. 비슷한 시기, 중국에서도 파스

칼보다 600년쯤 앞서 수학자 가헌Jia Xian이 파스칼의 삼각형을 발견했어요. 유럽에서는 타르탈리아가 파스칼보다 약 100년 먼저 이 삼각형의 구조를 알고 있었지요. 실제로 타르탈리아의 이름이 붙은 삼각형도 남아 있어요.

우리가 파스칼의 삼각형이라고 부르는 삼각형은 사실 세계 여러 지역에서, 수세기에 걸쳐 독립적으로 발견된 것입니다. 파스칼은 이 삼각형을 조합과 확률 문제에 본격적으로 적용하며 수학 이론으로 정립한 인물이라고 할 수 있어요.

도박에서 출발한 확률의 개념

경우의 수를 다루는 기술은 '어떤 일이 일어날 가능성'을 계산하는 데 쓰였습니다. 시간이 흘러 이 기술은 수학의 새로운 분야인 확률 이론을 발전시키는 데 큰 역할을 해요. 확률을 가장 먼저 설명한 사람은 뛰어난 도박꾼이었던 카르다노입니다. 그는 1564년경 『우연의 게임에 관한 책 Liber de Ludo Aleae』을 썼어요. 이 책은 확률을 체계적으로 다룬 최초의 책이지요. 카르다노는 확률의 기본 개념을 설명하기 위해 주사위 던지기를 예로 들었는데, 주사위를 한 번 던질 때 1의 눈이 나올 확률이 $\frac{1}{6}$이 된다는 것을 처음으로 언급했어요. 게다가 그는 게임에서 유리한 결과를 얻는 방법으로 확률을 이용했지요. 카르다노는 모든 가능한 경우 중 특정 사건이 일어날 경우의 수의 비를 처음 연구했는데, 이것이 바로 확률 이론의 시작이에요.

카르다노 다음으로 확률 이론을 발전시킨 사람은 파스칼과 프랑스의 아마추어 수학자 페르마Pierre de Fermat예요.

페르마는 1601년, 프랑스 남부 도시 툴루즈 근처의 보몽 드 로마뉴라는 작은 마을에서 부유한 집정관의 아들로 태어났습니다. 페르마는 프란체스코회 학교에서 고전어와 고전 문학을 배웠어요. 1623년, 오를레앙 대학교에서 법학을 공부한 페르마는 툴루즈 지방의 의원이 되었습니다. 어릴 때부터 수학을 좋아했던 페르마는 의원이 되어서도 수학책을 읽는 것을 좋아했어요. 특히 그리스의 수학자 디오판토스가 쓴 『산술』을 매우 좋아했지요. 6개 국어에 능통하고 시 쓰는 것도 즐겼던 페르마는, 비록 아마추어 수학자였지만 17세기 최고의 수학자라는 평가를 받았어요.

사람들과 접촉하는 것을 좋아하지 않는 페르마에게는 짓궂은 버릇이 있었답니다. 자신이 발견한 새로운 정리에 대해 증명을 남기지 않고 여백에 메모만 해 두는 것이었어요. 전문 수학자가 아니었던 페르마는 굳이 논문을 통해 자신의 정리를 발표하려고 하지 않았지요. 그는 또 영국

당시 지식인들은 살롱에 모여 정치, 경제, 문화, 학문에 대한 의견을 나누었다.

의 유명한 수학자들에게 '나는 이런 정리를 발견해 증명했는데, 당신은 모르지?'라는 편지를 보내 수학자들을 약 올리곤 했어요. 수학자들은 페르마가 보낸 정리를 증명하려 도전했지만, 번번이 실패해 결국 그의 천재성을 인정할 수밖에 없었다고 해요.

확률의 개념이 카르다노의 주사위 던지기에서 시작했다면, 확률 계산에 관한 시작은 1654년, 한 도박꾼이 제기한 두 문제에서 시작합니다. 본명이 곰보Antoine Gombaud인 드 메레de Mere는 프랑스의 자유주의 지식인이었어요. 드 메레는 17세기의 많은 자유주의 사상가들처럼 세습 권력을 부정하고, 지식인들의 살롱에 모여 토론하는 것을 즐긴 아마추어 수학자였지요. 그는 다음과 같은 두 가지 문제를 내놓았어요.

[첫 번째 문제]
한 개의 주사위를 네 번 던지는 경우, 적어도 한 번 6이 나오는 경우에 내기를 거는 것은 유리한데, 두 개의 주사위를 24번 던졌을 때, 적어도 한 번 두 주사위의 눈이 모두 6인 경우에 내기를 걸면 왜 불리한가?

드 메레는 이 문제를 수학자 파스칼에게 보냈어요. 파스칼은 페르마와 서신을 주고받으면서 문제의 완벽한 해답을 제시했지요. 이것이 최초의 확률 문제 풀이에요. 첫 번째 문제에서 하나의 주사위를 던졌을 때 6의 눈이 나올 확률은 $\frac{1}{6}$ 이므로, 4번 던졌을 때 적어도 한번 6의 눈이 나올 확률은

$$1 - \left(\frac{5}{6}\right)^4$$

이고, 이 값은 약 0.518이에요. 따라서 0.5보다 크므로 유리한 게임이 됩니다. 하지만 주사위를 두 개 던질 때 두 주사위의 눈이 모두 6일 확률은 $\frac{1}{36}$이므로 두 개의 주사위를 24번 던졌을 때 적어도 한 번 두 주사위의 눈이 모두 6일 확률은

$$1 - \left(\frac{35}{36}\right)^{24}$$

이고, 이 값은 약 0.491로 0.5보다 작으니까 불리한 게임이 되는 거예요.

[두 번째 문제]
두 사람 A, B가 각자 같은 액수의 돈을 걸고 게임을 해서 5판을 먼저 이긴 사람이 돈을 모두 가지기로 했다. 그런데 A가 4승 3패로 앞서고 있던 중에 게임을 더 이상 할 수 없게 되었다면 돈을 두 사람에게 어떻게 분배해야 하는가?

두 번째 문제에 대해서 파스칼과 페르마는 A가 이기는 경우와 B가 이기는 경우의 수를 분석했어요.

A가 이기는 경우는 다음과 같이 총 두 가지예요.

(1) 8번째 경기에서 A가 이기거나
(2) 8번째 경기에서 B가 이기고 9번째 경기에서 A가 이기는 경우

반면 B가 이기는 경우는

(1) 8번째 경기에서 B가 이기고 9번째 경기에서도 B가 이기는 경우 단 한 가지이지요. 따라서 A가 이길 확률은

$$\frac{1}{2}+\frac{1}{2}\times\frac{1}{2}=\frac{3}{4}$$

이고, B가 이길 확률은

$$\frac{1}{2}\times\frac{1}{2}=\frac{1}{4}$$

이 됩니다. 이를 통해 파스칼과 페르마는 돈을 A : B = 3 : 1로 나누는 것이 공정하다는 것을 알아냈어요.

이처럼 단순한 도박 문제가 계기가 되어, 확률이라는 수학 분야가 탄생했어요. 그리고 이 계보는 뒤이어 등장할 확률 분포, 기댓값, 통계학의 기초 개념으로 발전해 나갑니다.

하위헌스의 기댓값

확률이 '사건이 일어날 가능성'을 다루는 것이라면, 기댓값은 그 가능성을 바탕으로 '평균적으로 어떤 결과가 기대되는지'를 계산하는 개념이라 할 수 있어요. 확률 분포의 기댓값을 수학적으로 처음 정의한 사람은 네덜란드의 수학자이자 물리학자 하위헌스랍니다.

하위헌스는 1629년, 네덜란드 헤이그에서 태어났습니다. 하위헌스는

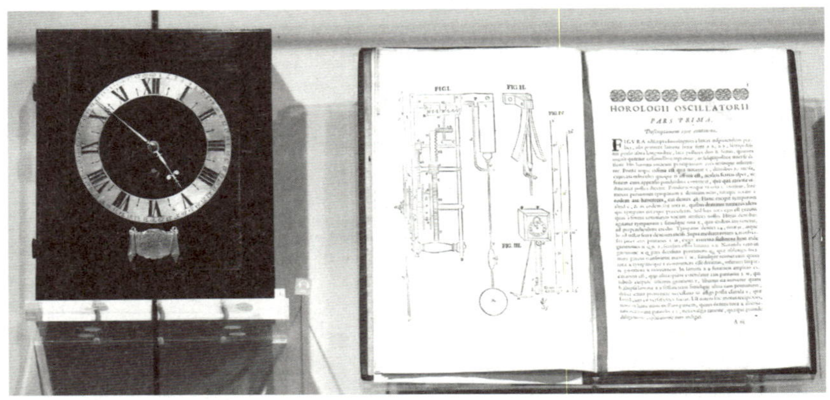

하위헌스의 진자시계

유럽 전역의 지식인들과 광범위하게 서신을 교환했는데 특히 갈릴레이, 메르센, 데카르트 등과 활발하게 교류했어요. 하위헌스는 16살까지 집에서 교육을 받았는데, 어릴 때부터 기계의 모형을 가지고 노는 것을 좋아했다고 해요. 아버지는 그에게 춤, 펜싱, 승마뿐 아니라 언어, 음악, 역사, 지리, 수학, 논리, 수사학을 두루 가르쳤지요.

이후 하위헌스는 레이던 대학교에 입학해 법과 수학을 공부합니다. 이 시기에 그는 갈릴레이의 자유 낙하 법칙의 증명, 현수선의 원리, 발사체의 궤적에 관한 연구를 진행했어요. 특히 과학 분야에서 하위헌스는 파동의 전파를 설명하는 '하위헌스의 원리'와 '진자시계의 발명'이라는 두 가지 중요한 업적을 남겼습니다. 그는 진자의 운동에 대한 갈릴레이 이론을 이용해 1673년, 진자시계를 발명했지요.

수학 분야에서 하위헌스는 1651년, 『Theoremata de Quadratura Hyperboles, Ellipse, and Circle』라는 책에서 원의 넓이를 계산하는 기하학적인 방법을 소개합니다.

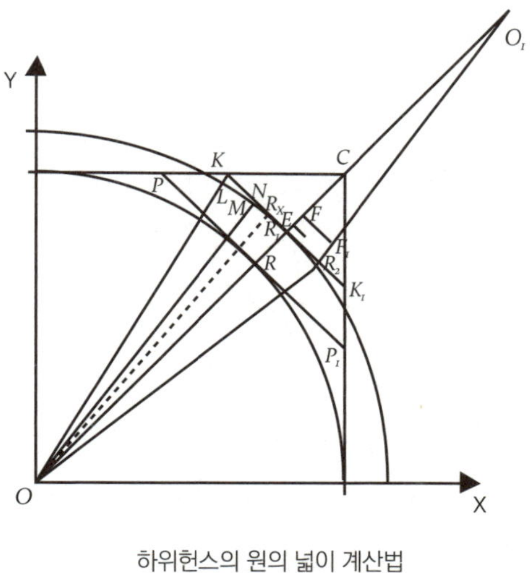

하위헌스의 원의 넓이 계산법

또한 수학 분야에서는 기댓값을 처음 도입했습니다. 파스칼과 페르마의 편지 내용을 연구한 하위헌스는 1657년, 그의 책 『확률 게임의 계산법De Ratiociniis in Ludo Aleae』에서 확률이 주어져 있을 때, 기댓값을 결정하는 방법을 설명했어요.

예를 들어, 동전 하나를 던지는 상황을 떠올려 볼까요?

앞면의 개수가 0개일 확률 $= \dfrac{1}{2}$

앞면의 개수가 1개일 확률 $= \dfrac{1}{2}$

앞면의 개수가 각각 0개, 1개일 확률은 위와 같아요. 이것을 표로 만들면

앞면의 개수	0	1
확률	$\dfrac{1}{2}$	$\dfrac{1}{2}$

가 되지요. 하위헌스는 이 경우 앞면 개수의 기댓값은

$$(\text{기댓값}) = 0 \times \frac{1}{2} + 1 \times \frac{1}{2} = 0.5\,(\text{개})$$

가 된다고 생각했어요. 이 개념은 금전적인 기대치를 구할 때도 똑같이 적용할 수 있어요. 만약 100원짜리 동전을 던져 앞면이 나오면 100원을 얻는 게임이 있다면, 이 게임의 기대 금액은

$$(\text{기대금액}) = 0 \times \frac{1}{2} + 100 \times \frac{1}{2} = 50\,(\text{원})$$

이 됩니다. 이처럼 하위헌스는 확률을 이용해 앞으로의 평균적인 결과 값을 예측하는 방법을 세운 최초의 인물이에요. 그가 정립한 기댓값 개념은 오늘날 통계, 경제, 보험, 게임 이론에까지 영향을 주는 강력한 수학 도구가 되었답니다.

베르누이의 독립 시행

기댓값 개념이 확률의 평균적인 결과를 보여 준다면, 이번에는 여러 번의 시행에서 각 결과가 나타날 확률을 구하는 법을 살펴볼 차례입니다.

이를 연구한 사람은 6장에서 만났던 야콥 베르누이입니다. 그는 1713년에 『추측의 기술_{Ars Conjectandi}』이라는 확률에 관한 책을 썼어요.

이 책에서 베르누이는 한 번의 시행에서 두 가지 결과가 얻어지는 경우를 생각했습니다. 두 가지 경우 중 하나를 성공이라고 불렀고, 다른 하나를 실패라고 불렀어요. 예를 들어, 주사위를 한 개 던지는 경우, 이렇게 정의할 수 있어요.

베르누이의 『추측의 기술』

(성공) 1의 눈이 나온다.

(실패) 1의 눈이 나오지 않는다.

이때 성공 확률을 p라고 하고 실패 확률을 q라고 하면

$$p + q = 1$$

이 됩니다. 따라서 주사위를 던지는 문제의 경우

$$p = \frac{1}{6} \qquad q = \frac{5}{6}$$

가 되지요. 이렇게 하나의 시행에서 성공과 실패를 정의할 수 있는 시행을 베르누이 시행이라고 불러요.

베르누이는 이러한 시행이 독립적으로 여러 번 이루어지는 경우도 생각했어요. 이를 독립 시행이라고 부르는데, 그 예로 베르누이 시행을 3번 반복하는 경우를 생각할 수 있어요. 이때 가능한 결과는 (1) 세 번 모두 실패, (2) 한 번만 성공, (3) 두 번만 성공, (4) 세 번 성공과 같아요.

이 중 세 번 모두 실패하는 경우를 보면

$$1번 \ 시행 \ - \ 실패 \ | \ 2번 \ 시행 \ - \ 실패 \ | \ 3번 \ 시행 \ - \ 실패$$

의 한 가지 경우만 가능하지요. 그러므로

$$(세 \ 번 \ 모두 \ 실패할 \ 확률) = 1 \times \frac{5}{6} \times \frac{5}{6} \times \frac{5}{6}$$

이 됩니다. 한 번만 성공하는 경우는

$$1번 \ 시행 \ - \ 성공 \ | \ 2번 \ 시행 \ - \ 실패 \ | \ 3번 \ 시행 \ - \ 실패$$
$$1번 \ 시행 \ - \ 실패 \ | \ 2번 \ 시행 \ - \ 성공 \ | \ 3번 \ 시행 \ - \ 실패$$
$$1번 \ 시행 \ - \ 실패 \ | \ 2번 \ 시행 \ - \ 실패 \ | \ 3번 \ 시행 \ - \ 성공$$

의 세 가지 경우가 나오므로

$$(한 \ 번만 \ 성공할 \ 확률) = 3 \times \frac{1}{6} \times \frac{5}{6} \times \frac{5}{6}$$

이 되지요. 이제 두 번만 성공하는 경우를 생각해 보지요.

$$1번 \ 시행 \ - \ 성공 \ | \ 2번 \ 시행 \ - \ 성공 \ | \ 3번 \ 시행 \ - \ 실패$$

1번 시행 – 실패 | 2번 시행 – 성공 | 3번 시행 – 성공

1번 시행 – 성공 | 2번 시행 – 실패 | 3번 시행 – 성공

의 세 가지 경우가 되지요. 그러므로

$$(두 번만 성공할 확률) = 3 \times \frac{1}{6} \times \frac{1}{6} \times \frac{5}{6}$$

가 됩니다. 마지막으로 세 번 성공하는 경우를 보지요. 이 경우는

1번 시행 – 성공 | 2번 시행 – 성공 | 3번 시행 – 성공

의 한 가지 경우이지요. 그러므로

$$(세 번 성공할 확률) = 1 \times \frac{1}{6} \times \frac{1}{6} \times \frac{1}{6}$$

이 됩니다. 이런 식으로 베르누이는 여러 번의 독립 시행에서 일어날 수 있는 모든 확률을 찾아냈답니다. 오늘날 우리는 이것을 베르누이 분포 혹은 이항 분포라고 불러요.

라플라스의 조건부 확률

독립 시행에서는 각 사건이 서로 영향을 주지 않지만, 현실에서는 어

떤 사건이 다른 사건에 영향을 주는 경우도 있어요. 이런 상황에서는 조건부 확률이 필요합니다. 베르누이가 독립 시행을 통해 확률의 기본 구조를 정립했다면, 라플라스는 조건부 확률 개념을 통해 사건 사이의 관계를 분석하는 틀을 마련했어요. 프랑스 나폴레옹 시대의 위대한 수학자 라플라스Pierre-Simon, marquis de Laplace의 이야기를 해 볼까요?

라플라스는 1749년, 노르망디 보몽타노주에서 태어났습니다. 라플라스의 아버지는 지방 교회의 관리인이었고 라플라스는 삼촌이 교사로 있는 베네딕트 수도회 학교에 다녔어요. 1765년, 16살의 나이로 캉 대학교에 입학한 라플라스는 아버지의 뜻대로 신학을 공부하지만 곧 수학에 매료되어 진로를 바꿔요.

19살이 되던 해, 라플라스는 파리로 올라갑니다. 그러고는 수학자 달랑베르를 찾아갔어요. 라플라스를 매우 귀찮아했던 달랑베르는 두꺼운 수학책을 던져 주며 "이걸 다 읽으면 오라"라고 했다고 해요. 며칠 후, 라플라스가 달랑베르를 찾아오자 달랑베르는 단 며칠 만에 그 책을 읽었을 리 없다고 생각하고 화를 냈어요. 하지만 라플라스가 책 내용을 거침없이 설명하자 달랑베르는 매우 놀랐고, 결국 라플라스의 실력을 인정하게 되지요. 덕분에 라플라스는 1771년부터 파리 군관학교에서 수학을 가르치게 되고, 나폴레옹의 집권 후에는 내무부 장관 자리까지 맡게 되었어요.

프랑스의 수학자 라플라스

하지만 그의 행정 능력은 기대 이하였고, 한 달도 안 되어 해고되었어요.
이후 나폴레옹은 자서전에서 이 일에 대해 다음과 같이 적었습니다.

"라플라스는 수학자로는 일류이지만 관리 능력은 평균 이하이다. 첫 사무를 본 후 실수를 한 라플라스는 어떤 비판도 받아들이지 않았다. 그는 모든 곳에서 사소한 트집을 잡았고 그의 모든 아이디어가 결함투성이였다."

비록 내무부 장관 자리에서 해고됐지만, 나폴레옹과 라플라스는 서로 친밀한 관계를 유지했어요. 나폴레옹은 1799년 12월 24일에 그를 상원 의원에 추대했으며, 1806년에 백작 작위를 수여했어요. 라플라스는 자신의 저서 『천체 역학Mécanique Céleste』을 나폴레옹에게 헌정하기도 했답니다.

1812년, 라플라스는 『확률의 해석 이론Théorie Analytique des Probabilités』이라는 책을 출간했습니다. 이 책에서 라플라스는 확률을 정확하게 정의했는데, 일어날 수 있는 모든 경우의 수에 대한 특정한 사건이 일어나는

라플라스의 천체 역학

라플라스의 『천체 역학』은 행성의 궤적에 관한 관측 데이터를 토대로 미분 방정식을 이용해 저술한 천체 물리학 최초의 교과서입니다. 그는 이 책에서 확률 분포를 이용한 미래의 천문학 모형도 만들었습니다.

경우의 수를 특정한 사건이 일어날 확률로 정의했어요. 이 책은 현대 확률론의 기초를 세우는 데 중요한 역할을 합니다.

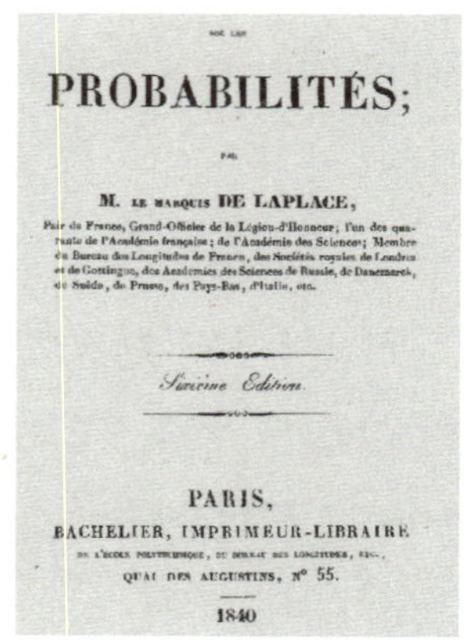
라플라스의 『확률의 해석 이론』

라플라스의 확률 이론을 살펴볼까요?

먼저 두 사건 A와 B가 독립이고 각각의 사건이 일어날 확률이 $P(A)$, $P(B)$일 때, 두 사건이 동시에 일어날 확률은 다음과 같습니다.

$$P(A \text{ and } B) = P(A) \times P(B)$$

예를 들어, 두 개의 동전을 던졌을 때 둘 다 앞면이 나올 확률은

$$\frac{1}{2} \times \frac{1}{2}$$

이 되지요.

사건 A 또는 사건 B 중 하나가 발생할 수 있지만 둘 다 동시에 발생할 수 없는 경우, 이를 배타적인 사건이라고 불러요. 두 사건 A와 B가 배타적일 때 사건 A 또는 사건 B가 일어날 확률은 다음과 같습니다.

$$P(A \text{ or } B) = P(A) + P(B)$$

예를 들어, 주사위를 한 개 던졌을 때 1 또는 2가 나올 확률은

$$\frac{1}{6} + \frac{1}{6}$$

이 되지요.

1814년, 라플라스는 「확률론 철학 에세이Essai Philosophique sur les Probabilités」라는 논문을 통해 처음으로 조건부 확률이라는 개념을 정의했어요. 조건부 확률이란 어떤 사건이 일어났을 때 또 다른 사건이 일어날 확률을 이야기하지요. 다시 말해, 사건 A가 일어났을 때 사건 B가 일어날 확률을 $P(B|A)$로 나타내는 것이 조건부 확률입니다. 공을 꺼내는 경우를 예로 들어 설명해 볼게요.

흰 공 4개, 검은 공 5개가 들어 있는 주머니에서 준수가 먼저 한 개의 공을 꺼낸 후 시현이가 한 개를 꺼내는 경우를 생각해 보세요. 꺼낸 공은 다시 주머니에 넣지 않는다고 하고 다음과 같이 사건을 정의해 보겠습니다.

A : 준수가 흰 공을 꺼낸다.

B : 준수가 검은 공을 꺼낸다.

C : 시현이가 검은 공을 꺼낸다.

이때 사건 A와 사건 B는 배타적입니다. 사건 A와 사건 C는 독립적이고 마찬가지로 사건 B와 사건 C도 독립적이에요. 이 경우 사건 A가 일어났을 때, 사건 C가 일어나는 경우를 보겠습니다. 이 경우는 준수가 흰 공

을 꺼낸 후 시현이가 검은 공을 꺼낼 확률이에요. 준수가 흰 공을 꺼내면 주머니 속에는 흰 공 3개와 검은 공 5개가 남습니다. 그러므로

$$\text{시현이가 검은 공을 꺼낼 확률은 } \frac{5}{8}$$

이 됩니다. 즉 $P(C|A) = \frac{5}{8}$ 이에요.

같은 방법으로 $P(C|B) = \frac{4}{8}$ 가 되지요.

사건 A와 사건 C가 독립이므로

$$P(C \, and \, A) = P(A) \times P(C|A)$$

가 되고, 조건부 확률은

$$P(C|A) = \frac{P(C \, and \, A)}{P(A)}$$

로 정의된다는 것을 알 수 있어요. 라플라스는 이렇게 복잡한 상황 속에서도 확률을 논리적으로 분석하는 도구로 조건부 확률을 활용했습니다.

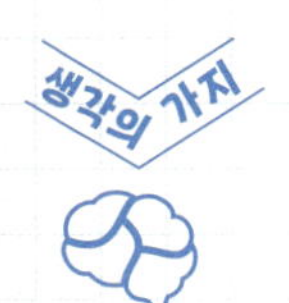

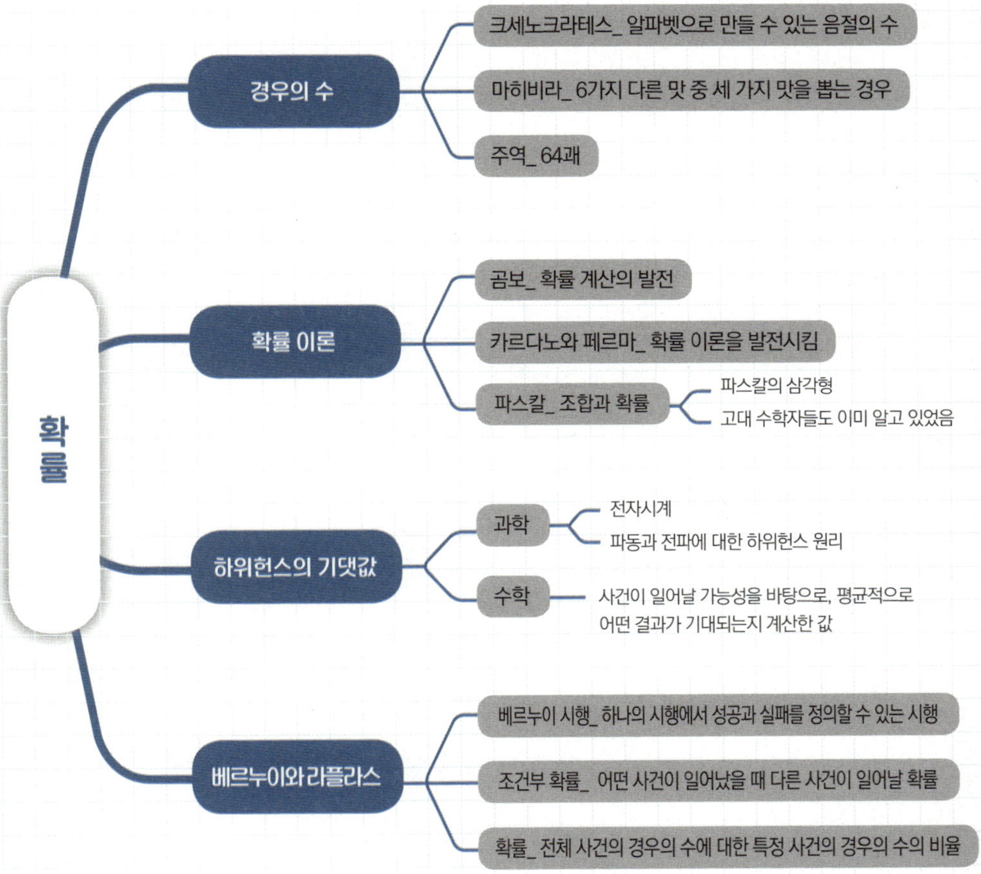

확률

경우의 수
- 크세노크라테스_ 알파벳으로 만들 수 있는 음절의 수
- 마히비라_ 6가지 다른 맛 중 세 가지 맛을 뽑는 경우
- 주역_ 64괘

확률 이론
- 곰보_ 확률 계산의 발전
- 카르다노와 페르마_ 확률 이론을 발전시킴
- 파스칼_ 조합과 확률
  - 파스칼의 삼각형
  - 고대 수학자들도 이미 알고 있었음

하위헌스의 기댓값
- 과학
  - 전자시계
  - 파동과 전파에 대한 하위헌스 원리
- 수학
  - 사건이 일어날 가능성을 바탕으로, 평균적으로 어떤 결과가 기대되는지 계산한 값

베르누이와 라플라스
- 베르누이 시행_ 하나의 시행에서 성공과 실패를 정의할 수 있는 시행
- 조건부 확률_ 어떤 사건이 일어났을 때 다른 사건이 일어날 확률
- 확률_ 전체 사건의 경우의 수에 대한 특정 사건의 경우의 수의 비율

11장

일상을 움직이는 계산법
미분과 적분

고정식 과속 단속 카메라에도 미분이 활용된다.

정교수의 pick

◆ 좌표　◆ 무한소　◆ 접선의 기울기　◆ 미분과 적분
◆ 뉴턴　◆ 라이프니츠

변화의 언어, 미분과 적분

달리는 자동차, 변화하는 날씨, 흐르는 전기까지 이 모든 일에도 수학이 숨어 있습니다. 우리가 매일 경험하는 다양한 변화들을 수학적으로 다루는 데 필요한 것이 바로 미분과 적분이에요.

미분은 순간적인 변화를 계산하는 데 사용됩니다. 예를 들어, 자동차 속도계에 표시되는 속도는 바로 그 순간의 속도, 즉 순간속도를 나타냅니다. 미분은 날씨 예보에도 사용되지요. 시간에 따라 변화하는 온도나 습도, 기압 등을 예측하고 계산하는 데 미분을 사용해요. 주식 시장에서 주가가 순간적으로 얼마나 변하는지도 미분을 통해 파악할 수 있답니다.

적분은 순간에 일어나는 작은 변화를 모두 모아, 전체 거리나 전체 양처럼 누적된 결과를 구하는 데 쓰입니다. 예를 들어, 자동차의 속도를 알고 있을 때 이 속도를 일정 시간 동안 적분함으로써 자동차가 달린 전체 거리를 구할 수 있습니다. 또한 시간별 전력 사용량을 적분해 전체 소비 전력을 구하고, 이를 바탕으로 전기 요금을 결정할 수 있지요. 이처럼 미분과 적분은 우리가 사는 세상을 수치로 이해하는 데 중요한 역할을 한답니다.

데카르트, 좌표를 발견하다

미분과 적분 계산은 어떻게 가능한 걸까요? 여기에는 수와 공간을 연결한 놀라운 아이디어를 가진 수학자의 노력이 있습니다. 바로 데카르트예요.

프랑스의 철학자이자 물리학자, 수학자인 르네 데카르트René Descartes는 1596년, 프랑스 라에에서 태어났습니다. 데카르트는 어릴 적부터 몸이 약했어요. 그는 예수회에서 운영하던 라플레쉬 콜라주Collège la Flèche에 입학했지만, 건강 문제로 수업에 자주 빠지고 늦잠을 자곤 했습니다. 다행히 그를 아낀 교장 샤를레 신부의 배려로 아침 수업에 빠질 수 있었고, 그 덕분에 데카르트는 침대에 누워 생각하는 습관을 갖게 되었어요. 이 습관 덕분에 천장에 붙은 날벌레를 관찰하다가 공간상의 위치를 수로 나타내는 좌표를 만들었다는 유명한 일화도 전해지지요.

1614년, 데카르트는 푸아티에 대학에 진학해 법학과 의학을 공부하고 졸업 후에는 네덜란드의 마우리츠 공 휘하에서 군 복무를 합니다. 그러던 1617년 어느 날, 데카르트는 거리에 걸린 네덜란드어 문장을 보고 지나가던 행인에게 프랑스어로 번역해 달라고 부탁했어요. 그 행인은 홀란트 대학의 학장이자 수학자였던 이사크 베크만Isaac Beeckman이었지요. 베크만은 데카르트에게 '내가 내는 수학 문제를 풀면 번역해 주겠다'라고 했고, 데카르트는 몇 시간 만에 이 문제를 풀어 베크만을 놀라게 했어요. 이후 베크만의 권유로 데카르트는 본격적으로 수학 연구를 시작하게 됩니다.

1621년, 데카르트는 군 생활을 그만두고 독일, 네덜란드, 덴마크, 스위스, 이탈리아 등 유럽 여러 나라를 여행하며 순수 수학과 자연 철학 연구에 몰두했습니다. 1637년에는 철학책인 『방법서설Discours de la Méthode』을 출간했는데, "나는 생각한다, 고로 존재한다"라는 유명한 문장이 바로 이 책에 등장한답니다.

같은 해, 데카르트는 자신의 대표적인 수학책인 『기하학La Géométrie』도 발표합니다. 그런데 이 책은 프랑스어로 쓰였기 때문에 다른 나라 사람들이 쉽게 이해하기 어려웠어요. 그래서 1649년, 네덜란드의 수학자 스후텐

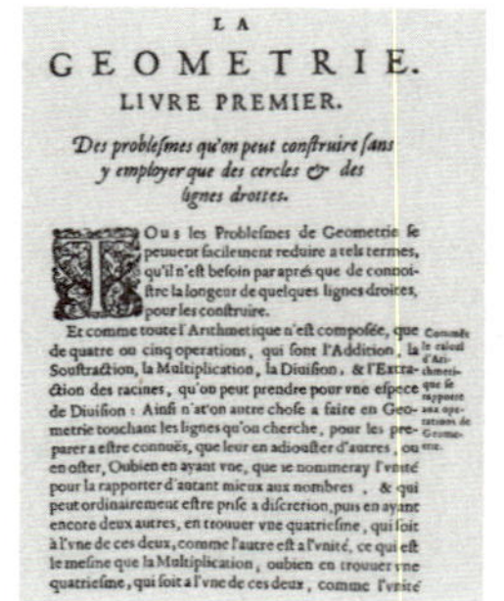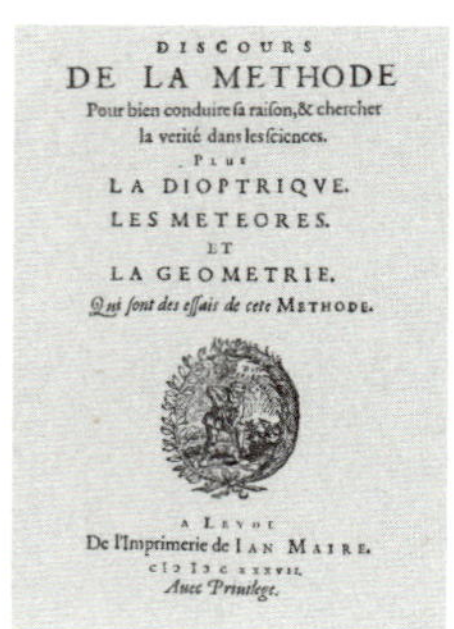

데카르트의 『방법서설』과 『기하학』

Schooten은 이 책을 라틴어로 번역했고 덕분에 유럽 전역에 널리 알려지게 되었지요. 데카르트의 연구 내용은 이 책에 거의 다 들어있다 해도 지나치지 않아요. 특히 수학의 기호 표현에 큰 변화를 주었는데, 방정식에서 미지수를 x, y, z 등으로 나타내기 시작했고, 잘 알려진 수는 a, b, c 등으로 표현했어요. 또 그는 x^2, x^3과 같은 제곱, 세제곱의 표현을 처음 사용했지요. 우리가 지금 사용하는 수학 기호 대부분이 이 책에서 비롯된 것이랍니다.

무엇보다도 데카르트의 가장 혁신적인 업적은 좌표의 개념입니다. 다음 그림처럼 두 개의 수직선을 서로 수직으로 만나게 하고, 그 교점을 원점이라 하며 O라고 쓰기로 합니다.

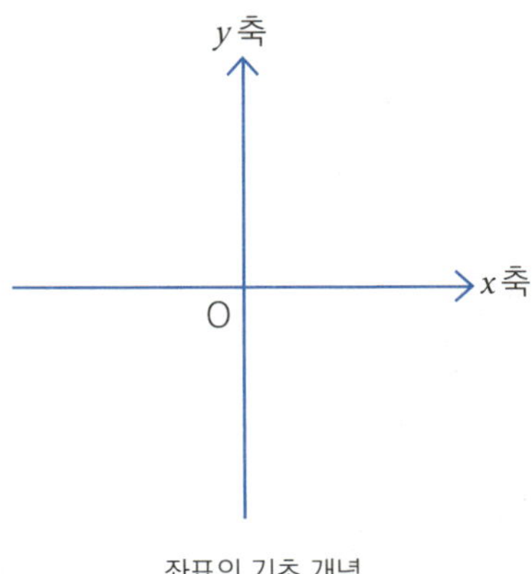

좌표의 기초 개념

이때 가로축은 x축, 세로축은 y축이라 하고, 수직선에 숫자를 매겨 위치를 수로 표현하도록 했어요. 이것이 바로 직교 좌표계의 시작입니다. 이렇게 좌표축에 의해 만들어지는 평면을 좌표 평면이라 해요. 아래 그림은 좌표로 나타냈을 때 (3,4)가 되는 점 P를 좌표 평면에 나타낸 그림이에요.

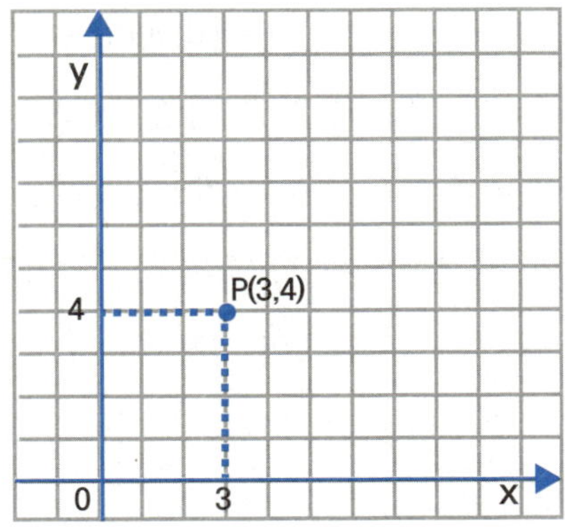

좌표 평면 위의 한 점 P(3,4)를 나타낸 좌표

좌표 평면 위에 점의 위치를 (x, y)로 나타내는 방법은 좌표뿐만 아니라 지금 우리가 사용하는 수학의 핵심 도구로, 기하학과 대수학의 연결 고리를 만들어 준 위대한 발견이었어요.

무한소, 그토록 작은 수

너무너무 작아서 거의 0에 가까운 값을 무한소라고 부릅니다. 이 무한소의 개념은 갈릴레오 갈릴레이가 처음 생각해 냈어요. 그는 길이가 아주 짧은 선분을 이어 붙이면 곡선에 가까운 모양을 만들 수 있다고 생각했지요. 이 아이디어는 단순한 발상이 아니라 수학의 한계를 확장시키는 첫걸음이었어요.

하지만 수학사에서 무한소의 개념을 본격적으로 도입한 인물은 이탈리아의 수학자 카발리에리입니다. 그는 무한소를 이용해 곡선 아래의 넓이를 구했어요. 밀라노에서 태어난 카발리에리는 15살에 예수회에 입회하여 '보나벤투라'라는 이름을 얻었고, 평생을 수도자로 살았어요. 1616년, 피사 대학교에서 기하학을 공부한 카발리에리는 이듬해에 피렌체의 메디치 궁정에 잠시 머물렀다가, 다시 피사로 돌아와 수학을 가르치기 시작합니다. 1620년부터는 밀라노의 수도원에서 신학과 수학을 공부하고, 이후에는 성 베드로 수도원장, 성 바오로 수도원장, 볼로냐 대학 수학과 학과장을 차례로 맡습니다.

카발리에리는 갈릴레오와 아주 친했습니다. 무려 112통이 넘는 편지를 보낼 정도로 교류가 활발했어요. 갈릴레오는 그를 두고 "아르키메데스 이후로 가장 깊이 기하학을 탐구한 사람"이라고 말할 정도였지요. 카발리에리는 갈릴레오의 무한소 개념에 깊이 감명을 받아 본격적으로 연구하기 시작했어요. 그는 평면의 넓이를 계산할 때, 그 면을 무한개의 선으로 자를 수 있고 이 선의 길이를 모두 더하면 전체 넓이가 된다고 생각했습니다. 카발리에리는 먼저 삼각형의 넓이를 이 방법으로 구하고자 했습니다.

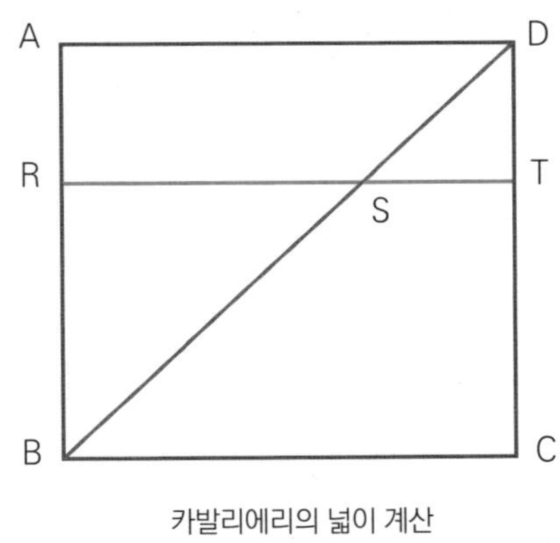

카발리에리의 넓이 계산

위 그림에서 사각형 ABCD는 한 변의 길이가 1인 정사각형입니다. 카발리에리는 삼각형 DBC의 넓이를 구하기 위해 선분 BC와 평행인 선분 RT를 그렸어요. 그리고 선분 RT와 BD와의 교점을 S라고 했지요. 카발리에리는 이와 같은 선분을 무한개만큼 그릴 수 있다고 생각했어요. 그러므로 삼각형 DBC에서 무한개의 선분 ST의 길이를 모두 더하면 삼각형 DBC의 넓이가 된다고 생각했지요. 그런데 삼각형 ABD에서 무한개의 선분 RS의 길이를 모두 더해도 같은 결과를 얻을 수 있습니다. 따라서 삼각형 DBC의 넓이와 삼각형 ABD는 같아요. 결국 삼각형의 넓이는 정사각형의 넓이의 $\frac{1}{2}$이 됩니다.

카발리에리는 선분 BD를 곡선으로 바꿔도 같은 방법으로 면적을 계산할 수 있음을 밝혔습니다. 삼각형의 빗변인 BD가 곡선으로 휘어져 있어도 곡선과 선분 BC와 선분 CD로 둘러싸인 영역을 무수히 많은 선분으로 나누어 더하면 곡선 아래 면적도 계산할 수 있어요.

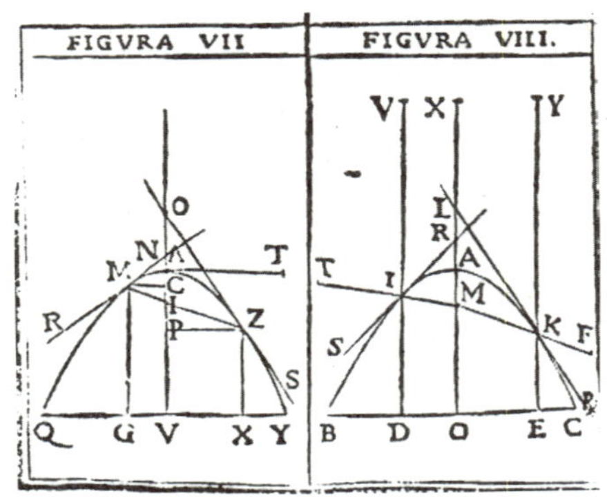

곡선 아래의 면적을 계산하는 방법

카발리에리는 이런 방법을 다양한 곡선에 적용해, 곡선과 선분으로 둘러싸인 복잡한 도형의 넓이까지 계산해 냈습니다. 이처럼 무한소의 아이디어는 후에 적분법이 탄생하는 데 중요한 밑거름이 되었어요.

접선의 기울기를 찾은 사람들

곡선 위의 한 점에서 그 곡선과 한 점이 만나는 직선을 접선이라고 합니다. 오늘날 우리는 접선을 쉽게 구하지만, 처음부터 쉬웠던 것은 아니에요. 옛 수학자들에게 어떤 곡선에 대해 그 점에 접하는 직선을 구하는 문제는 꽤 어려운 과제였답니다. 접선의 기울기를 구하는 문제는 미분의 핵심 아이디어에서 시작합니다. 한 점에서의 변화율, 즉 순간적인 기울기를 구하는 것이 바로 미분의 본질이기 때문이에요. 이 문제에 도전한 대표적인 인물로는 페르마, 월리스, 배로 등이 있어요.

[1] 무한소와 무한대를 떠올린 월리스

접선을 언급할 때 존 월리스를 빼놓을 수 없어요. 영국의 수학자 윌리엄 오트레드의 제자였던 월리스John Wallis는 옥스퍼드 대학교의 기하학 교수였어요. 월리스는 상상할 수 없을 정도로 큰 수를 무한대로 명명했고 ∞ 기호를 처음으로 사용한 사람이랍니다. 월리스는 무한대뿐만 아니라 무한소에 대해서도 깊이 연구했어요. 월리스는 "무한대는 상상할 수 없을 만큼 크고, 무한소는 상상할 수 없을 만큼 작다"라고 정의하며, 두 개념 사이의 관계를 수학적으로 나타내려고 했지요. 월리스는 이 둘의 관계가

$$\frac{1}{\infty} = 0$$

가 된다고 주장했어요. 여기서 기호 0은 무한소를 나타내요.

[2] 접선 문제에 도전한 배로

월리스가 무한소 개념을 정리하며 기초를 다졌다면, 배로는 이를 이용해 접선의 기울기를 구하는 방법을 구체화한 인물입니다. 아이작 배로

Isaac Barrow는 런던에서 태어났습니다. 얼마나 장난꾸러기였는지, 배로의 아버지는 만일 하나님이 자식 중 하나를 데려가겠다면 기꺼이 배로를 내놓겠다고 할 정도였어요. 하지만 훗날 배로는 케임브리지 대학교에서 수학을 공부했고 그리스어에도 능통한 학자가 되었습니다. 공부하는 것을 즐겼던 배로는 유럽 여러 나라를 여행하며 학문의 경지를 넓혔어요. 1659년에 영국으로 돌아온 배로는 1660년, 케임브리지 대학교의 그리스어 교수가 되었고, 1662년에는 그레셤 대학교의 기하학 교수가 되었어요.

배로는 페르마의 접선에 대한 정의에 대해 연구를 하던 중, 접선에 대한 새로운 아이디어를 내놓습니다. 그의 아이디어는 다음과 같아요.

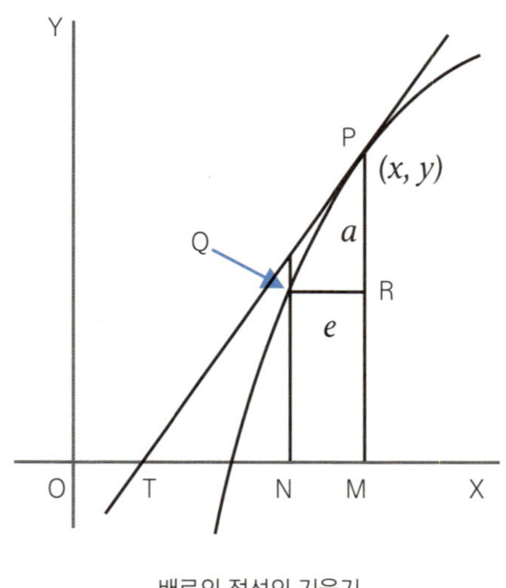

배로의 접선의 기울기

위 그림처럼 곡선 위에 점 P가 있고 그 옆에 또 다른 점 Q가 있을 때, 점 Q가 점 P에 가까워진다면 삼각형 PTM과 삼각형 PQR이 닮음이므로

$$\frac{\overline{RP}}{\overline{QR}} = \frac{\overline{MP}}{\overline{TM}}$$

가 돼요. 이때 $\overline{QR} = e$, $\overline{RP} = a$라고 놓고 P의 좌표를 (x, y)라고 하면, Q의 좌표는 $(x\text{-}e, y\text{-}a)$가 됩니다. 이 두 점이 곡선의 방정식을 만족한다고 하고, e와 a가 아주 작다고 가정하면, 점 P와 점 Q는 거의 같아지므로 이때 $\frac{a}{e}$가 접선의 기울기가 된다는 것이 배로의 아이디어예요. 이는 오늘날 우리가 배우는 미분의 개념, 즉 변화량의 비율을 구하는 방법과 같은 아이디어지요.

미적분의 완성으로 나아간 뉴턴

월리스와 배로가 무한소 개념과 접선의 기울기를 구하는 아이디어를 발전시켰다면, 뉴턴은 이를 바탕으로 미적분을 체계적으로 완성한 인물입니다. 뉴턴의 천재성은 어린 시절부터 아주 유명했고, 대역병으로 고립된 환경 속에서도 학문의 꽃을 피웠어요.

뉴턴은 갈릴레오가 사망한 해인 1642년, 영국 링컨셔의 울스소프라는 마을에서 태어났습니다. 아버지는 그가 태어나기도 전에 세상을 떠났고, 어머니는 목사와 재혼하면서 뉴턴은 할머니 손에서 자라게 되었어요. 뉴턴은 무언가를 만드는 것을 좋아했는데 14살 때는 여동생에게 생쥐의 힘으로 돌아가는 풍차, 물의 힘으로 작동되는 나무 시계 등을 만들어 주기도 했어요. 하지만 뉴턴은 공부를 잘하는 편이 아니었습니다. 초등학교 시절에는 꼴등에 가까운 성적을 받기도 했지요. 그러던 어느 날, 공부

를 잘하던 친구에게 놀림을 받은
뉴턴은 이에 자극을 받아 큰 결심
을 하게 됩니다. 그날 이후 학업에
매진한 뉴턴은 반에서 1, 2등을 다
투는 모범생이 되었다고 해요.

뉴턴의 어린 시절과 청년 시절

뉴턴은 18살에 영국 케임브리지
대학교에 입학해 수학과 물리를
공부했습니다. 혼자 있기를 좋아했던 뉴턴은 유클리드의『원론』, 갈릴레
오의『새로운 과학과의 대화』, 데카르트의『기하학』 등을 탐독했어요. 당
시 학교에는 유명한 수학자 배로 교수가 있었는데, 그의 강의와 연구는
뉴턴이 미분 개념을 발전시키는 데 큰 영향을 주었지요.

1665년, 영국 전역에 무시무시한 대역병인 페스트가 퍼졌습니다. 하지
만 페스트를 치료할 수 있는 약이 없어 18개월 동안 런던 인구의 약 $\frac{1}{4}$에
해당하는 십만 명이 목숨을 잃었고, 학교도 문을 닫게 되었지요. 뉴턴은
대역병을 피하기 위해 고향 울스소프로 내려가 2년간 혼자 연구에 몰두
했습니다. 만유인력과 뉴턴의 운동 법칙, 미적분을 비롯한 뉴턴의 수많은
업적이 바로 이 시기에 이루어지게 되지요.

[1] 어떤 '순간'의 속력과 미분

뉴턴이 미분을 발견하게 된 동기는 속력의 개념을 정밀하게 정의하고
싶어서였습니다. 고대부터 사람들은 속력의 개념을 직관적으로 알고 있
었어요. '어떤 사람이 일정 시간 동안 이동한 거리를 시간으로 나눈 값'
을 평균 속력이라고 부른 것은 근대 과학 시대부터지요. 그런데 뉴턴은

어떤 '순간'의 속력을 정의하고 싶었어요. 그런데 순간이란 시간의 변화가 0이라는 뜻이므로, 0으로 나누는 계산 과정이 필요했지요. 하지만 0으로 나누는 것은 불가능하므로 뉴턴은 0에 가까운 값을 지닌 '무한소의 시간'을 떠올립니다. 정리하자면, 어떤 순간의 시각과 그 시각에서 무한소의 시간만큼 경과된 시각 사이의 평균 속력을 '이 시각에서의 속력', 즉 순간 속력으로 정의했어요.

뉴턴은 미분이라는 말 대신 '플럭션Fluxion'이라는 표현을 사용했고, 1666년에는 「플럭션과 플루언트의 방법」이라는 논문을 비공식적으로 출간해 지인들에게만 나누어주었어요. 이후 1667년, 페스트가 진정되자 학교로 돌아간 뉴턴은 1669년, 26살의 나이에 교수가 되었어요. 그런데 뉴턴의 수업이 너무 어려워서 듣는 학생이 거의 없었다고 해요. 1671년, 뉴턴은 미분에 관한 이론을 체계적으로 정리하고 보완해 『De Methodis Serierum et Fluxionum』이라는 책으로 출간했어요.

미분 개념을 정의하고 발전시킨 뉴턴의 다음 연구는 적분에 대한 것이었습니다. 적분이란 곡선 아래의 넓이를 계산하는 학문을 말해요. 뉴턴은 아래 그림과 같은 곡선 $y = x^2$ 아래의 빗금을 친 부분의 넓이를 구하고자 했지요.

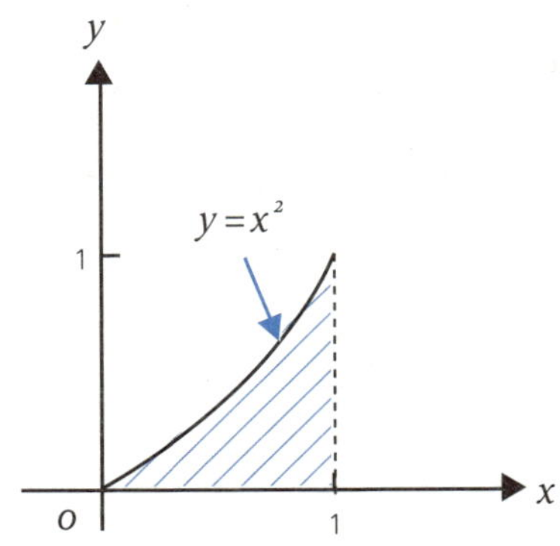

　먼저 뉴턴은 0과 1 사이에 세 개의 점을 넣어 0과 1 사이의 거리를 사등분 해 네 개의 직사각형을 그렸습니다.

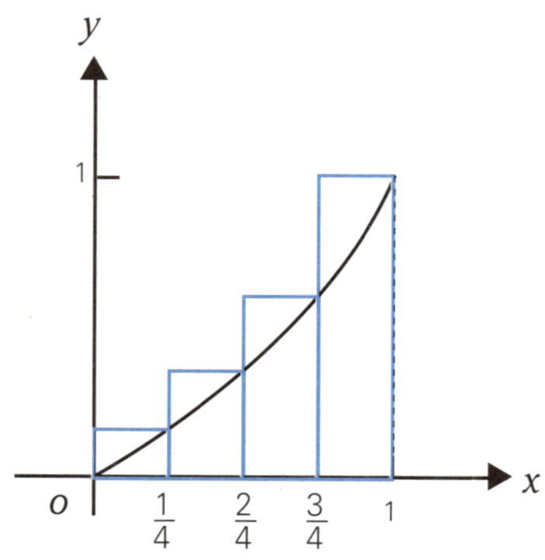

　이 면적을 구하면

$$\frac{1}{4}\times\left(\frac{1}{4}\right)^2 + \frac{1}{4}\times\left(\frac{2}{4}\right)^2 + \frac{1}{4}\times\left(\frac{3}{4}\right)^2 + \frac{1}{4}\times 1^2 = \text{약 } 0.469$$

가 됩니다. 이는 실제 넓이인 약 0.333과는 다소 차이가 있었어요. 하지만 뉴턴은 만일 0과 1 사이를 무한히 잘게 나누어 직사각형을 무한히 많이 만든 다음, 이 직사각형의 넓이 합을 구하면 그 값은 실제 넓이와 같아질 거로 생각했어요. 이것이 바로 뉴턴의 적분입니다.

라이프니츠의 미적분

뉴턴이 미분과 적분을 발견하고 정리한 지 얼마 지나지 않아, 유럽 대륙에서는 또 다른 수학자가 같은 주제를 독립적으로 다룹니다. 바로 독일의 천재 철학자이자 수학자 라이프니츠예요.

라이프니츠는 1646년, 독일의 라이프치히에서 태어났습니다. 그는 6살 때 아버지를 여의고 어머니의 손에서 자랐어요. 아버지는 라이프치히 대학교의 철학 교수였는데, 덕분에 라이프니츠는 아버지의 개인 도서실을 물려받아 어린 시절부터 방대한 양의 서적을 접할 수 있었습니다.

라이프니츠는 학교에 들어가기 전부터 독학으로 라틴어와 철학을 공부했고, 14살이 되던 해에는 대학교에 입학해 철학을 공부합니다. 특히 라이프니츠는 베이컨, 갈릴레오 그리고 데카르트의 책을 열심히 읽었어요. 법학에도 흥미를 느낀 라이프니츠는 박사 과정에 지원했지만, 나이가 너무 어리다는 이유로 거절당합니다. 결국 뉘른베르크 근처에 있는 알트도르프 대학으로 진학해 1667년, 「결합술에 관한 논고」라는 논문으로 박사 학위를 받아요.

라이프니츠는 뉴턴과 독립적으로 무한소를 기반으로 한 새로운 계산법, 즉 미분과 적분을 발명했습니다. 그의 공책에는 그가 처음으로 $y = f(x)$의 그래프 밑의 면적을 계산하기 위해 적분 계산법을 도입한 날이 1675년 11월 11일이라고 적혀 있어요. 이날 라이프니츠는 적분 기호 외에도 몇 가지 표기법을 만들었는데, 합을 뜻하는 라틴어 Summa의 S를 길게 늘인 적분 기호 $\int$, 라틴어 differentia에서 유래한 미분 기호 d 가 있답니다. 그는 이러한 연구 결과를 1684년, 독일 학회에 공식 발표했습니다. 이 논문은 미적분 역사상 가장 중요한 문헌 중 하나로 꼽혀요. 특히 오늘날 우리가 사용하는 미분과 적분 표기법은 대부분 라이프니츠의 제안에서 비롯되었지요.

흥미롭게도 라이프니츠가 적분을 연구하게 된 계기는 학문에 대한 탐구심이 아니라 실용적인 문제 때문이었어요. 포도주를 저장하는 오크통의 부피를 측정하는 데 적분을 응용할 수 있다고 생각했기 때문이에요.

라이프니츠의 발표 후, 영국 학계는 한바탕 논란이 벌어집니다. 영국 학회에서는 뉴턴이 먼저 이론을 정립했고, 논문 또한 훨씬 빨리 나왔으므로 라이프니츠가 뉴턴의 아이디어를 베꼈다고 주장했어요. 프랑스의 수학자 로피탈과 될리에는 뉴턴의 편을 들었어요. 요한 베르누이와 같은 학자들은 라이프니츠의 편을 들었지요. 하지만 당시에는 뉴턴이 미적분의 초기 발명자라는 것이 대세였어요. 라이프니츠는 이 분쟁으로 큰 상처를 받고 우울증에 빠졌습니다. 하지만 오늘날 학계에서는 미적분의 초기 아이디어는 페르마와 아르키메데스를 비롯한 수많은 수학자들에 의해 만들어졌고, 이 이론의 완성은 뉴턴과 라이프니츠가 독립적으로 수행했다는 견해가 지배적입니다. 페르마와 아르키메데스를 포함한 수많은 선구자들의 연구 위에 뉴턴과 라이프니츠가 각각 다른 방식으로 미적분이라는 위대한 도구를 만들어낸 거예요.

라이프니츠의 미분과 적분에 관한
첫 논문, 1684

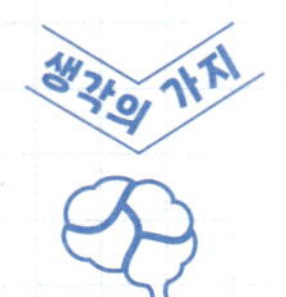

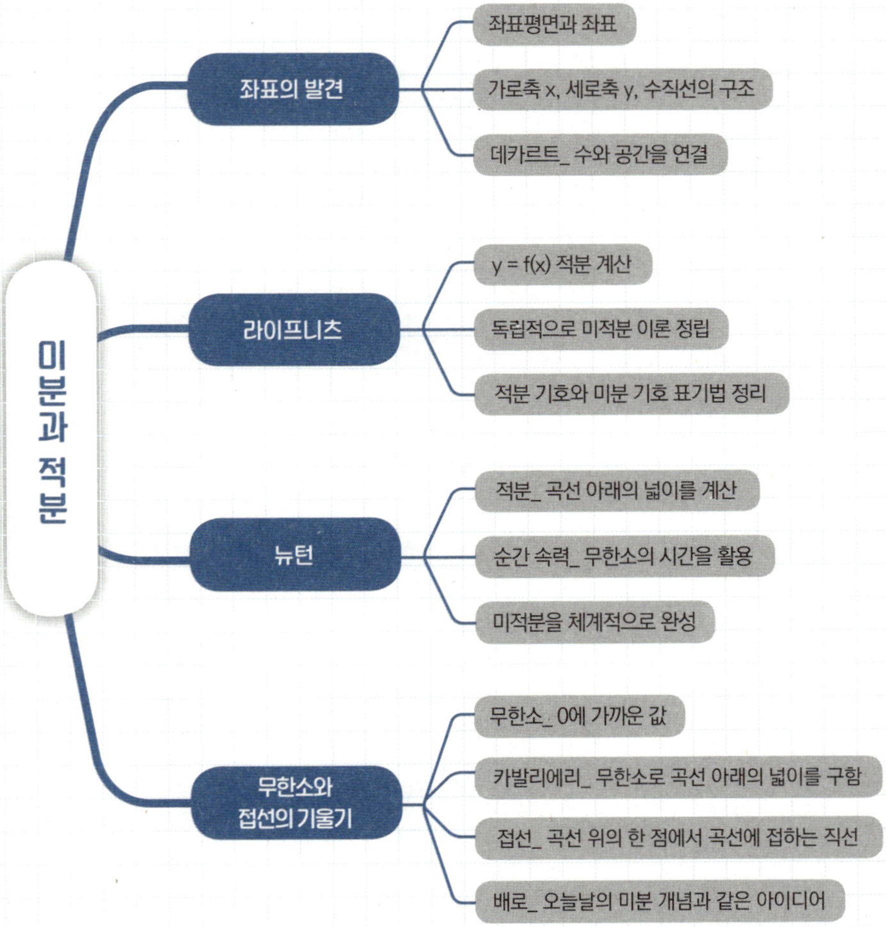

미분과 적분

좌표의 발견
- 좌표평면과 좌표
- 가로축 x, 세로축 y, 수직선의 구조
- 데카르트_ 수와 공간을 연결

라이프니츠
- y = f(x) 적분 계산
- 독립적으로 미적분 이론 정립
- 적분 기호와 미분 기호 표기법 정리

뉴턴
- 적분_ 곡선 아래의 넓이를 계산
- 순간 속력_ 무한소의 시간을 활용
- 미적분을 체계적으로 완성

무한소와 접선의 기울기
- 무한소_ 0에 가까운 값
- 카발리에리_ 무한소로 곡선 아래의 넓이를 구함
- 접선_ 곡선 위의 한 점에서 곡선에 접하는 직선
- 배로_ 오늘날의 미분 개념과 같은 아이디어

소수의 신비를 찾아서

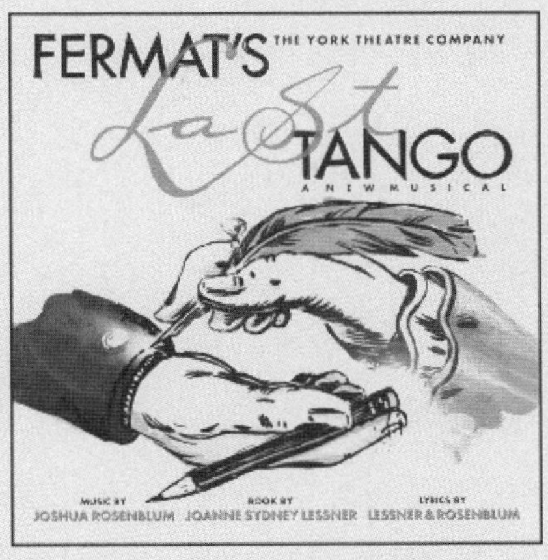

페르마의 마지막 정리를 모티브로 한 뮤지컬 〈페르마의 마지막 탱고〉

정교수의 pick

◆ 피타고라스 수   ◆ 소수   ◆ 오일러 수   ◆ 메르센 소수
◆ 골드바흐 추측   ◆ 페르마의 마지막 정리

정리는 하나, 증명까지 350년

〈페르마의 마지막 탱고Fermat's Last Tango〉는 2000년, 뉴욕 오프 브로드웨이에서 초연된 뮤지컬입니다. 제목에서 알 수 있듯이, 보통 뮤지컬과 다르게 수학자가 주인공이에요. 이 작품은 수학자 앤드루 와일스가 페르마의 마지막 정리를 증명하기까지의 과정을 모티브로 하고 있어요. 작품에는 앤드루 와일스를 모델로 한 다니엘 킨 외에도 역사적 수학자 페르마, 유클리드, 피타고라스, 뉴턴, 가우스 등 수학의 전설들이 등장합니다.

다니엘 킨은 7년간의 연구 끝에 페르마의 마지막 정리를 증명하지만, 페르마가 등장해 그의 오류를 지적합니다. 후에 천상의 수학자들과 함께 증명을 다시 검토한 킨은 결국 증명을 완성해 냅니다. 이 뮤지컬은 수학의 아름다움과 수학자들의 열정을 창의적으로 그려낸 작품이에요.

소수

뮤지컬 속 수학자들이 수의 깊은 비밀을 찾기 위해 노력했다면, 고대의 수학자 유클리드는 그 비밀을 풀어가는 첫 열쇠를 소수에서 발견했습니다.

소수는 1과 자기 자신만을 약수로 갖는 1보다 큰 자연수입니다. 단순하지만 매력적인 이 수는 수천 년 동안 수학자들을 매혹시켜 왔어요. 우선 100보다 작은 소수를 써 볼까요?

$$2, 3, 5, 7, 11, 13, 17, 19, 23, 29, 31, 37, 41,$$
$$43, 47, 53, 59, 61, 67, 71, 73, 79, 83, 89, 97$$

이 중 2는 유일하게 짝수인 소수입니다. 2보다 큰 짝수는 2를 약수로 가지기 때문에 소수가 될 수 없어요. 4는 2를 약수로 가지기 때문에 4의 약수는 1, 2, 4가 되어 4는 소수가 아니에요. 이렇게 소수가 아닌 자연수를 합성수라고 불러요.

소수는 고대 이집트 사람들도 알고 있었어요. 실제로 린드 파피루스에 소수 및 합성수에 대한 기록이 남아 있답니다. 하지만 소수를 본격적으로 연구한 사람은 유클리드예요. 그는 『원론』의 7권, 8권, 9권에서 수에 대한 내용을 다루고 있는데, 그중 7권에서 자연수와 소수의 성질을 자세히 설명했어요.

유클리드는 짝수를 두 개의 같은 수로 정확히 나누어 떨어지는 수, 홀수를 그렇지 않은 수로 정의했습니다. 예를 들어, 짝수 4는 $2 + 2$로 쓸 수 있지만 홀수인 5는 두 개의 같은 자연수의 합으로 나타낼 수 없어요. 또한 유클리드는 처음으로 소수를 정의했고, 모든 합성수를 소수들만의 곱으로 나타낼 수 있음을 알아냈어요. 예를 들어, 합성수 6은 $6 = 2 \times 3$으로 나타낼 수 있는데, 이때 2와 3은 모두 소수예요. 이렇게 합성수를 소수들의 곱만으로 나타낼 때 사용된 소수를 소인수라고 부르고 소인수들의 곱으로 나타내는 것을 소인수 분해라고 불러요.

이외에도 유클리드는 『원론』 9권에서 "소수는 무한히 많다"라는 명제를 증명했습니다. 유클리드는 이것을 증명하기 위해 부정의 부정은 긍정이라는 논리를 사용합니다. 이 증명 방법은 주어진 명제가 성립하지 않는다고 가정한 후, 모순이 발생한다는 것을 보여 주어진 명제가 성립해야 함을 증명하는 방식이에요.

소수는 무한히 많다.

주어진 명제가 성립하지 않으면 소수의 개수는 유한합니다. 그렇다면 가장 큰 소수가 존재하겠지요. 이렇게 가정했을 때 생기는 모순을 통해 유클리드는 소수가 무한히 많음을 증명했어요. 예를 들어, 5가 소수 중에서 가장 큰 수라고 가정해 보지요. 그러면 소수는 2, 3, 5 세 개뿐이에요. 이때 다음과 같은 수를 보죠.

$$N = 2 \times 3 \times 5 + 1$$

계산을 하면 이 수는 31이에요. 이 수는 2로 나누어지지도 않고 3으로 나누어지지도 않고 5로 나누어지지도 않아요. 그러므로 이 수는 소수가 되지요. 그런데 이 수는 5보다 크므로 5가 가장 큰 소수라는 가정과 논리적으로 맞지 않아요. 이럴 때 우리는 모순이 생겼다고 합니다. 그러므로 5가 가장 큰 소수라는 가정은 틀린 얘기가 되지요.

유클리드는 두 수의 최대 공약수를 구하는 호제법도 소개했습니다. 이 방법은 큰 수를 작은 수로 나눈 나머지를 계속 계산해 나머지가 0이 되는 순간, 마지막 나누는 수가 바로 최대 공약수임을 알려주는 논리적인 알고리즘이에요. 예를 들어, 55와 240의 최대 공약수를 유클리드 호제법을 이용하여 구해 보지요. 두 수 중 큰 수인 240을 작은 수인 55로 나눈 나머지는 20이에요. 이것을 다음과 같이 쓸 수 있어요.

$$
\begin{array}{r}
4 \\
55{\overline{)\,240}} \\
220 \\
\hline
20
\end{array}
$$

이제 55를 20으로 나누면

$$
\begin{array}{r}
2 \\
20{\overline{)\,55}} \\
40 \\
\hline
15
\end{array}
$$

나머지는 15이므로 위와 같이 씁니다. 다시 20을 15로 나누면

$$
\begin{array}{r}
1 \\
15{\overline{)\,20}} \\
15 \\
\hline
5
\end{array}
$$

나머지는 5이므로 위와 같이 쓸 수 있어요. 다음 15를 5로 나눈 나머지는 0이 되는데 이렇게 나머지가 0이 나오게 하는 나누는 수 5가 바로 처음 두 수의 최대 공약수가 되는 거예요. 유클리드의 호제법을 도표로 정리하면 다음과 같아요.

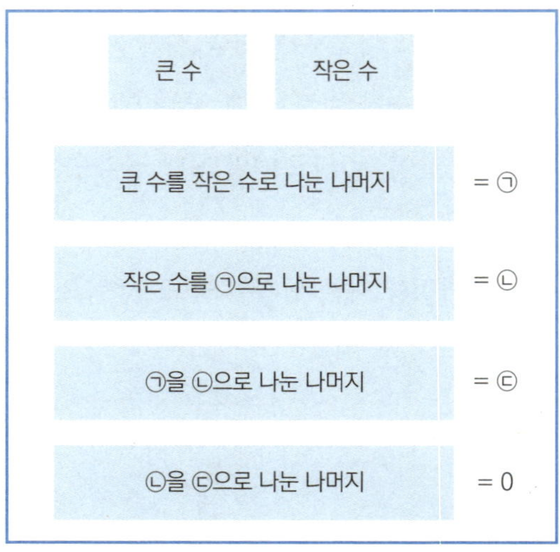

유클리드 호제법은 이런 식으로 나머지가 0이 될 때까지 진행합니다. 이 경우 ㉡을 ㉢으로 나눈 나머지가 0이므로 ㉢이 최대 공약수가 되지요.

에라토스테네스의 체

소수를 찾는 고전적인 방법 중 하나는 에라토스테네스의 체입니다. 이 방법을 만든 사람은 지구의 반지름을 처음 측정한 것으로 유명한 고대 그리스의 에라토스테네스Eratosthenes of Cyrene예요. 에라토스테네스는 기원전 276년, 그리스의 식민 도시 키레네에서 태어났어요. 기원전 4세기 후반, 알렉산더 대왕의 원정 이후, 키레네는 프톨레마이오스 1세의 통치 아래 정치·경제·학문·문화가 모두 번성하는 도시로 발전했습니다.

에라토스테네스는 학업을 계속하기 위해 아테네로 이주해 철학과 시,

수학, 천문학을 공부했어요. 이때 천문학에 대한 시「헤르메스Hermes」도 썼지요. 이후 에라토스테네스는 알렉산드리아 도서관의 관장이 되어 당대 최고의 학자들과 교류하며 지식을 쌓았어요.

에라토스테네스는 수학을 연구하던 중, 소수가 아닌 수들을 하나씩 지워가며 소수만을 남기는 방법을 고안했어요. 1부터 어떤 자연수까지 소수를 모두 찾아내는 이 방법은 마치 체를 통해 불순물을 걸러내는 과정과 비슷하다고 해서 이 방법을 에라토스테네스의 체라고 불러요. 에라토스테네스의 방법으로 1부터 50까지 수 중에서 소수를 모두 찾아볼까요? 우선 1부터 50까지의 수를 모두 적어요.

1	2	3	4	5	6	7	8	9	10
11	12	13	14	15	16	17	18	19	20
21	22	23	24	25	26	27	28	29	30
31	32	33	34	35	36	37	38	39	40
41	42	43	44	45	46	47	48	49	50

우선 1은 소수가 아니니까 지웁니다. 2는 소수니까 2를 제외한 2의 배수를 모두 쓰면

$$10, 12, 14, 16 \cdots$$

이고, 이 수들은 모두 2를 약수로 가지므로 소수가 아닙니다. 그러므로 2를 제외한 2의 배수를 모두 지우면 다음 수들이 남아요.

	2	3		5		7		9	
11		13		15		17		19	
21		23		25		27		29	
31		33		35		37		39	
41		43		45		47		49	

2 다음으로 작은 소수는 3이에요. 같은 방법으로 3을 제외한 모든 3의 배수를 지우면 다음 수들이 남고

	2	3		5		7			
11		13				17		19	
		23		25				29	
31				35		37			
41		43				47		49	

마찬가지로 5를 제외한 모든 5의 배수를 지우면 다음과 같은 수만 남아요.

	2	3		5		7			
11		13				17		19	
		23						29	
31						37			
41		43				47		49	

또 같은 방법으로 7을 제외한 7의 배수를 모두 지우면 다음과 같이 되지요.

	2	3		5		7			
11		13				17		19	
		23						29	
31						37			
41		43				47			

이제 11을 제외한 11의 배수를 모두 지웁니다. 그런데 더 이상 지울 것이 없습니다. 11의 배수인 22, 33, 44가 이미 지워졌기 때문이지요. 이런 식으로 계속하면 1과 50 사이의 소수들만 남길 수 있어요.

	2	3		5		7			
11		13				17		19	
		23						29	
31						37			
41		43				47			

에라토스테네스의 체로 거른 소수

피타고라스의 삼중수

에라토스테네스가 체를 이용해 소수를 걸러냈다면, 피타고라스는 직각 삼각형을 이루는 수를 탐구하며 또 다른 놀라운 수학적 관계를 찾아냈습니다. 피타고라스 정리를 만족하는 세 자연수를 **피타고라스 삼중수**라고 불러요. $(3, 4, 5)$는 $3^2 + 4^2 = 5^2$을 만족하므로 피타고라스 삼중수예요. $(5, 12, 13)$ 역시 $5^2 + 12^2 = 13^2$을 만족하므로 피타고라스 삼중수지요.

일반적으로 어떤 세 수가 피타고라스 삼중수일 때, 세 수에 똑같은 수를 곱해 얻은 수도 피타고라스 수가 되므로 피타고라스 수는 무한히 많이 만들 수 있어요. 예를 들어, $(3, 4, 5)$는 피타고라스 삼중수이므로 이 수의 두 배인 $(6, 8, 10)$, 세 배인 $(9, 12, 15)$도 모두 피타고라스 삼중수가 되지요.

삼중수를 찾는 방법을 알아볼까요? 피타고라스는 홀수의 합이 어떤 수의 제곱이 된다는 수의 성질을 활용했어요. 예를 들면 다음과 같지요.

$$1 + 3 + 5 + 7 = 4^2 \quad \text{(a)}$$
$$1 + 3 + 5 + 7 + 9 = 5^2 \quad \text{(b)}$$

(a)를 (b)에 대입하고 $9 = 3^2$을 이용하면 (b)는

$$3^2 + 4^2 = 5^2$$

이 됩니다. 또 다른 예를 볼게요.

$$1 + 3 + 5 + \cdots + 23 = 12^2 \quad \text{(c)}$$

$$1 + 3 + 5 + \cdots + 23 + 25 = 13^2 \quad \text{(d)}$$

(c)를 (d)에 대입하고 $25 = 5^2$을 이용하면 (d)는

$$5^2 + 12^2 = 13^2$$

이 된답니다. 이 방법을 이용하여 피타고라스는 다음과 같은 삼중수들을 발견했어요.

$$7^2 + 24^2 = 25^2$$
$$9^2 + 40^2 = 41^2$$
$$11^2 + 60^2 = 61^2$$
$$13^2 + 84^2 = 85^2$$
$$15^2 + 112^2 = 113^2$$
$$17^2 + 144^2 = 145^2$$

하지만 피타고라스보다도 훨씬 이전에 고대 바빌로니아 사람들은 이미 삼중수에 대해 알고 있었답니다. 삼중수에 대한 기록도 고대 바빌로니아의 점토판에 등장해요. 플림톤 322는 폭이 약 13센티미터, 높이 9센티미터, 두께 약 2센티미터로 뉴욕의 출판업자 플림턴George Arthur Plimpton이 1922년경, 고고학 상인 에드가 J. 뱅크스Edgar J. Banks로부터

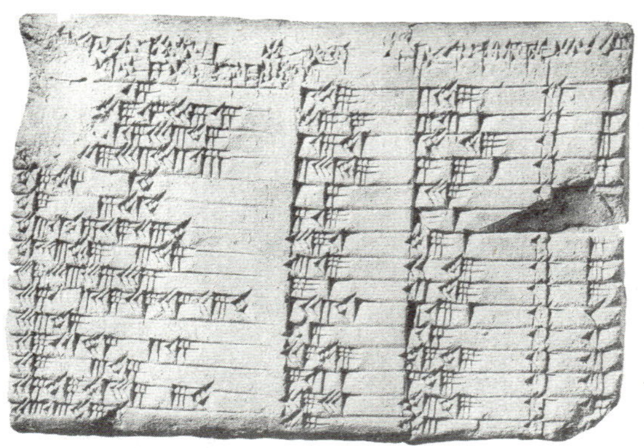

구입해 컬럼비아 대학에 기증한 바빌로니아 유물이에요. 이 점토판은 기원전 1800년경에 쓰인 것으로 추정되는데 이 점토판에는 피타고라스 정리를 만족하는 삼중수들이 표 형태로 기록되어 있어, 고대인들의 수학 지식이 얼마나 정교했는지를 보여 줍니다. 작은 점토판 하나가 수천 년 전의 수학 지식을 지금 우리에게 전해 주고 있는 셈이에요.

피타고라스의 완전수

자기 자신과 완벽한 균형을 이루는 수들도 있습니다. 이러한 수를 완전수라고 불러요. 약수는 주어진 수를 나누어떨어지게 하는 수를 말합니다. 약수 중에서 자기 자신을 제외한 나머지 약수를 진약수라고 해요. 완전수란 자신의 진약수의 합이 자신과 똑같은 수를 말해요. 예를 들어, 6의 진약수는 1, 2, 3이에요. 6의 진약수를 모두 더하면

$$1 + 2 + 3 = 6$$

이 되어 원래의 수와 같음을 알 수 있어요. 또 다른 예로 28의 경우, 진약수는 1, 2, 4, 7, 14인데 모두 더하면

$$1 + 2 + 4 + 7 + 14 = 28$$

이 되지요. 역시 원래의 수와 같아요. 그러므로 28은 완전수이지요. 처음 여섯 개의 완전수는 6, 28, 496, 8,128, 33,550,336, 8,589,869,056이에요. 흥미롭게도 현재까지 발견된 완전수는 모두 짝수인데, 왜 홀수인 완전수가 없는지는 아직 밝혀지지 않았어요.

완전수와 달리 진약수의 합이 그 수보다 작은 수는 부족수, 큰 수는 과잉수라고 합니다. 예를 들어 볼까요? 8과 12의 진약수는 각각 다음과 같아요.

$$8의 진약수: 1, 2, 4$$
$$12의 진약수: 1, 2, 3, 4, 6$$

8의 진약수의 합은 7이 되어 8보다 작아요. 그러니 8은 부족수이지요. 반대로 12의 진약수의 합은 16이 되어 12보다 크므로 과잉수라고 불러요. 그러니까 자연수는 완전수, 부족수, 과잉수로 나눌 수 있지요. 이런 완전수는 어떻게 만들 수 있을까요? 먼저 다음과 같은 수를 보세요.

$$1, 2, 4, 8, 16, 32, 64$$

이 수들로 연속되는 수들의 합을 구하면

$$1 + 2 = 3$$

$$1 + 2 + 4 = 7$$

$$1 + 2 + 4 + 8 = 15$$

$$1 + 2 + 4 + 8 + 16 = 31$$

$$1 + 2 + 4 + 8 + 16 + 32 = 63$$

$$1 + 2 + 4 + 8 + 16 + 32 + 64 = 127$$

이 됩니다. 이 중 3, 7, 31, 127은 소수지만 15와 63은 소수가 아니에요. 따라서 소수가 아닌 줄을 제거하면

$$1 + 2 = 3$$

$$1 + 2 + 4 = 7$$

$$1 + 2 + 4 + 8 + 16 = 31$$

$$1 + 2 + 4 + 8 + 16 + 32 + 64 = 127$$

이 남습니다. 이때 각 줄에서 완전수를 얻을 수 있어요. 즉, 첫 줄에서 $2 \times 3 = 6$, 둘째 줄에서 $4 \times 7 = 28$, 셋째 줄에서 $16 \times 31 = 496$, 넷째 줄에서 $64 \times 127 = 8128$을 얻을 수 있어요. 이 수들이 바로 완전수입니다.

완전수는 항상 연속되는 자연수의 합으로 표현될 수 있어요.

$$6 = 1 + 2 + 3$$

$$28 = 1 + 2 + 3 + 4 + 5 + 6 + 7$$

$$496 = 1 + 2 + 3 + 4 + 5 + 6 + 7 + 8 + 9 + \cdots + 30 + 31$$
$$8128 = 1 + 2 + 3 + 4 + 5 + 6 + 7 + 8 + \cdots + 126 + 127$$

이 중 완전수 6은 몇 가지 재미있는 성질을 가지고 있답니다. 먼저 6은 세 개의 연속된 자연수의 곱으로 나타낼 수 있어요. 6의 제곱과 세제곱은 세 개의 연속된 자연수의 세제곱을 모두 더한 꼴로 나타낼 수 있지요.

$$6 = 1 \times 2 \times 3$$
$$1^3 + 2^3 + 3^3 = 6^2$$
$$3^3 + 4^3 + 5^3 = 6^3$$

또한, 6보다 큰 완전수의 각 자릿수의 합을 9로 나눈 나머지는 항상 1이에요. 실제로 6보다 큰 완전수의 각 자릿수를 더하면 다음과 같아요.

$$2 + 8 = 10$$
$$4 + 9 + 6 = 19$$
$$8 + 1 + 2 + 8 = 19$$
$$3 + 3 + 5 + 5 + 0 + 3 + 3 + 6 = 28$$
$$8 + 5 + 8 + 9 + 8 + 6 + 9 + 0 + 5 + 6 = 64$$

여기서 10, 19, 28, 64를 9로 나눈 나머지는 1이랍니다. 또한, 6보다 큰 완전수는 연속된 홀수의 세제곱의 합과 같아요.

$$28 = 1^3 + 3^3$$
$$496 = 1^3 + 3^3 + 5^3 + 7^3$$
$$8128 = 1^3 + 3^3 + 5^3 + 7^3 + 9^3 + 11^3 + 13^3 + 15^3$$

이처럼 완전수는 숫자의 놀라운 조화 속에서 독특한 성질을 가진 수랍니다.

피타고라스의 친화수

완전수가 자기 자신과 딱 맞는 조화를 이루는 수라면, 친화수는 서로가 서로를 완전하게 만들어 주는 특별한 관계를 가진 수예요. 두 수 사이의 우정 같은 수학적 연결, 바로 친화수에 대해 알아보도록 해요.

소수처럼 어떤 수들은 단순히 셀 수 있는 숫자 그 이상으로 여겨지기도 합니다. 특히 피타고라스는 숫자에 철학적이고 신비로운 의미를 부여했어요. 수 자체의 의미와 조화를 탐구한 피타고라스는 수를 우주의 본질을 설명하는 열쇠로 보았지요. 그의 생각은 친화수Amicable Numbers 개념에서도 잘 드러나지요.

친화수는 약수를 연구하는 과정에서 탄생했습니다. 예를 들어, 220의 약수를 모두 쓰면 다음과 같아요.

$$1, 2, 4, 5, 10, 11, 20, 22, 44, 55, 110, 220$$

한편 220의 진약수를 모두 쓰면

$$1, 2, 4, 5, 10, 11, 20, 22, 44, 55, 110$$

이 됩니다. 이때 220의 진약수의 합은 284가 돼요.

한편 284의 진약수는

$$1, 2, 4, 71, 142$$

인데, 모두 더하면 220이 되지요. 피타고라스는 어떤 수 A의 진약수의 합이 B와 같고 B의 진약수의 합이 A와 같을 때, A와 B를 친화수라고 불렀어요. 또 다른 친화수로는 (1,184와 1,210), (17,296과 18,416), (9,363,584와 9,437,056) 등이 있어요. 이렇게 친화수에는 숫자 사이의 조화와 아름다움이 숨어 있답니다.

페르마의 소수 공식

피타고라스의 친화수가 두 수 사이의 특별한 관계를 나타냈다면, 이제는 하나의 수 안에 숨겨진 놀라운 구조를 탐험할 차례입니다. 이번에는 17세기 천재 수학자 페르마가 고안한 신기한 소수 공식에 대해 알아보도록 하지요.

1640년, 페르마는 소수만 만들어 내는 공식을 발표합니다. 페르마는 다음과 같은 수들을 생각했어요.

$$1, 2, 4, 8, 16, 32 \cdots$$

이 수들은 2의 거듭제곱인데, 페르마는 다음과 같은 수들을 만들었어요.

$$2^1 + 1 = 3$$
$$2^2 + 1 = 5$$
$$2^4 + 1 = 17$$
$$2^8 + 1 = 257$$
$$2^{16} + 1 = 65537$$
$$2^{32} + 1 = 4294967297$$

페르마는 이런 식으로 계산된 수들이 소수라고 생각했고, 이 수들을 페르마 수라고 불렀어요.

$$3, 5, 17, 257, 65537, 4294967297 \cdots$$

실제로 처음 다섯 개의 수 3, 5, 17, 257, 65,537은 모두 소수예요. 하지만 1732년, 오일러는 여섯 번째 수인 4,294,967,297이 소수가 아님을 밝혔어요. 그는 엄청난 계산 끝에 이 수가 6700417×641로 소인수 분해된다는 것을 알아냈고, 이를 통해 페르마의 추측이 틀렸음을 증명했답니다.

메르센의 소수 공식

수학에 대한 호기심이 많았던 페르마는 특정한 수식을 통해 소수를 만들려 했습니다. 그런데 페르마보다 먼저 또 다른 수식으로 소수를 찾으려 했던 인물이 있었어요. 바로 프랑스의 수도사, 메르센이에요.

1640년, 소수와 제곱수 사이의 새로운 관계를 알아낸 페르마는 그의 친구이자 수학자인 메르센에게 편지로 알렸습니다. 그가 메르센에게 보낸 편지에는 다음과 같은 내용이 들어있었어요.

"4로 나누어 나머지가 1인 소수는
두 수의 제곱의 합으로 나타낼 수 있다."

이 편지가 공개된 후 많은 수학자들이 페르마의 편지 내용을 확인하는 작업에 들어갔어요. 4로 나눈 나머지가 1인 소수는 5, 13, 17, 29와 같은 수인데

$$5 = 1^2 + 2^2$$
$$13 = 2^2 + 3^2$$
$$17 = 1^2 + 4^2$$
$$29 = 2^2 + 5^2$$

처럼 두 정수의 제곱의 합으로 나타낼 수 있습니다. 이 성질은 후에 오일러가 수학적으로 증명했지요.

메르센Mersenne은 1588년, 프랑스 우아제에서 태어난 가톨릭 수도사로, 철학과 수학, 과학 전반에 걸쳐 활동한 인물이었습니다. 그는 연금술과 점성술에는 비판적이었고, 데카르트의 철학과 갈릴레오의 과학을 지지하며 다른 한편으로는 소수의 신비로움에 사로잡혀 있었어요.

과학 학술지가 없던 시절, 유럽의 수학자들은 편지를 통해 연구 결과를 주고받았는데, 메르센은 그 중심에 있었어요. 유럽의 여러 철학자들과 수학자들, 과학자들과 자주 만나 이야기했고, 편지를 주고받으며 친분을 쌓았지요. 메르센은 페르마, 데카르트, 파스칼, 갈릴레오 등과 활발히 교류하며 새로운 지식을 얻을 수 있었습니다. 당시 메르센에게 수학이나 과학의 새로운 발견을 알려주는 것은 자신의 발견을 유럽 전역에 알리는 것과 같다고 얘기할 정도로 메르센은 수학과 과학계에서 발이 넓었어요. 메르센은 17세기 유럽 지식인의 메신저나 마찬가지였답니다.

1644년, 메르센은 세상을 깜짝 놀라게 하는 공식을 발표했습니다. 바로 소수를 만들어 내는 공식이었어요. 2를 n개 곱한 것을 2^n이라고 쓰는데,

$$2^n = \underbrace{2 \times 2 \times 2 \times \cdots \ 2}_{n\text{개}}$$

로 나타낼 수 있지요. 메르센은 n이 소수일 때 2^n-1은 모두 소수가 될 것이라고 주장했어요. 예를 들어, n에 2, 3, 5, 7을 넣으면

$$2^2 - 1 = 3$$
$$2^3 - 1 = 7$$
$$2^5 - 1 = 31$$

$$2^7 - 1 = 127$$

이 되어 모두 소수가 됩니다. 하지만 n이 11일 때는 사정이 달라요.

$$2^{11} - 1 = 2047$$

이 되는데, 이 수 2,047은 23과 89의 곱으로 나타낼 수 있어 소수가 아니예요. 결국 모든 소수 n에 대해 2^n-1이 소수가 되는 것이 아니라 어떤 특정한 소수 n에 대해서 2^n-1이 소수가 되었지요. 메르센은 2^n-1이 소수가 되게 하는 n의 값을 찾아보았어요. 그 결과는 다음과 같았지요.

$$2, 3, 5, 7, 13, 17, 19, 31, 67, 127, 257 \cdots$$

하지만 메르센의 주장 중 일부는 잘못임이 밝혀졌습니다. $n=67$, $n=257$에 대응하는 수는 합성수였어요. 훗날 $n=61$, $n=89$, $n=107$에 대응하는 수는 소수라는 것이 밝혀집니다.

수학자들은 새로운 메르센 소수를 찾기 시작했어요. $n=17$, 19에 대응하는 메르센 소수는 1588년, 카탈디Pietro Cataldi가 발견했고 $n=31$에 대응하는 메르센 소수는 1772년, 오일러가 발견했어요. 1876년에는 에두아르 루카스Édouard Lucas가 $n=127$에 대응하는 메르센 소수를, 1883년에는 페르부신Ivan Mikheevich Pervushin이 $n=61$에 대응하는 메르센 소수를 발견했어요. 20세기 초에는 미국의 아마추어 수학자 파워스R. E. Powers가 $n=89$와 $n=107$에 대응하는 메르센 소수를 발견했지요.

　전 세계 소수 마니아들은 컴퓨터를 이용하여 보다 큰 메르센 소수를 찾기 위해 혈안이 되었어요. 1963년, 미국 일리노이 대학에서 컴퓨터로 찾아낸 23번째 메르센 소수 $2^{11213}-1$의 발견을 축하하는 기념우표가 나올 정도였지요. 1996년에는 조지 울트만이 천만 자리 이상의 소수를 찾아낸

메르센 소수 기념 우표 스탬프

사람에게 10만 달러의 상금을 주겠다고 발표하며, 대규모 공개 프로젝트를 시작했습니다. 그는 '더 큰 소수가 많이 있을 것'이라며 '인터넷이 가능한 컴퓨터를 갖고 있는 사람이라면 누구나 참여할 수 있다'라고 덧붙였지요.

　2005년 12월, 미국 센트럴 미주리 대학의 스티븐 분Steven Boone과 커티스 쿠퍼Curtis Cooper는 700대의 컴퓨터를 사용해 9,152,052자리의 메르센 소수를 발견했고, 프랑스 그르노블 연구소가 5일 만에 검증했습니다. 이 소수는 메르센 소수로서는 43번째 것으로 $2^{34021457}-1$의 꼴이었어요.

　현재까지 알려진 가장 큰 메르센 소수는 2024년 10월 12일, 캘리포니아 산호세의 루크 듀란트Luke Durant가 발견한 것으로, $2^{136279841}-1$, 약 41,024,320자리에 이른다고 보고되었어요.

　메르센 소수는 수학자들뿐 아니라 일반인에게도 참여 기회를 열어준 흥미로운 수학의 영역이랍니다.

오일러 소수

메르센의 공식은 큰 소수를 찾는 데 아주 유용했습니다. 지금까지도 컴퓨터로 계산되는 가장 큰 소수는 대부분 메르센 소수예요. 그런데 오일러는 다른 방식으로 소수를 찾아냈어요. 그는 정수뿐 아니라 다항식에서도 소수를 찾아낼 수 있다는 걸 보여 주었지요.

1772년, 오일러는 새로운 소수 공식을 만들어 냅니다. 그가 주목한 식은 다음과 같아요.

$$k^2 - k + 41$$

이 식의 k에 1부터 40까지의 수를 대입하면, 놀랍게도 결과가 모두 소수가 된다는 것을 밝혀냈습니다. 실제로 다음과 같은 값을 얻을 수 있어요.

41, 43, 47, 53, 61, 71, 83, 97, 113, 131, 151, 173, 197, 223, 251, 281, 313, 347, 383, 421, 461, 503, 547, 593, 641, 691, 743, 797, 853, 911, 971, 1033, 1097, 1163, 1231, 1301, 1373, 1447, 1523, 1601

무려 40개의 연속된 자연수를 대입해 모두 소수가 되는 공식은 당시로서는 굉장히 놀라운 발견이었어요. 하지만 이 공식이 소수를 무한히 만들어 내는 것은 아니었습니다.

k에 41을 대입해 보세요.

$$k^2 - k + 41 = 41^2 - 41 + 41 = 41^2$$

위 식처럼 이 수는 41을 약수로 갖습니다. 그러므로 $k = 41$에 대응하는 수는 소수가 아닙니다. 따라서 오일러의 공식은 1부터 40까지는 모두 소수가 되지만, 그 이후에는 소수가 될지 더 이상 보장되지 않아요. 이와 같이 $k^2 - k + 41$의 꼴로 쓸 수 있는 소수를 이른바 오일러 소수라고 해요. 이후에도 수많은 수학자들이 이와 유사한 소수 생성 공식을 찾기 위해 도전했답니다.

골드바흐 추측

오일러는 소수를 만들어 내는 흥미로운 공식을 제시했지만, 그의 관심은 소수를 만드는 데 그치지 않았습니다. 오일러는 소수들 사이의 숨은 규칙을 찾고 싶었어요. 오일러는 동시대 수학자 골드바흐와 편지를 주고받으며 또 하나의 미스터리한 수학적 명제와 마주하게 됩니다.

골드바흐는 프로이센의 쾨니히스베르크에서 목사의 아들로 태어났습니다. 골드바흐는 쾨니히스베르크 대학교에서 공부한 후 1710년부터 1724년까지 유럽 여러 나라를 여행하면서 라이프니츠, 오일러, 베르누이와 같은 많은 유명한 수학자들을 만났습니다. 이들과의 만남을 계기로 수학에 깊은 관심을 가지기 시작한 골드바흐는 몇 편의 수학 논문을 발표하며 활동을 시작하게 됩니다.

1725년, 러시아 상트페테르부르크 과학 아카데미의 수학 교수가 된

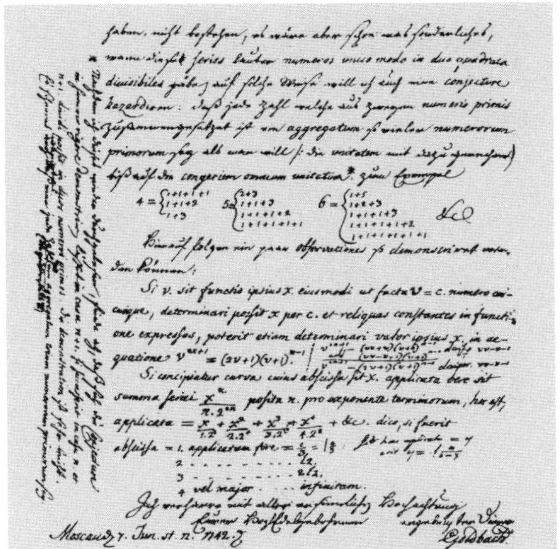

골드바흐는 1728년, 어린 나이에 차르로 즉위한 표토르 2세와 사촌인 안나의 가정 교사가 되었습니다. 이후 1729년에는 러시아가 수도를 모스크바로 옮기면서 골드바흐도 모스크바에서 활동하게 되지요.

1729년, 골드바흐는 오일러와 수학에 관한 서신을 주고받기 시작합니다. 1742년에는 유명한 골드바흐의 추측이 등장하는 편지를 오일러에게 보내는데, 골드바흐의 추측은 다음과 같습니다.

2보다 큰 모든 짝수는 두 개의 소수의 합으로 나타낼 수 있다.

예를 들면, 다음과 같지요.

$$4 = 2 + 2$$
$$6 = 3 + 3$$

$$8 = 3 + 5$$

$$10 = 3 + 7$$

이 단순해 보이는 명제는 아직도 증명이 되지 않아 수학자들의 애를 태우고 있어요. 다양한 방식으로 접근했지만, 어느 누구도 완전한 증명을 내놓지 못했지요. 컴퓨터를 활용해 4×10^{18}까지는 확인되었지만, '모든 짝수'에 대해 증명하는 것은 여전히 풀리지 않은 미스터리로 남아 있답니다.

페르마의 마지막 정리

골드바흐의 추측은 여전히 완전히 증명되지는 않았습니다. 반면, 오랫동안 불가능하다고 여겨졌던 또 다른 정리는 현대 수학의 힘으로 마침내 증명되었어요. 바로 페르마의 마지막 정리입니다

앞서 배운 피타고라스 정리 $c^2 = a^2 + b^2$을 떠올려 보세요. 이를 만족하는 자연수 a, b, c를 피타고라스 수라고 불러요. 예를 들어, 3, 4, 5와 5, 12, 13은 피타고라스 수이지요. 이 수들은 무수히 많습니다. 이러한 피타고라스의 정리를 좀 더 일반화된 모습으로 확장해 정리한 사람은 페르마예요. 페르마는 자신이 즐겨 읽던 디오판토스의 『산술』에 낙서하는 것을 좋아했어요. 페르마가 사망한 후 그의 유품을 정리하던 중 책의 여백에서 페르마의 마지막 정리가 발견되었다고 해요. 페르마의 마지막 정리로 알려진 이 정리는 다음과 같아요.

[페르마의 마지막 정리]

n이 2보다 큰 자연수일 때 $x^n + y^n = z^n$을 만족하는 세 자연수 x, y, z는 존재하지 않는다.

페르마는 이 정리를 적어두면서 그 밑에 "나는 이 정리를 증명할 수는 있지만, 여백이 너무 좁아 증명을 쓸 수가 없어 비워둔다"라는 말을 남겼어요. 페르마가 죽은 후 이 정리는 많은 사람들의 관심을 끌었지요. 1660년, 페르마는 $n = 4$일 때 페르마의 정리가 성립한다는 것을 증명했어요.

페르마는 이 정리에 대한 증명을 남기지 않았습니다. 그래서 수많은 수학자들이 이 정리의 참과 거짓을 밝히기 위해 도전했어요. 르장드르, 디리클레, 라메 등이 각각 다른 지수에 대해 정리를 증명합니다. 하지만 일반적인 모든 자연수 n에 대한 완전한 증명은 누구도 해내지 못했지요.

페르마의 마지막 정리 증명에 처음 도전한 사람은 수학자 오일러입니다. 1778년, 오일러는 페르마의 마지막 정리가 $n = 3$일 때 성립한다는 것을 증명했어요. 좀 더 많은 n값에 대해 증명한 사람도 있어요. 18세기 최고의 여성 수학자 소피 제르맹Sophie Germain이에요.

그녀는 1776년, 프랑스 파리에서 부유한 상인의 딸로 태어났어요. 그녀는 많은 제약 속에서도 수학 공부를 이어갔습니다. 제르맹이 살았던 18세기 프랑스는 여성이 공부하는 것이 허용되지 않는 시대였어요. 18살이 되던 해, 에콜 폴리테크니크가 개교했지만 제르맹은 여성이라는 이유로 입학조차 할 수 없었지요. 그녀는 본명 대신 르 블랑이라는 남자 이름을 사용해 라그랑주에게 자신의 아이디어를 보냈고, 그 실력에 감탄한 라그랑주가 면담을 요청하며 결국 정체를 밝히게 됩니다. 다행히 라그랑주는 제르맹이 여성이라는 사실에 전혀 개의치 않았어요. 오히려 그녀의 멘토가 되어 주었지요.

1820년 초, 제르맹은 특정 조건을 만족하는 소수들에 대해 페르마의 마지막 정리가 성립함을 증명했어요. 그녀는 먼저 8로 나눈 나머지가 7인 수들을 생각했어요. 이 수들은 다음과 같지요.

$$7, 15, 23, 31, 39, 47 \cdots$$

여기서 소수가 되는 수들만 남기면

$$7, 23, 31, 47 \cdots$$

소피 제르맹

- 1776년: 프랑스 파리에서 부유한 상인의 딸로 태어남.
- 1789년: 13세에 아버지의 서재에서 『수학의 역사』를 읽고 아르키메데스의 일화에 감동받아 수학에 흥미를 가짐.
- 1794년: 18세에 에콜 폴리테크니크가 개교하지만 여성 입학이 금지되어 독학으로 공부하고, 르 블랑이라는 남학생 이름으로 교수들에게 편지를 보냄.
- 1794년 이후: 라그랑주 교수에게 자신의 수학 아이디어를 보냄.
- 1806년: 프랑스 군이 독일로 진격한다는 소문을 듣고 가우스를 보호하기 위해 군 지휘관에게 편지 씀. 이 일로 가우스는 제르맹의 정체를 알게 되고 그녀의 수학적 업적을 칭찬함.
- 1820년: 8로 나눈 나머지가 7인 수 중 소수에 대해 페르마의 마지막 정리가 성립함을 증명함. 이 업적으로 무한히 많은 수에 대해 페르마의 마지막 정리를 성립시킴.

이 되지요. 제르맹은 위 수에서 1을 뺀 수들이 n이 될 때, 페르마의 마지막 정리가 성립한다는 것을 증명했어요. 그러니까 그녀는

$$n = 6, 22, 30, 46 \cdots$$

과 같이 주어지는 무한히 많은 수에 대해 페르마의 마지막 정리가 성립한다는 것을 보였어요. 이후 $n = 5$에 대해서는 1825년, 르장드르와 디리클레에 의해 독립적으로 증명되었고, $n = 7$에 대해서는 1839년, 라메에 의해 증명되었어요.

20세기 들어 컴퓨터가 등장하면서 수학자들은 컴퓨터를 이용해서 페르마의 정리를 검증하기 시작했습니다. 1954년, 미국의 수학자 해리 밴다이버는 SWAC 컴퓨터를 사용해 2521까지의 모든 소수 n에 대해 이 정리가 성립함을 계산적으로 보였어요. 이후 1993년까지 페르마의 마지막 정리는 400만 미만의 모든 소수 n에 대해 검증되었지요.

1908년, 파울 볼프스켈의 유언에 따라 괴팅겐 왕립과학원은 2007년 9월 13일을 기한으로 페르마의 마지막 정리를 증명하는 사람에게 10만 마르크의 상금을 주겠다고 공표합니다. 이로 인해 수많은 사람들이 잘못된 증명을 쏟아내기도 했지만, 대중에게 '페르마의 마지막 정리'라는 문제를 널리 알리는 계기가 되었어요.

결국 1994년, 영국의 수학자 앤드루 와일즈가 이 정리를 완벽하게 증명하며 길었던 여정에 마침표를 찍었습니다. 와일즈는 어릴 적 우연히 이 정리를 소개한 책을 읽고 감명을 받아 수학자가 되었고, 7년 이상 이 문제만 몰두하며 증명을 완성했어요.

사실 와일즈 이전에도 많은 수학자들이 페르마의 마지막 정리 증명에 도전했습니다. 하지만 어떤 수학자들은 한계를 느껴 중도에 포기했고, 심지어는 스스로 생을 마감하기까지 했어요. 1958년, 일본의 수학자 타니야마는 페르마의 마지막 정리 증명에 모든 열정을 쏟아부었지만 만족할 만한 결과가 나오지 않아 너무 힘들다는 유서를 남기고 31살의 젊은 나이에 세상을 떠났어요.

와일즈는 1993년 6월 21일부터 23일까지 영국 뉴턴 연구소에서 페르마의 마지막 정리를 증명합니다. 그러나 그해 12월 4일, 와일즈는 자신의 증명에 작은 문제가 있다는 사실을 깨닫습니다. 그러고는 이듬해, 제자인 테일러와 함께 오류를 보완해 1994년 10월 6일, 페르마의 마지막 정리를 증명하는 논문을 〈수학 연보 Annals of Mathematics〉에 투고했고, 이 논문은 1995년에 발표되면서 드디어 페르마의 마지막 정리 증명이 이루어졌답니다.

페르마가 남긴 짧은 한 줄의 낙서는 수세기 동안 수학자들의 도전을 이끌어냈습니다. 그 여정은 수많은 실패와 좌절을 딛고, 마침내 앤드루 와일즈의 손에서 완벽한 증명이라는 결실을 보았어요. 무려 350년이 넘는 시간을 거쳐 마침내 완성된 거예요. 이는 단순한 공식 이상으로, 인간의 집념과 꿈이 이루어낸 위대한 이야기로 기억될 거예요.

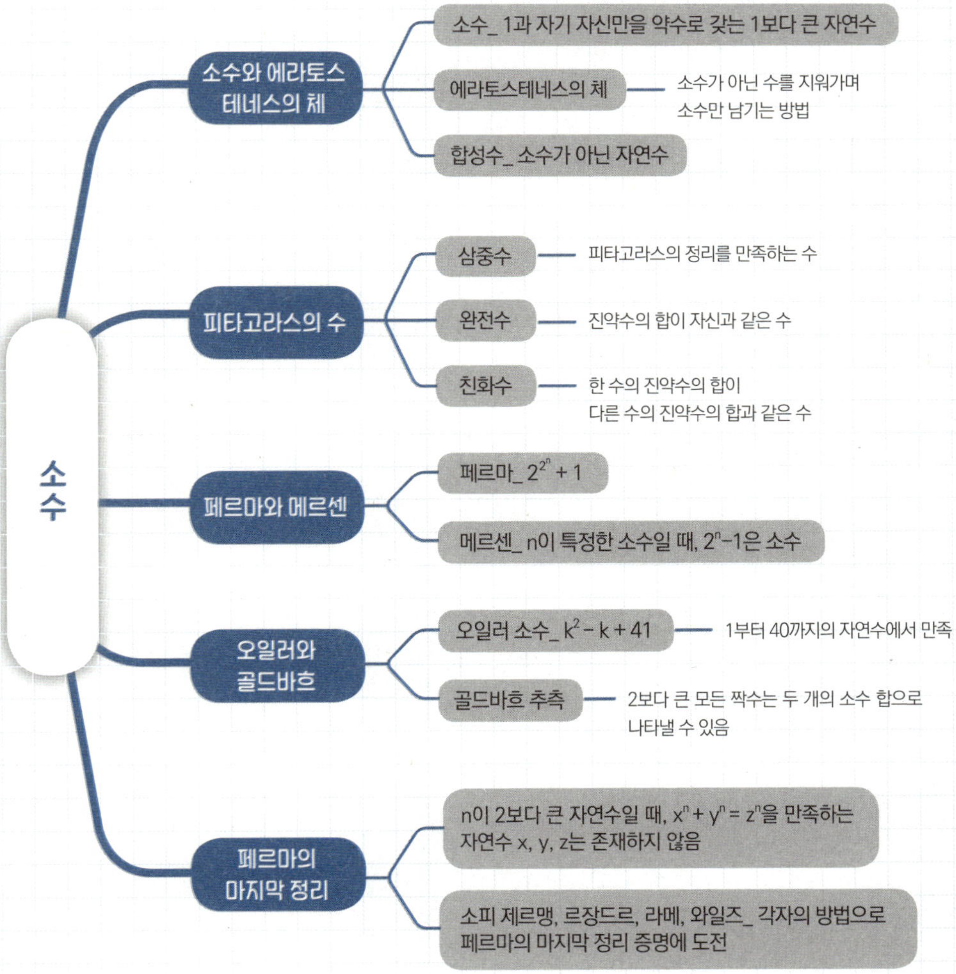

소수

소수와 에라토스테네스의 체

- 소수_ 1과 자기 자신만을 약수로 갖는 1보다 큰 자연수
- 에라토스테네스의 체 — 소수가 아닌 수를 지워가며 소수만 남기는 방법
- 합성수_ 소수가 아닌 자연수

피타고라스의 수

- 삼중수 — 피타고라스의 정리를 만족하는 수
- 완전수 — 진약수의 합이 자신과 같은 수
- 친화수 — 한 수의 진약수의 합이 다른 수의 진약수의 합과 같은 수

페르마와 메르센

- 페르마_ $2^{2^n} + 1$
- 메르센_ n이 특정한 소수일 때, $2^n - 1$은 소수

오일러와 골드바흐

- 오일러 소수_ $k^2 - k + 41$ — 1부터 40까지의 자연수에서 만족
- 골드바흐 추측 — 2보다 큰 모든 짝수는 두 개의 소수 합으로 나타낼 수 있음

페르마의 마지막 정리

- n이 2보다 큰 자연수일 때, $x^n + y^n = z^n$을 만족하는 자연수 x, y, z는 존재하지 않음
- 소피 제르맹, 르장드르, 라메, 와일즈_ 각자의 방법으로 페르마의 마지막 정리 증명에 도전

13장

평행선에서 벗어난 수학, 비유클리드 기하학

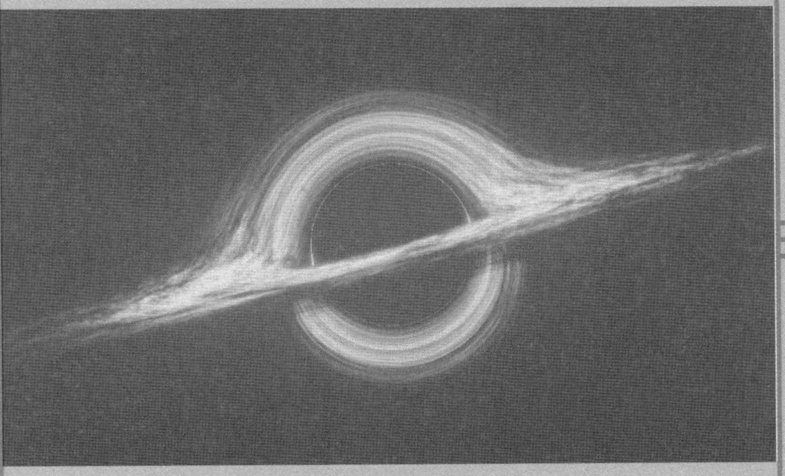

시공간이 무한히 휘어진 블랙홀

정교수의 pick

◆ 비유클리드 기하학　◆ 평행선 공리　◆ 곡률
◆ 쌍곡선 기하학　◆ 구면 기하학　◆ 리만 기하학

비유클리드 기하학이 바꾼 공간의 생각법

물체가 떨어지는 걸 볼 때, 가장 먼저 떠오르는 과학 개념은 바로 중력입니다. 우리는 중력을 '끌어당기는 힘'이라고 배웠지만, 20세기에 아인슈타인은 전혀 다른 설명을 제시했어요. 그는 중력이 공간과 시간을 휘게 만들고, 물체는 그 휘어진 시공간을 따라 움직인다고 보았습니다.

이 개념을 표현하기 위해 아인슈타인은 리만 기하학이라는 수학 도구를 사용했어요. 리만 기하학은 평평한 공간이 아닌, 구부러진 공간을 다루는 기하학이에요. 예를 들어, 지구 표면 같은 둥근 공간에서는 삼각형의 세 각의 합이 180도를 넘기도 합니다. 이처럼 리만 기하학은 우리가 일상에서 접하는 평면 기하학과는 전혀 다른 세계를 보여 줍니다. 낯설지만 흥미로운 기하학의 세계, 함께 탐구해 볼까요?

평행선 공리

우리가 학교에서 처음 배우는 기하학은 대부분 유클리드 기하학입니다. 앞서 소개한 유클리드의 『원론』이라는 책을 기반으로 하지요. 이 책에는 기하학을 구성하는 기본 원칙들인 공리_{Axiom}가 정리되어 있어요. 공리란, 너무나 자명해서 굳이 증명할 필요 없이 당연하다고 받아들이는 명제를 뜻하지요. 그중에서도 유난히 유명하고, 또 많은 사람들의 골머리를 앓게 한 공리가 있어요. 바로 제5공리, 평행선 공리입니다. 이 공리는 대체 무엇일까요?

[유클리드의 평행선 공리]

두 직선이 다른 한 직선과 만날 때 같은 쪽에 있는 두 각의 합이 180도보다 작은 경우 이 두 직선을 무한히 연장하면 두 직선은 한 점에서 만난다.

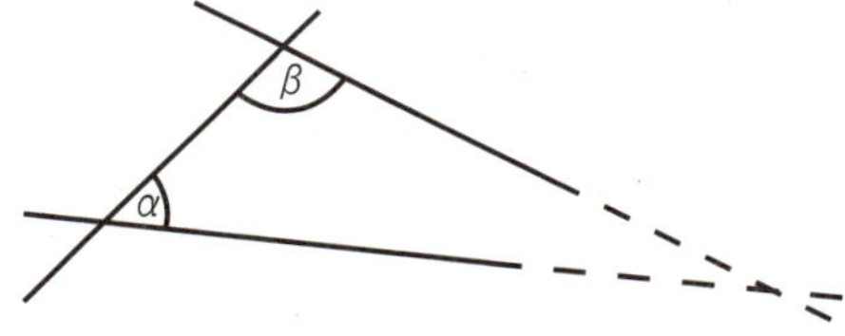

평행선 공리는 『원론』이 나온 이후부터 무려 2천 명이 넘게 수학자들의 관심을 끌었어요. 일부 수학자들은 유클리드가 이 성질을 증명할 수 없어서 공리로 부르게 되었다고 생각하기도 했지요. 많은 수학자들이 이 공리를 증명하려고 시도했어요. 고대 그리스의 프로클로스부터 이븐 알-하이탐, 오마르 카이얌, 나시르 알-딘 알-투시, 비텔로, 게르소니데스, 그리고 나중에는 존 월리스, 요한 하인리히 람베르트, 르장드르 등이 증명에 도전했지만 모두 실패했지요.

이 공리는 나중에 스코틀랜드의 수학자 플레이페어_{John Playfair}가 제시한 등가 명제로도 표현할 수 있는데, 이를 플레이페어의 공리라고 불러요.

[플레이페어의 공리]

평면 위의 어떤 점과 그 점을 지나지 않는 직선이 있을 때, 이 점을 지나면서 주어진 직선과 만나지 않는 직선은 오직 하나만 존재한다.

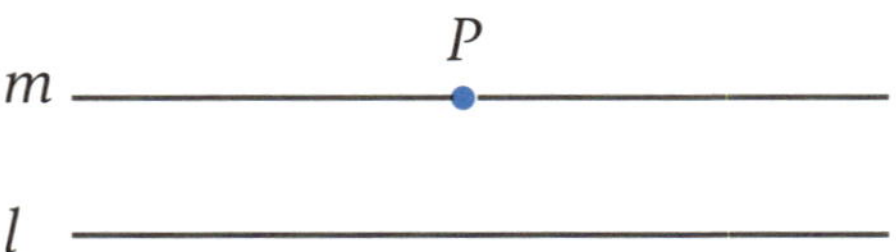

위 그림을 보면 주어진 직선 l과 직선 밖의 점 P에 대해 점 P를 지나면서 직선 l과 만나지 않는 직선은 직선 m이 유일해요. 이때 직선 m과 직선 l은 평행하다고 말하고 이 두 직선을 평행선이라고 부르지요.

비유클리드 기하학의 시작

수세기 동안 많은 수학자들이 유클리드의 평행선 공리를 증명하려 했지만 모두 실패했습니다. 그렇다면 이 공리를 받아들이지 않아도 성립하는 기하학은 없을까요? 이 질문에 도전한 두 명의 수학자가 있었습니다. 바로 헝가리의 야노시 볼랴이János Bolyai와 러시아의 니콜라이 로바쳅스키Nikolai Lobachevsky입니다.

볼랴이는 당시 헝가리 제국의 일부였던 트란실바니아 지역에서 태어났습니다. 볼랴이는 13살에 이미 미적분학과 해석 역학을 익혔을 만큼 뛰어난 수학 능력을 지니고 있었어요. 게다가 독일어, 프랑스어, 이탈리아어, 루마니아어 등 여러 외국어도 구사할 수 있었지요. 볼랴이는 수년 동안 유클리드의 평행선 공리를 증명하는 데 매달렸어요. 수학자였던 아버지는 1820년, 볼랴이에게 다음과 같은 편지를 썼지요.

나는 이 길의 끝을 알고 있다. 나는 내 인생의 모든 빛과 기쁨을 꺼버린 채 이 문제에 도전했지만, 아무것도 얻은 것이 없다. 아들아, 너도 평행선 가정에 대한 미련을 버려라.

―볼랴이의 아버지가 아들에게 쓴 편지 중

그러나 볼랴이는 연구를 포기하지 않았어요. 그리고 평행선 가정을 부정하면 새로운 기하학을 만들 수 있다는 결론에 도달했지요. 1823년, 그는 아버지에게 이렇게 썼어요.

나는 너무나 놀라운 것들을 발견했습니다. 나는 무(無)에서 낯선 새로운 우주를 창조했습니다.

―볼랴이가 아버지에게 보낸 편지 중

볼랴이의 연구 결과는 1832년, 그의 아버지에 의해 수학 교과서의 부록으로 출판되었어요. 훗날 가우스는 이 부록을 읽고는 볼랴이의 아버지에게 다음과 같은 편지를 썼다고 해요.

나는 이 젊은 기하학자 볼랴이를 세계 최고의 수학 천재라 생각합니다.

―가우스가 볼랴이의 아버지에게 보낸 편지 중

볼라이와 비슷한 시기, 러시아에서도 또 한 명의 수학자가 평행선 공리를 부정하며 새로운 기하학의 문을 열고 있었어요. 바로 니콜라이 로바쳅스키입니다. 로바쳅스키는 1792년, 러시아 제국의 니즈니노브고로드에서 태어났어요. 로바쳅스키는 아버지를 일찍 여의고 어머니와 함께 카잔으로 이사했어요. 1807년, 카잔 김나지움을 졸업하고 카잔 대학교에 진학한 로바쳅스키는 가우스의 친구인 요한 크리스티안 마르틴 바르텔스Johann Christian Martin Bartels 교수의 영향을 많이 받습니다.

로바쳅스키 역시 유클리드의 공리를 의심했습니다. 그는 연구를 거듭해 1829년~1830년 사이 「기하학의 기원On the Origin of Geometry」이란 논문을 발표했어요. 여기서 평행선 공리를 부정한 전혀 새로운 기하학, 즉 쌍곡선 기하학이 탄생하지요.

휘어진 공간에서의 기하학

볼라이와 로바쳅스키가 만든 새로운 기하학을 쌍곡선 기하학이라고 합니다. 쌍곡선 기하학은 평면이 아닌, 휘어진 공간(곡면)에서 성립하는 기하학이에요. 다음 그림을 보세요.

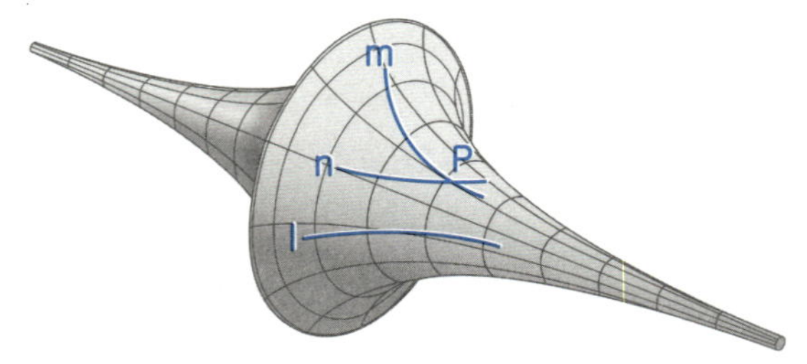

이 그림의 주어진 곡선 l과 그 밖의 점 P를 보면, 점 P를 지나면서 곡선 l과 만나지 않는 곡선을 무수히 많이 그릴 수 있습니다. 위 그림에서 곡선 m과 곡선 n은 곡선 l과 만나지 않아요. 즉 평행선이 여러 개 존재하는 셈이지요. 결국 이러한 곡면에서는 유클리드의 평행선 공리가 성립하지 않습니다. 이때 생기는 곡선의 모양이 쌍곡선이기 때문에 이런 곡면에서 성립하는 기하학을 쌍곡선 기하학이라고 부른답니다.

또 하나 흥미로운 점은 삼각형 내각의 합에 관한 것입니다. 유클리드 기하학에서는 삼각형 내각의 합이 180°이지만 쌍곡선 기하학에서는 삼각형 내각이 합이 180°보다 작아요.

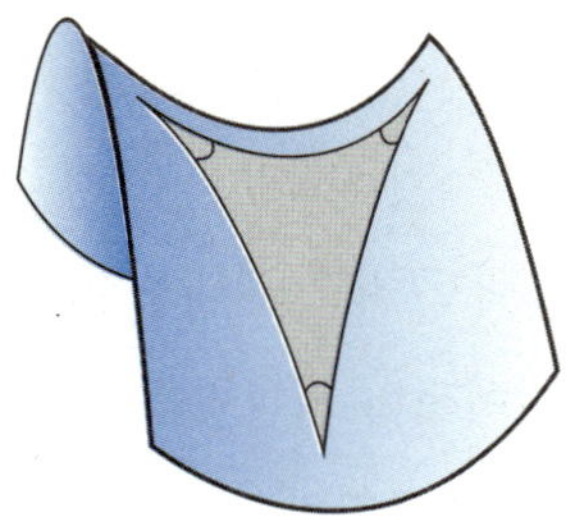

쌍곡선 기하학이 적용되는 말안장 곡면 위의 삼각형

위의 그림은 말안장 곡면에 삼각형을 그린 것으로 쌍곡선 기하학의 특징을 볼 수 있어요.

반대로 삼각형 내각의 합이 180도 보다 커지는 기하학도 있습니다. 구면 위에 삼각형을 그리면 삼각형 내각의 합이 180도 보다 커지는데, 이를 구면에서의 기하학, 즉 구면 기하학이라고 불러요. 구면 기하학 역시 유클리드의 평행선 공리를 만족하지 않으므로 비유클리드 기하학의 한 형태로 분류돼요. 구면 위의 한 곡선과 그 곡선 밖의 점을 생각하면, 이 점을 지나는 곡선 중에서 주어진 곡선과 만나지 않는 곡선은 존재하지 않기 때문입니다.

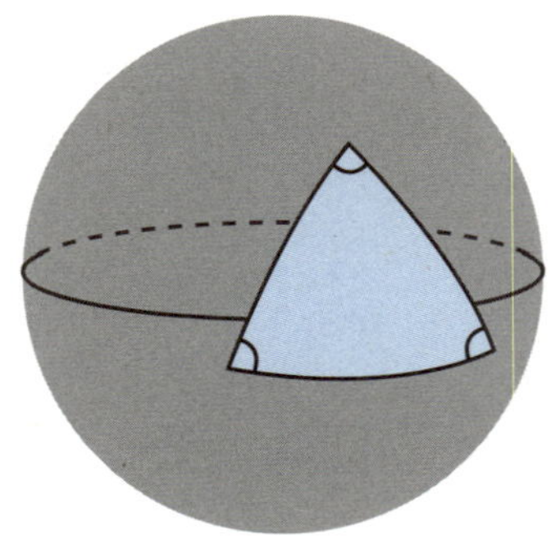

구면 위에서의 기하학

　이런 기하학은 이미 고대 그리스 시대부터 존재했습니다. 그들은 천문학이나 항법을 위해 구면에서의 기하학을 연구했어요. 지구가 구면이기 때문이지요. 기원전 4세기 천문학자이자 수학자, 지리학자였던 오토리쿠스는 『회전하는 구체에 관하여』라는 책에서 구가 축을 중심으로 회전할 때 구면 위의 점과 호의 움직임에 관한 내용을 다루었어요. 이후 테오도시우스는 『구형』이라는 책에서 구면 위에서 삼각형의 성질에 대한 이론을 정리했지요.

　이처럼 고대의 구면 기하학 연구는 유클리드 기하학과는 다른 방식의 공간을 상상하게 해 주었고, 비유클리드 기하학이 탄생하는 바탕이 되었어요.

리만 기하학의 등장

우리는 흔히 '기하학'이라고 하면 삼각형, 사각형, 평행선이 등장하는 평면 위의 세계를 떠올립니다. 이런 기하학은 고대 그리스 수학자 유클리드가 정립한 것으로, 유클리드 기하학이라고 하지요. 그런데 19세기, 이 평면의 질서에 의문을 던진 수학자들이 나타납니다. 바로 '수학의 왕'이라 불리는 가우스, 그리고 그의 제자 리만Georg Friedrich Bernhard Riemann이에요. 이 두 사람은 비유클리드 기하학, 즉 휘어진 공간의 수학을 발전시킨 인물들이에요.

가우스는 말년에 제자인 리만과 함께 곡면 위에서의 기하학, 즉 곡률Curvature에 대해 연구했어요. 하지만 가우스는 자신이 발견한 비유클리드 기하학의 결과를 공식적으로 발표하지 않았어요. 시대 통념을 벗어나는 급진적인 내용이라 쉽게 받아들여지기 어렵다고 생각했기 때문이에요. 이 연구는 가우스가 세상을 떠난 후, 리만이 본격적으로 곡면의 곡률에 관한 연구를 체계화하면서 리만 기하학이라는 이름으로 불리게 되지요.

1847년, 베를린 대학교에서 괴팅겐 대학교로 돌아온 리만은 가우스의 지도 아래 수학 박사 학위를 받습니다. 당시 독일은 교수 자격을 취득하기 위해 시범 강의라는 제도가 있었어요. 리만은 1854년 6월 10일, 수학과 교수들 앞에서 「휘어진 면에서의 기하학」이라는 새로운 기하학 논문을 발표합니다. 이 논문이 바로 아인슈타인이 일반 상대성 이론을 만드는 데 크게 이바지한 리만 기하학입니다. 시범 강의를 통과한 리만은 그해 첫 수업을 맡지만 수업이 너무 어려워서 수업을 듣는 학생은 아주 적었다고 해요. 1859년 7월, 정교수가 된 리만은 같은 해 8월에는 베를린 학술원 회원이 되는데, 이때 제출한 논문이 그 유명한 리만 가설이 들어 있는 「어떤 수보다 작은 소수의 개수에 관하여」랍니다.

곡면 곡률 개념의 탄생

곡률이라는 개념은 단순히 곡선과 곡면의 모양을 설명하는 데 그치지 않습니다. 리만은 이 곡률 개념을 수학적으로 확장해, 휘어진 공간 전체를 다룰 수 있는 새로운 기하학을 만들었어요.

우리가 사는 세상은 겉보기엔 평평해 보이지만, 조금만 자세히 들여다보면 세상 곳곳에는 휘어진 것들이 넘쳐 납니다. 바닷가의 조개껍데기, 자동차 타이어, 산의 능선, 심지어 우리가 사는 지구 자체도 둥글게 휘어져 있어요. 수학자들은 이런 휘어짐을 곡률이라는 개념으로 표현해요.

베르하르트 리만

- 1826년: 하노버 왕국 브레셀렌츠에서 태어남.
- 1840년: 하노버로 이사해 할머니 손에서 자람.
- 1842년: 요하네움에서 고등학교에 다니며 신학을 공부함. 이때 수학적 재능도 두각을 나타냄.
- 1846년: 신학과 문헌학을 공부하던 중 괴팅겐 대학교에 진학함. 이곳에서 가우스를 만나고 수학 연구를 할 것을 권유받음.
- 1847년: 베를린 대학교에서 야코비, 디리클레, 슈타이너, 아이젠슈타인 같은 수학자들에게 배움.
- 1851년: 가우스의 지도 아래, 복소함수 이론에 관한 연구로 괴팅겐 대학교에서 박사 학위를 받음.
- 1854년: 「휘어진 면에서의 기하학」에서 리만 기하학의 기초를 제시함.
- 1859년: 베를린 학술원에서 제출한 논문에서 수학의 난제 중 하나인 '리만 가설'을 제안함.

곡률이란 쉽게 말해, 휘어진 정도를 의미합니다. 바꿔 말하면, 어떤 곡선이나 곡면이 얼마나 휘어져 있는지 수로 표현한 것이에요. 처음에는 곡선에서 시작했어요. 곡선의 곡률을 처음 연구한 수학자는 앞에서 소개했던 니콜라스 오렘이랍니다.

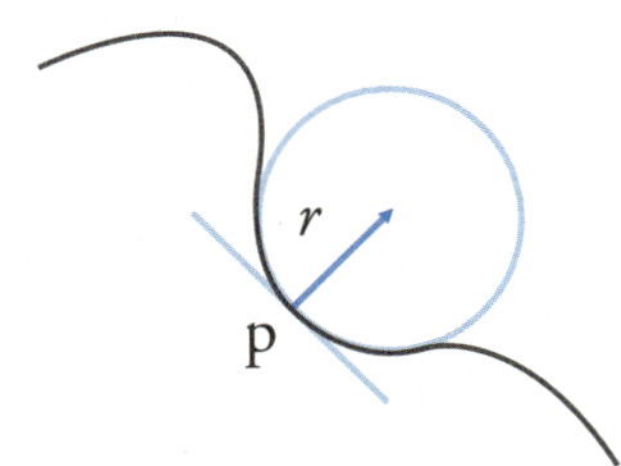

평면 위에 어떤 곡선이 주어져 있을 때 그 곡선의 굽은 정도를 나타내는 것을 곡률이라고 해요. 위 그림에서 점 P에서 곡률을 구하기 위해서는 점 P에서 접선을 그리고, 이 점에서 접선에 수직인 직선을 그리면 돼요. 이때 곡선의 일부분이 원의 일부가 되도록 원을 그리고 그 반지름을 r 이라고 하면, 이 r 을 곡선의 곡률 반지름이라 부르고, 원의 중심은 곡률 중심이라고 해요. 이때 곡률을 K 라고 하면

$$K = \frac{1}{r}$$

즉 반지름의 역수가 됩니다. 곡률 반지름이 작을수록 곡률은 커지고, 곡률 반지름이 클수록 곡률은 작아져요. 극단적인 예로 직선의 경우에는 곡률 반지름이 무한대인 원으로 생각할 수 있어요. 그러므로 직선의 곡률은 0이지요.

곡면에서도 곡률을 측정할 수 있어요. 다음과 같은 계란 표면을 생각해 보세요.

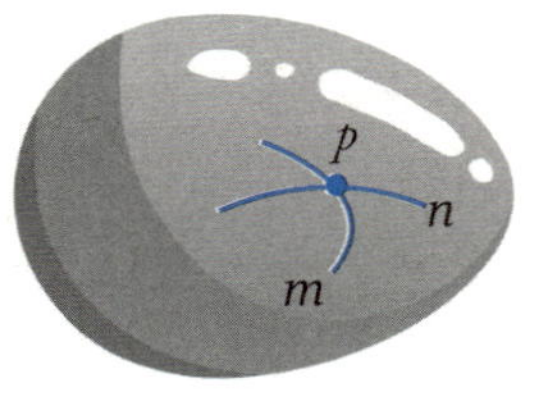

계란 표면에서 곡선의 곡률

계란 위의 한 점에서 두 개의 서로 다른 곡선, 곡선의 곡률이 제일 큰 곡선과 제일 작은 곡선을 그립니다. 곡선의 곡률이 가장 큰 곡선의 곡률을 m이라고 하고 곡선의 곡률이 가장 작은 곡선의 곡률을 n이라고 할 때, 이 두 곡률의 곱을 곡면의 곡률로 정의하는데 이를 가우스 곡률이라고 해요. 휘어진 방향에 따라 곡률에 부호도 붙일 수 있어요. 곡선을 위에서 봤을 때 위로 볼록하면 양수, 위로 오목하면 음수로 부호를 붙이지요. 만약 곡선이 직선이라면 곡률은 0이 됩니다. 그러니 곡선의 곡률은 양수나 음수 또는 0이 되지요.

따라서 곡면의 곡률 K는

$$K = m \times n$$

으로 정의됩니다. 이 경우 m과 n이 모두 양수이므로 곡면의 곡률은 양수가 되지요.

반지름 R인 구면인 경우,

$$m = \frac{1}{R} \qquad n = \frac{1}{R}$$

이므로 구면의 곡률은

$$K = \frac{1}{R} \times \frac{1}{R} = \frac{1}{R^2}$$

이 되지요.

음의 곡률이 나오는 경우도 살펴볼까요? 다음과 같은 말안장 모양의 곡면을 보세요.

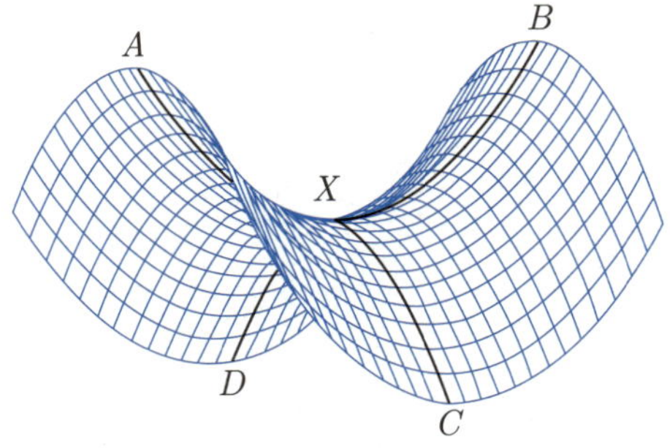

이때 곡면 위의 한 점에서 곡선의 곡률이 가장 큰 값을 가지는 경우는 곡선 DC입니다. 이 곡선은 위로 볼록하므로 $m > 0$ 이지요. 곡선의 곡률이 가장 작은 경우는 곡선 AB이고, 이 곡선은 위로 오목하므로 $n < 0$ 이지요. 그러니까 이 곡면의 곡률은

$$K = m \times n < 0$$

이 됩니다. 즉, 말안장 곡면처럼 오목하고 볼록한 방향이 동시에 있는 곡면은 음의 곡률을 가지게 되지요.

20세기에 들어서 아인슈타인은 이 개념을 바탕으로 우주의 시공간이 질량에 따라 휘어진다는 이론을 만들었어요. 바로 일반 상대성 이론이지요. 곡률을 수학적으로 정리한 개념은 아인슈타인이 일반 상대성 이론을 체계화하는 데 결정적인 역할을 합니다. 이때 사용된 수학이 바로 리만 기하학, 그리고 가우스 곡률이었어요.

곡률은 우리 눈에 보이지 않지만, 세상의 숨은 구조를 드러내는 열쇠예요. 곡률이 0이면 평평한 세상, 양수면 둥근 세상, 음수면 말안장 같은 세상이에요. 그리고 수학의 눈으로 보면, 이 휘어짐의 세계는 명확하고, 논리적이며, 아름답기까지 하지요.

생각의 가지

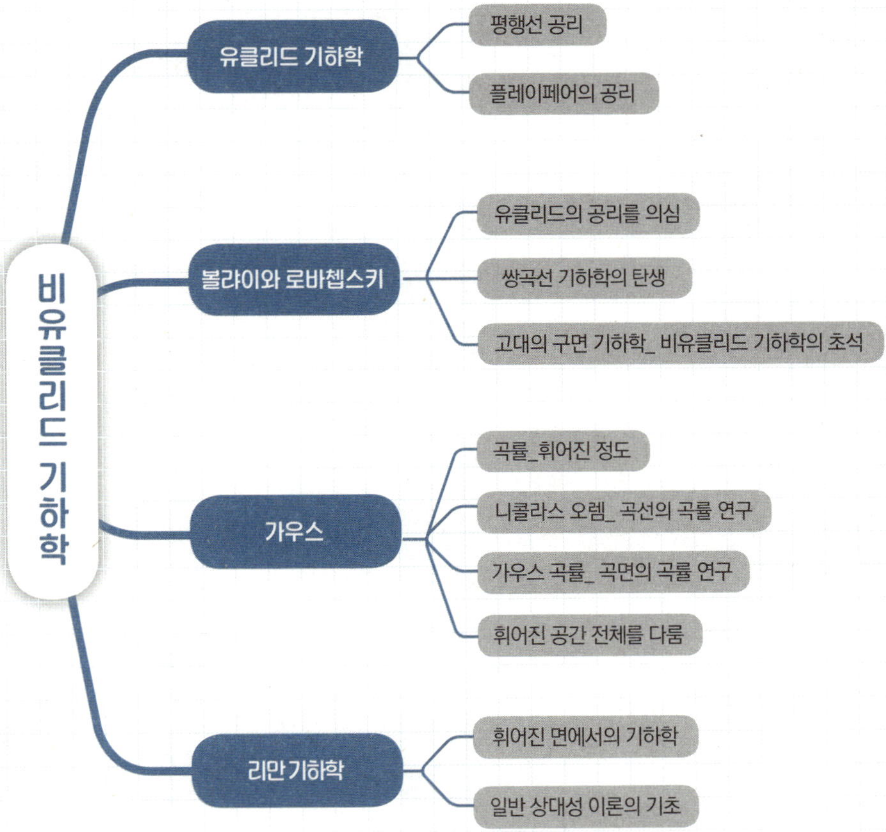

비유클리드 기하학

유클리드 기하학
평행선 공리
플레이페어의 공리

볼랴이와 로바쳅스키
유클리드의 공리를 의심
쌍곡선 기하학의 탄생
고대의 구면 기하학_ 비유클리드 기하학의 초석

가우스
곡률_휘어진 정도
니콜라스 오렘_ 곡선의 곡률 연구
가우스 곡률_ 곡면의 곡률 연구
휘어진 공간 전체를 다룸

리만 기하학
휘어진 면에서의 기하학
일반 상대성 이론의 기초

14장

수학이 마주한 끝없는 이야기, 무한

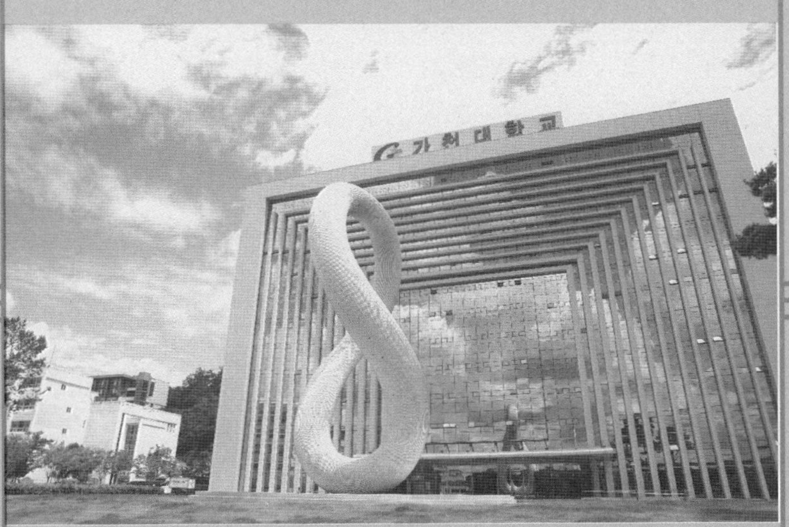

무한대를 형상화한 가천대학교의 '무한대상'

정교수의 pick

◆무한대 ◆아페이론 ◆무한 집합 ◆일대일 대응
◆데데킨트 절단 ◆무한 호텔

끝이 없는 수, 그 수를 세다

무한대를 뜻하는 기호 ∞는 수학뿐 아니라 예술의 영역에서도 자주 만날 수 있습니다. 독일계 미국인 예술가 고든 휴더는 이 무한대 기호를 거대한 조형물로 만들어, 끝없는 가능성과 연결의 의미를 표현했지요. 이 작품은 길이 약 18미터, 너비 12미터, 높이 6미터 정도이고 강철 합금인 코르텐 스틸로 만들어졌어요.

우리나라에도 무한대를 형상화한 작품이 있습니다. 가천대학교 잔디광장에는 '무한한 발전'을 상징하는 조형물이 설치되어 있어요. 수학의 기호를 넘어 무한대는 이제 가능성의 상징이 되었지요. 그렇다면 이 독특한 기호와 개념은 언제, 어떻게 등장했을까요?

무한의 시작, 아페이론

우리가 무한이라는 개념을 자연스럽게 떠올릴 수 있는 건, 수천 년 동안 많은 철학자와 수학자들이 끝없이 토론하고 탐구했기 때문입니다. 무한에 대한 생각은 수학 기호보다도 훨씬 오래전부터 존재했지요.

고대 그리스 시대, 무한에 대한 최초의 개념은 철학자 아낙시만드로스

Anaximander에 의해 탄생했습니다. 아낙시만드로스는 오늘날 튀르키예 지역인 이오니아의 밀레투스에서 활동했어요. 탈레스의 제자이기도 한 아낙시만드로스는 만물의 근원을 '물'이라고 생각한 스승과는 달리, 세상의 근원을 영원하고 무한하며 새로운 물질을 끊임없이 생산하는 '아페이론^{ἄπειρον}'으로 생각했어요. 이것이 무한에 대해 언급한 최초의 사례이자 무한 개념의 철학적 출발점이 되었지요.

갈릴레오의 역설

아낙시만드로스가 무한의 본질을 철학적으로 사유했다면, 갈릴레오는 그 무한을 수학적으로 바라보려 했습니다. 갈릴레오는 무한이라는 개념이 우리의 직관과는 전혀 다른 방식으로 작동할 수 있다고 생각했어요. 이런 아이디어는 그가 1638년에 출간한 『새로운 두 과학』이라는 책에 담겨 있어요.

갈릴레오는 무한 집합의 성질을 탐구하다가 다음과 같은 흥미로운 질문을 던집니다.

"자연수의 집합과 제곱수의 집합 중 어느 쪽이 더 많을까?"

예를 들어, 20 이하의 수로 제한하면 자연수는

$$1, 2, 3, 4 \cdots 20$$

이고, 제곱수는

$$1, 4, 9, 16$$

입니다. 20 이하의 자연수 개수는 20개이고, 20 이하의 제곱수 개수는 4개뿐이니 당연히 자연수가 더 많지요. 하지만 무한으로 확장하면 상황은 완전히 달라집니다. 갈릴레오는 모든 제곱수에 대해 그에 대응하는 자연수를 찾을 수 있다고 생각했고 그 반대도 가능하다는 사실을 발견했어요.

$$1 \leftrightarrow 1^2$$
$$2 \leftrightarrow 2^2$$
$$3 \leftrightarrow 3^2$$
$$4 \leftrightarrow 4^2$$
$$\vdots$$

갈릴레오는 이러한 일대일 대응이 모든 자연수들에 의해 정의되므로 자연수의 개수와 제곱수의 개수가 같다고 생각했습니다. 이것은 오늘날 갈릴레오의 역설로 알려져 있으며, 무한 집합은 우리에게 익숙한, 단순한 '수의 크기 비교'로는 이해할 수 없는 전혀 새로운 세계라는 것을 보여 주는 중요한 사례랍니다.

데데킨트의 일대일 대응

갈릴레오는 무한한 수의 집합에서도 서로 다른 크기의 집합이 일대일 대응을 통해 같은 크기로 보일 수 있음을 보였습니다. 이 아이디어는 19세기에 들어 리하르트 데데킨트Richard Dedekind에 의해 수학적으로 더 발전했어요.

데데킨트는 1831년, 독일 브라운슈바이크에서 태어났습니다. 1848년, 괴팅겐 대학교에 입학해 가우스와 디리클레 밑에서 수학을 공부한 후, 1852년, 「오일러 적분 이론에 관하여Über die Theorie der Eulerschen Integrale」라는 논문으로 박사 학위를 받았어요. 이후 1885년에는 취리히 연방 공과 대학교에서, 1862년부터는 브라운슈바이크 공과 대학교에서 학생들을 가르쳤지요.

수는 수직선 위의 한 점에 대응합니다. 그런데 데데킨트는 수직선 위의 점들이 유리수만으로는 다 표현되지 않는다고 말했어요. 수직선 위의 점을 모두 나타내기 위해서는 유리수뿐 아니라 무리수도 필요하다고 생각했지요.

데데킨트는 수직선의 수들이 유리수와 무리수로 이루어져 있다고 주장했습니다. 먼저 수직선 중에서 0과 1 사이의 수만 생각해 볼까요? 분모가 2인 분수 중에서 0과 1 사이에 존재하는 것은 $\frac{1}{2}$이에요. 또한 이 사이에 놓이는 분모가 3인 유리수는 $\frac{1}{3}$, $\frac{2}{3}$이지요. 마찬가지로 0과 1 사이의 수직선에 놓이는 분모가 4인 유리수는 $\frac{1}{4}$, $\frac{3}{4}$입니다. 이런 식으로 분모가 다른 유리수들을 모두 표시하면 수직선이 꽉 차게 될 거예요. 하지만 데데킨트는 이런 방법으로는 수직선을 완전하게 채울 수 없다는 것을 알아냈어요. 데데킨트가 어떻게 이 사실을 알아냈는지 살펴보도록 하지요. 데데킨트는 다음 그림과 같이 한 변의 길이가 1인 정사각형의 한 변 OI를 수직선 위에 놓았습니다.

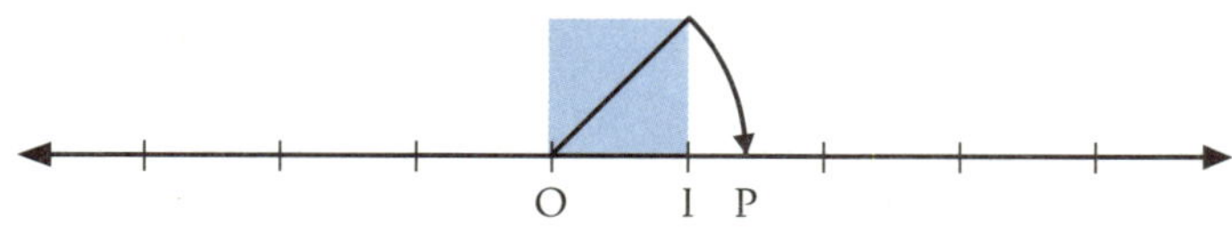

수직선은 유리수만으로는 꽉 채울 수 없다.

이때 대각선의 길이는 피타고라스의 정리에 의해 무리수 $\sqrt{2}$가 됩니다. 정사각형을 점 O를 중심으로 시계 방향으로 45°만큼 회전시키면 대각선 끝에 있던 점이 수직선 상의 점 P와 만나게 돼요. 이때 점 O와 점 P 사이의 거리는 $\sqrt{2}$이므로 $\sqrt{2}$에 해당되는 점이 수직선에 존재해야 합니다. 데데킨트는 이런 무리수도 수직선 위의 점으로 반드시 존재해야 한다고 주장했습니다. 이는 수직선을 구성하는 점들이 모두 유리수가 아니라는 것을 의미해요. 즉, 수직선은 유리수와 무리수에 의해 빽빽하게 채워질 수 있음을 뜻하지요.

수직선을 아무리 작게 나누어도 그 안에는 유리수와 무리수가 무한히 존재한다는 사실은, 실수Real Number가 유리수보다 더 촘촘하게 이어져 있다는 점을 보여 줍니다. 데데킨트는 이런 실수를 수학적으로 다루기 위해 '데데킨트 절단'이라는 개념을 만들었어요. 이 절단 개념은 실수의 이론적 기초를 제공한 중요한 아이디어였지요.

또한 데데킨트는 무한 집합 사이의 일대일 대응의 아이디어를 명확하게 정리했어요. 데데킨트는 선을 무한한 점의 집합으로 생각했지요. 다음 그림을 볼까요?

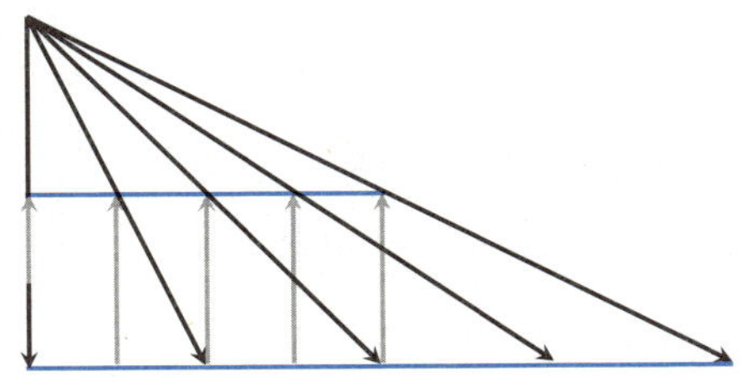
무한 집합과 부분 집합 사이의 일대일 대응

아래쪽 파란색 선의 왼쪽 절반은 위쪽 파란색 선에 완벽하게 일대일 대응(회색 대응)할 수 있고, 다시 아래쪽 파란색 선 전체와 일대일 대응(검은색 대응)할 수 있습니다. 결국 왼쪽 절반 속의 점의 개수와 파란색 선 전체의 개수는 같다는 뜻이에요. 이처럼 무한 집합에서는 부분과 전체가 똑같은 크기를 가질 수 있다는 생각은 이후 칸토어에 의해 체계화되었어요. 무한을 수학적으로 다루는 사고방식은 데데킨트와 칸토어를 거치며 발전했고, 이후 집합론과 실수 체계의 기초를 마련했어요.

무한대도 셀 수 있다

무한에 관한 수학적 탐구는 데데킨트를 거쳐 마침내 칸토어Georg Cantor에게서 전환점을 맞이하게 됩니다. 칸토어는 무한 집합의 크기를 비교하고 분류하는 새로운 개념을 도입해, 현대 수학의 기초를 완전히 다시 쓰기 시작했어요.

　이토록 위대한 업적을 세웠지만 칸토어의 삶은 불행했습니다. 칸토어는 1845년, 러시아 상트페테르부르크에서 태어났어요. 칸토어가 11살이 되던 해, 아버지의 건강이 나빠지면서 칸토어 가족은 혹독한 러시아 겨울을 피해 더 따뜻한 독일로 이주했습니다. 독일 다름슈타트에서 고등학교를 마친 칸토어는 1862년, 스위스 취리히 연방 공과 대학교에 입학했어요. 1년 후 독일 베를린 대학교로 편입했고, 1867년, 정수론에 대한 논문으로 박사 학위를 받았지요. 이후 그는 독일 할레 대학교에서 교편을 잡으며 수학자로서 본격적인 연구를 시작했어요.

현대 수학의 기초가 되는 집합론의 창시자 게오르그 칸토어

　칸토어의 업적은 무한 집합에 대한 체계적인 이론을 세운 것입니다. 그는 무한 집합을 '셀 수 있는 집합'과 '셀 수 없는 집합'으로 구분했어요. 원소의 개수가 유한개인 집합을 유한 집합이라고 하는데, 유한 집합은 셀 수 있는 집합이에요. 예를 들어, 자연수 집합은 비록 무한하지만 각 원소를 하나씩 셀 수 있으므로, 셀 수 있는 집합이에요.

　칸토어는 셀 수 있는 무한 집합에 대해서 원소의 개수 대신에 농도 Cardinality라는 용어를 사용했습니다. 그는 자연수의 농도를 $\aleph_0$, 알레프 제로라고 정의했지요. 칸토어는 어떤 집합이 자연수의 집합과 일대일 대응을 이룬다면 그 집합의 농도는 자연수의 집합의 농도인 $\aleph_0$가 된다고 주장했어요. 예를 들어, 0보다 큰 짝수의 집합에서도 짝수와 자연수를 다음과 같이 일대일 대응시킬 수 있어요.

$$2 \quad 4 \quad 6 \quad 8 \cdots$$

$$\downarrow \quad \downarrow \quad \downarrow \quad \downarrow$$

$$1 \quad 2 \quad 3 \quad 4 \cdots$$

그러므로 0보다 큰 짝수의 집합의 농도 역시 $\aleph_0$가 되고, 마찬가지로 0보다 큰 홀수의 집합의 농도 역시 $\aleph_0$이지요. 정수의 집합도 마찬가지입니다. 다음과 같이 정수와 자연수를 일대일 대응시킬 수 있어요.

$$0 \quad 1 \quad -1 \quad 2 \quad -2 \quad 3 \quad -3 \cdots$$

$$\downarrow \quad \downarrow \quad \downarrow \quad \downarrow \quad \downarrow \quad \downarrow \quad \downarrow$$

$$1 \quad 2 \quad 3 \quad 4 \quad 5 \quad 6 \quad 7 \cdots$$

하지만 실수는 자연수와 일대일 대응하지 않습니다. 즉 셀 수 없지요. 실수 전체를 다음과 같이 자연수에 일대일 대응시킬 수 있다고 가정해 봅시다.

$$0.1234567 \cdots \quad \leftrightarrow 1$$

$$0.2333333 \cdots \quad \leftrightarrow 2$$

$$0.3000000 \cdots \quad \leftrightarrow 3$$

$$0.4142135 \cdots \quad \leftrightarrow 4$$

$$0.5415926 \cdots \quad \leftrightarrow 5$$

$$0.6666666 \cdots \quad \leftrightarrow 6$$

$$0.7788995 \cdots \quad \leftrightarrow 7$$

이 대응에서 다음과 같이 파랗게 나타난 수를 바꿔 봅시다.

$$0.1234567 \cdots \quad \leftrightarrow 1$$

$$0.2333333 \cdots \quad \leftrightarrow 2$$

$$0.3000000 \cdots \quad \leftrightarrow 3$$

$$0.4142135 \cdots \quad \leftrightarrow 4$$

$$0.5415926 \cdots \quad \leftrightarrow 5$$

$$0.6666666 \cdots \quad \leftrightarrow 6$$

$$0.7788995 \cdots \quad \leftrightarrow 7$$

$$\vdots$$

소수 첫째 자릿수를 1이 아닌 4를, 소수 둘째 자릿수는 3이 아닌 7을 택합니다. 같은 방법으로 소수 셋째 자릿수는 0이 아닌 8을, 소수 넷째 자릿수는 2가 아닌 9를, 소수 다섯째 자릿수는 9가 아닌 1을, 소수 여섯째 자릿수는 6이 아닌 0을, 소수 일곱째 자릿수는 5가 아닌 3을 택하는 식으로 새로운 수를 만드는 거예요. 이 경우 다음과 같은 수가 됩니다.

$$0.4789103 \cdots$$

이런 식으로 만들어진 수는 자연수와 일대일 대응했다고 가정한 그 목록에 없는 실수입니다. 그러므로 실수를 자연수와 일대일 대응시킬 수 있다는 가정은 잘못되었지요. 그러므로 실수는 자연수와 일대일 대응을 이루지 않아요. 즉, 실수는 무한하며 셀 수 없지요. 이 방법을 칸토어의 대각선 논법이라고 해요.

칸토어는 이런 획기적인 이론을 통해 현대 수학의 기초를 다시 쓰다시피 했지만, 동시대 수학자들에게는 환영받지 못했어요. 칸토어는 수학의 메카로 불렸던 베를린 대학교에서 학생들을 가르치고 싶었지만, 당대의 권위자였던 레오폴트 크로네커는 그의 연구 내용을 비판하며 반대했어요. 칸토어는 자신의 새로운 이론을 많은 수학자와 토론하려고 했지만, 많은 수학자들은 무한대라는 개념이 수학이라는 학문의 세계에 들어오는 것을 거부했지요. 이런 학계의 냉대는 칸토어에게 큰 상처를 주었고, 결국 반복적인 우울증과 정신 질환에 시달리게 되었어요. 그럼에도 칸토어는 끝까지 수학에 대한 열정을 잃지 않았고, 틈틈이 철학과 문학에도 깊은 관심을 보이며 연구에 몰두했어요. 하지만 제1차 세계대전을 겪으며 가난과 건강 악화로 1918년 1월 6일, 할레의 정신 병원에서 생을 마감합니다. 그의 묘비에는 이런 문장이 새겨져 있어요.

> "수학의 본질은 그것이 갖는 자유로움에 있다."
> *Das Wesen der Mathematik liegt in ihrer Freiheit.*

비록 칸토어는 생전에는 인정받지 못했지만, 오늘날 우리는 그를 무한 개념을 수학적으로 정립한 인물, 집합론의 창시자로 존경하고 있어요.

[칸토어 집합]

칸토어는 0부터 1까지 이어진 선분 가운데 $\frac{1}{3}$ 구간을 잘라내는 실험을 했습니다. 이 실험은 폐구간 [0, 1]에서 시작하는데, 이를 삼등분한 후,

가운데 개구간 $\left(\dfrac{1}{3}, \dfrac{2}{3}\right)$를 제거하면 다음과 같은 구간이 남아요.

$$\left[0, \frac{1}{3}\right] \cup \left[\frac{2}{3}, 1\right]$$

같은 방법으로 두 구간을 각각 삼등분하여 가운데 개구간을 제거하면 다음 구간이 남지요.

$$\left[0, \frac{1}{9}\right] \cup \left[\frac{2}{9}, \frac{1}{3}\right] \cup \left[\frac{2}{3}, \frac{7}{9}\right] \cup \left[\frac{8}{9}, 1\right]$$

이 과정을 끝없이 반복하면, 점점 잘려 나가서 아무것도 남지 않은 것처럼 보입니다. 하지만 놀랍게도, 무한히 잘라낸 후에도 그 안에는 여전히 무한히 많은 점이 남아 있어요. 이것이 바로 칸토어 집합입니다. 칸토어 집합이 만들어지는 과정을 그림으로 나타내면 아래 그림과 같아요.

이 칸토어 집합의 길이는 0입니다. 눈에 보이지 않을 정도로 작지만, 그 안에는 무수히 많은 수가 들어 있어요. 단순히 많다는 것을 넘어 끝없이 이어진 무한이지요.

칸토어는 이 발견을 통해 무한한 집합의 크기를 비교하고 분류하는

'집합론'을 창시했습니다. 오늘날 우리가 사용하는 실수, 함수, 무한급수 등의 개념은 칸토어가 정립한 집합론을 기반으로 하고 있어요. 그래서 칸토어는 '집합론의 아버지'이자 '현대 수학의 기초를 세운 인물'로 평가받는답니다.

힐베르트의 무한 호텔

칸토어가 정립한 무한 집합의 개념은 당시에는 받아들여지지 않았지만, 시간이 지나면서 점점 수학자들의 주목을 받게 되었습니다. 그 대표적인 예가 힐베르트가 제시한 '무한 호텔'이에요. 힐베르트가 이 이야기를 널리 알리면서 사람들은 칸토어의 무한 집합과 농도에 관심을 갖게 되었지요.

힐베르트는 프로이센 왕국 쾨니히스베르크에서 태어났습니다. 1872년, 힐베르트는 프리드리히스콜레그 김나지움에 입학했어요. 졸업 후 힐베르트는 쾨니히스베르크 대학교에 입학해 1885년, 수학 박사 학위를 취득하지요. 힐베르트는 1886년부터 1895년까지 쾨니히스베르크 대학교 교수로 지내다가 1895년, 괴팅겐 대학교로 자리를 옮겼고 평생 그곳에서 살았어요.

힐베르트는 1924년 1월, 독일 괴팅겐에서 열린 한 강의에서 일반인들도 무한대를 쉽게 이해할 수 있도록 '무한 호텔'을 예로 들어 설명했습니다. 이 호텔의 객실은 모두 차 있어서 빈방이 없습니다. 하지만 무한대의 개념을 잘 이해한다면 무한 호텔은 언제든지 새로운 손님을 받을 수 있어요. 무한 호텔에 새로운 손님이 오면 1번 방의 손님은 2번 방으로, 2번 방의 손님은 3번 방으로 3번 방 손님은 4번 방으로 옮깁니다. 이렇게 계속 반복하면 모든 손님은 방을 옮기게 되고, 1번 방이 비게 되지요. 그러니 비어 있는 1번 방에 새로운 손님을 받으면 됩니다. 이처럼 무한은 우리가 일상에서 경험하는 유한한 세계와는 전혀 다른 법칙으로 움직입니다. 힐베르트의 무한 호텔은 그런 무한의 세계를 상상하고 이해하는 데 도움을 주는 멋진 사고 실험이에요.

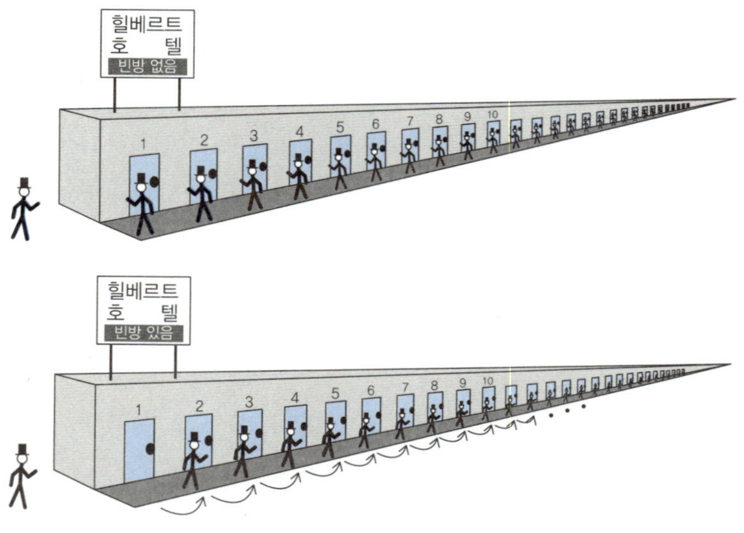

힐베르트의 무한 호텔

생각의 가지

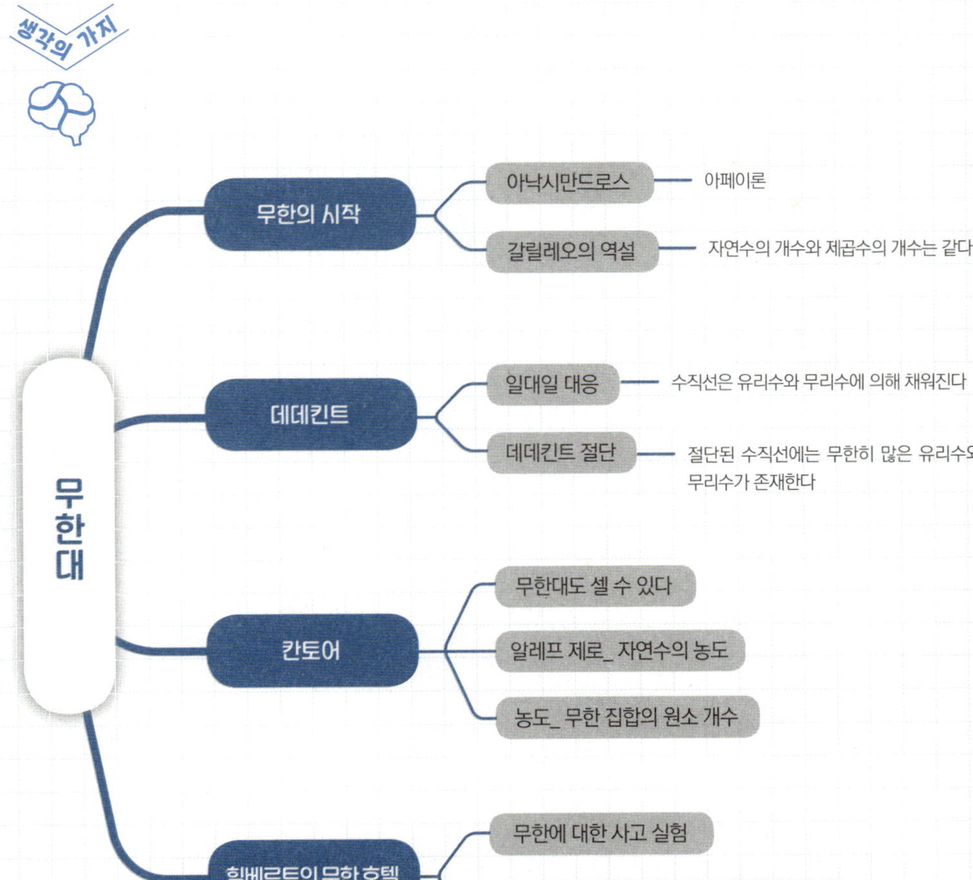

무한대
무한의 시작
아낙시만드로스
아페이론
갈릴레오의 역설
자연수의 개수와 제곱수의 개수는 같다
데데킨트
일대일 대응
수직선은 유리수와 무리수에 의해 채워진다
데데킨트 절단
절단된 수직선에는 무한히 많은 유리수와 무리수가 존재한다
칸토어
무한대도 셀 수 있다
알레프 제로_ 자연수의 농도
농도_ 무한 집합의 원소 개수
힐베르트의 무한 호텔
무한에 대한 사고 실험
방이 무수히 많은 호텔이 가득 차 있어도 새 손님을 받을 수 있다

15장

생각하는 기계, 컴퓨터의 탄생

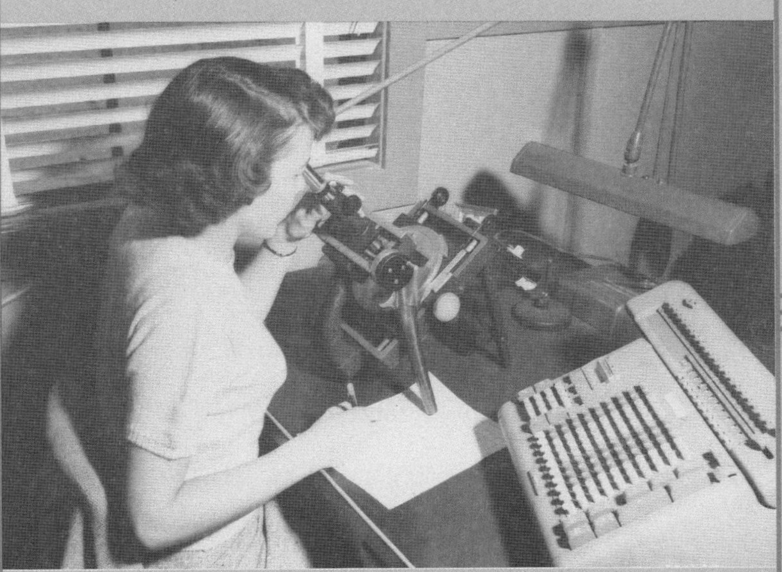

컴퓨터가 없던 시절에는 사람이 컴퓨터의 역할을 대신했다.

정교수의 pick

◆ 이진법 ◆ 불 대수 ◆ 차분 기관

◆ 분석 엔진 ◆ 튜링 머신 ◆ 논리 연산

톱니바퀴부터 컴퓨터까지, 계산 도구 진화사

우리가 알고 있는 컴퓨터는 사실, 처음에는 사람이었습니다. 컴퓨터라는 말은 원래 계산을 수행하던 사람을 뜻했지요. 20세기 중반까지 수학 계산을 전문적으로 해 주는 사람들이 있었고, 사람들은 이들을 '인간 컴퓨터'라고 불렀어요. 그중에서도 여성들이 이 일을 맡았는데, 당시 여성의 임금이 남성보다 낮았기 때문이에요. 실제로 1943년까지 대부분의 인간 컴퓨터는 여성이었답니다.

이후 계산을 자동으로 해 주는 기계식 컴퓨터가 발명되면서, 컴퓨터는 더 이상 사람이 아닌 기계를 의미하게 되었습니다. 컴퓨터의 모습과 기능은 점점 변하고 있어요. 정보를 입력받고 처리한 뒤, 결과를 출력하는 일련의 과정을 반복합니다. 컴퓨터는 수많은 전자 회로로 이루어져 있는데, 이 회로는 '켜짐'과 '꺼짐'이라는 두 가지 상태만을 인식할 수 있어요. 이 두 상태를 숫자로 표현하면 각각 1과 0이 되지요. 이처럼 단순한 1과 0의 조합이 모여 우리가 사용하는 컴퓨터 프로그램과 정보들이 만들어지는 거예요. 1과 0, 단 두 개의 숫자가 만든 세상. 그 가능성은 어디까지일까요?

라이프니츠의 이진법

고전 정보 이론의 시작은 이진법의 등장부터라고 볼 수 있습니다. 이진법은 0과 1만으로 모든 수를 나타내는 표기법을 말해요. 우리가 사용하는 컴퓨터는 모두 0과 1로 이루어진 이진법을 바탕으로 작동하지요. 0과 1의 단순한 숫자 체계는 독일의 수학자 라이프니츠Gottfried Wilhelm Leibniz가 처음 만들었어요.

라이프니츠는 중국의 고전 『주역』에서 영감을 받아 이진법을 떠올렸어요. 그는 베이징에 있는 프랑스 선교사 부베 신부Joachim Bouvet와 편지를 주고받았는데, 부베 신부가 라이프니츠에게 주역을 소개해 주었지요. 주역은 역경이라고도 부르는데 중국의 고전인 삼경(시경, 서경, 역경) 중의 하나예요. 주역은 세상의 변화에 관한 원리를 기술한 책으로 이 책에는 팔괘라는 상징 체계가 등장해요. 책에서는 서죽을 조작해 남은 수가 홀수일 때는 양(陽)이라고 하고 끊기지 않은 선(__)으로 나타냅니다.

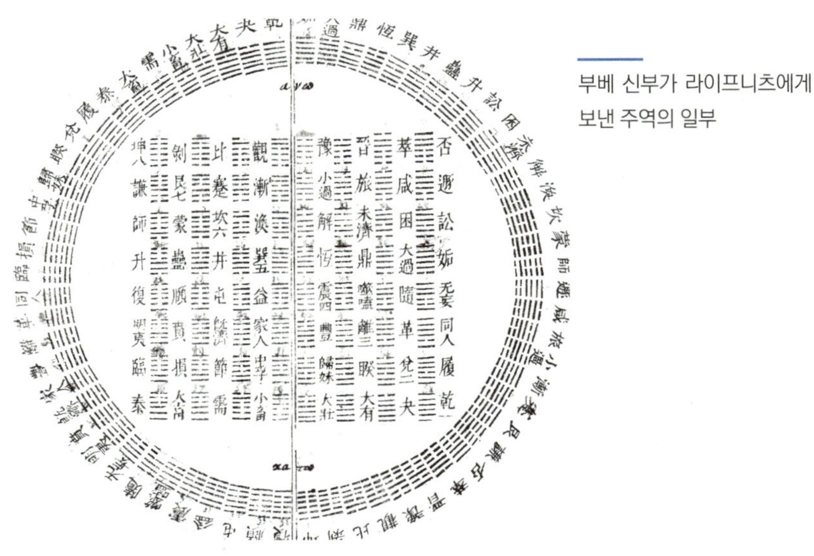

부베 신부가 라이프니츠에게 보낸 주역의 일부

7	☰	乾건
6	☱	兌태
5	☲	離리
4	☳	震진
3	☴	巽손
2	☵	坎감
1	☶	艮간
0	☷	坤곤

팔괘, 라이프니츠는 이를 보고 이진법을 떠올렸다.

남은 수가 짝수일 때는 음(陰)이라고 하고 끊긴 선(▬ ▬)으로 나타내지요. 이 두 선을 조합하면 총 8가지 모양을 만들 수 있어요.

라이프니츠는 이 구조가 이진법과 같다는 사실에 주목했습니다. 라이프니츠는 팔괘를 0부터 7까지의 8개의 수에 대응시킬 수 있다고 생각했어요. 짝수는 2로 나눈 나머지가 0인 수이고, 홀수는 2로 나눈 나머지가 1인 수이므로, 2로 나눈 나머지로 모든 수를 나타낼 수 있다고 생각했지요. 즉, 0을 ▬ ▬으로, 1을 ▬로 나타내고, 팔괘에 있는 수들을 아래부터 위로 차례로 쓰면

$$0 \leftrightarrow 000$$

$$1 \leftrightarrow 001$$

$$2 \leftrightarrow 010$$

$$3 \leftrightarrow 011$$

$$4 \leftrightarrow 100$$

$$5 \leftrightarrow 101$$

$$6 \leftrightarrow 110$$

$$7 \leftrightarrow 111$$

로 나타낼 수 있어요. 이렇게 0과 1만으로 모든 수를 표시하는 것을 이진 법이라고 불러요. 예를 들어, 십진법의 수 7은

$$7 = 1 \times 2^2 + 1 \times 2 + 1 \times 1$$

이므로 이진법의 수 111과 같지요.

0과 1의 세계를 만든 사람, 조지 불

오늘날 컴퓨터가 작동하는 원리를 이해하려면 '불 대수Boolean Algebra' 라는 개념을 먼저 알아야 합니다. 불 대수는 영국의 수학자 조지 불 George Boole이 만들었어요. 불은 영국 잉글랜드 링컨셔주 링컨에서 태어 났습니다. 불의 아버지는 구두를 만드는 사람이었지만 수학, 과학, 외국 어에 관심이 많았고, 불에게도 다양한 학문을 접할 수 있도록 도왔어요. 불은 가난한 집안 형편 때문에 정규 고등 교육을 받지는 못했지만, 독학 으로 수학과 과학을 공부했고, 16살부터는 초등학교의 보조 교사로 일했

어요. 19살에는 링컨에 학교를 설립했지요.

불은 라플라스의 『천체 역학』과 라그랑주의 『해석 역학』 같은 어려운 서적도 독학으로 이해할 정도로 수학적 재능이 뛰어났습니다. 1841년에는 처음으로 대수학에 관한 논문을 발표하면서 수학계에 이름을 알리기 시작했지요. 이 업적으로 1849년, 아일랜드의 코크에 위치한 퀸스 칼리지 수학 교수가 되었어요.

불의 가장 유명한 업적은 기호 논리학과 논리 대수로 현재 불 대수라고 불리는 내용입니다. 그의 연구는 『사고 법칙에 대한 연구An Investigation into the Laws of Thought』에 자세히 실려 있어요. 이 책에서 불은 논리적인 생각 과정을 수학처럼 계산할 수 있다고 주장했고, 그 논리를 0과 1, 즉 참과 거짓으로 다룰 수 있다고 설명했어요. 이것이 바로 불 대수입니다.

불 대수를 이해하려면 먼저 진릿값에 대해 알아야 합니다. 진릿값은 명제의 내용이 참인지 거짓인지를 나타내는 값이에요. 어떤 변수가 진릿값을 가질 때 그 변수를 논리 변수라고 불러요. 즉, x가 논리 변수라면,

$$x = \text{참 또는 } x = \text{거짓}$$

이 됩니다. 컴퓨터에서는 이진법을 이용해 진릿값을 0과 1로 선택하므로

$$x = \text{참이면} \qquad x = 1$$

$$x = \text{거짓이면} \qquad x = 0$$

으로 표현하지요. 다음은 이진법 덧셈으로 두 수를 더한 후 결과를 2로
나눈 나머지 값을 나타내는 덧셈이에요.

$$0 \oplus 0 = 0$$
$$0 \oplus 1 = 1 \oplus 0 = 1$$
$$1 \oplus 1 = 0$$

즉 $1 + 1 = 2$이고 2를 2로 나눈 나머지는 0이므로 $1 \oplus 1 = 0$이 되지요.

[1] 부정

부정은 참을 거짓으로, 거짓을 참으로 바꾸는 논리 연산입니다. 논리
변수 x에 대한 부정은 $\bar{x}$라고 쓰는데,

$$x = 참이면 \quad \bar{x} = 거짓$$
$$x = 거짓이면 \quad \bar{x} = 참$$

으로 쓸 수 있어요. 즉, $x=0$이면 $\bar{x}=1$이고, $x=1$이면 $\bar{x}=0$이므로

$$\bar{0} = 1$$
$$\bar{1} = 0$$

이 되지요. 그러므로 다음 식처럼 쓸 수 있어요.

$$\bar{x} = 1 - x$$

[2] 논리합과 논리곱

불은 논리 변수에 대해서도 덧셈과 곱셈 같은 연산을 만들었어요. 이를 논리합과 논리곱이라고 부르지요. 이 연산은 두 개의 논리 변수에 대해 정의돼요.

논리합은 두 논리 변수가 모두 거짓일 때만 거짓이 되고, 그 외의 경우는 참이 되는 연산이에요. 즉, 두 논리 변수 중에 참이 적어도 하나 있으면 논리합은 참이지요. 두 논리 변수 x, y의 논리합은 $x \vee y$로 나타내며 다음과 같이 정의돼요.

x	y	$x \vee y$
참	참	참
참	거짓	참
거짓	참	참
거짓	거짓	거짓

이진법 진릿값을 표현하면 다음과 같지요.

x	y	$x \vee y$
1	1	1
1	0	1
0	1	1
0	0	0

논리곱은 두 논리 변수가 모두 참일 때만 참이 되고, 그 외의 경우는 거짓이 되는 연산이지요. 두 논리 변수를 x, y라고 할 때, 논리곱은 $x \wedge y$로 나타내며 다음과 같아요.

x	y	$x \wedge y$
참	참	참
참	거짓	거짓
거짓	참	거짓
거짓	거짓	거짓

이진법 진릿값으로 표현하면 다음과 같지요.

x	y	$x \wedge y$
1	1	1
1	0	0
0	1	0
0	0	0

이처럼 불 대수는 복잡한 논리 과정을 단순한 이진 연산으로 바꿔주는 도구예요. 오늘날 컴퓨터의 회로 설계, 검색 알고리즘, 디지털 회로, 인공 지능의 기초 등 거의 모든 분야에 이 논리가 쓰이고 있어요.

돌리고 굴리고 더하는 계산기

계산기란 사칙 연산과 같은 계산을 빠르고 정확하게 할 수 있는 장치를 말합니다. 우리가 지금 사용하는 전자계산기까지 오기에는 수백 년에 걸친 발전이 있었어요. 최초로 계산기를 설계한 사람은 독일의 쉬카르트Wilhelm Schickard예요. 쉬카르트는 독일 헤렌베르크에서 태어나 튀빙겐 대학교에서 교육을 받고, 루터교 목사이자 히브리어 교수, 나중에는 천문학 교수가 되었어요. 쉬카르트는 수학과 기계에도 관심이 많았는데,

1623년에는 자신이 만든 계산기의 설계도를 케플러에게 보내기도 했답니다.

그가 만든 계산기는 덧셈과 뺄셈은 톱니바퀴로, 곱셈과 나눗셈은 별도의 표를 참고해 계산하는 보조 기능을 갖췄어요. 이 기계는 아직도 세계 최초의 기계식 계산기로 인정받고 있지요. 그로부터 약 20년 뒤인 1642년, 파스칼이 톱니바퀴를 이용한 기계식 계산기를 만들었습니다. 손으로 일일이 세금을 계산하던 아버지를 위해 계산기를 만들었다고 해요. 덧셈

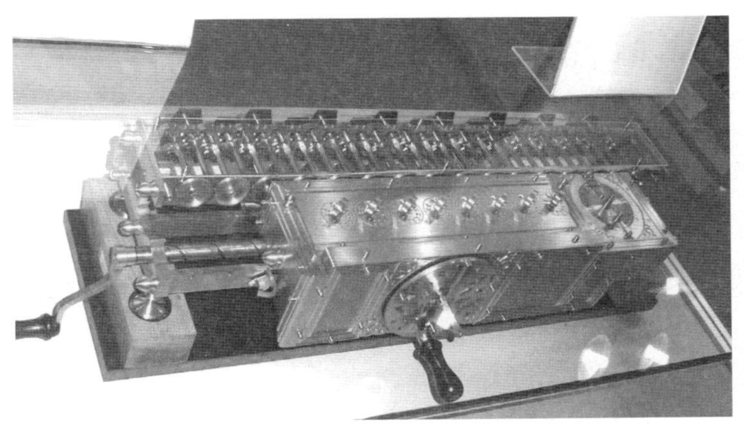

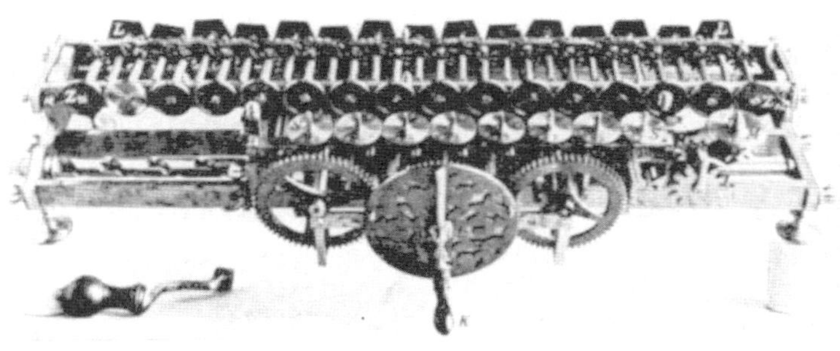

위_ 라이프니츠의 계산기   아래_ 라이프니츠 계산기의 내부

과 뺄셈만 가능한 이 계산기는 현재까지 일부 모델이 박물관에 보존되어 있답니다.

30년 뒤에는 라이프니츠가 더 발전된 계산기를 고안해 냅니다. 이 계산기는 기어를 활용한 계단식 계산기로 사칙 연산을 할 수 있었어요. 비록 완성도나 내구성에 제한이 있었지만, 계산기의 발전에 큰 영향을 주었지요.

세계 최초의 기계식 컴퓨터, 차분 기관

계산을 기계로 자동화하겠다는 꿈을 품은 사람이 있었습니다. 세계 최초의 기계식 컴퓨터인 차분 기관Difference Engine을 만든 인물이지요. 그의 발명품 덕분에 컴퓨터 과학 분야가 크게 발전했다고 해도 과언이 아닙니다. 그 사람은 바로 영국의 수학자 찰스 배비지Charles Babbage입니다.

배비지는 영국 런던에서 태어나, 1810년 케임브리지 대학교의 트리니티 칼리지에 입학했습니다. 1812년에는 케임브리지의 피터 하우스로 옮겨 1814년에 학위를 받았어요. 배비지는 손으로 계산하던 시대에 복잡한 계산을 기계로 빠르고 정확하게 처리할 방법을 고민했습니다. 그래서 1819년부터 1822년까지, 수치 계산용 표를 자동으로 계산하고 출력할 수 있는 기계인 차분 기관을 설계했지요. 이 기계는 소수점 아래 8자리까지 계산할 수 있었고, 거듭제곱, 방정식의 근 등 복잡한 계산도 가능했어요. 1823년에는 소수점 이하 20자리까지 계산을 할 수 있었지요.

차분 기관은 여러 개의 톱니바퀴가 맞물려 작동하는 구조였습니다. 톱니바퀴의 위치로 숫자를 표시했는데, 하나의 바퀴가 9에서 0으로 넘어가면 다음 바퀴의 숫자가 1씩 증가하는 방식으로 작동했지요. 당시 기술로는 너무 복잡해서 완벽한 형태로 구현되지는 못했지만, 그 원리는 지금의 컴퓨터 계산 방식과 비슷해요.

1837년, 배비지는 차분 기관의 후속으로 분석 엔진Analytical Engine을 발명합니다. 분석 엔진은 최초의 컴퓨터라 할 수 있는데 오늘날 우리가 사용하는 컴퓨터의 기본 구조와 매우 비슷하지요. 분석 엔진의 입력 장치는 천공 카드(펀치 카드)였고 출력 장치는 프린터 또는 그래프를 그리는

배비지의 차분 기관

플로터였어요. 비록 실제 완성되지는 않았지만 분석 엔진은 현대 컴퓨터
의 청사진이라 불릴 만큼 획기적인 설계였고, 훗날 수많은 과학자에게
영감을 주었답니다.

컴퓨터의 아버지, 앨런 튜링

배비지가 기계식 컴퓨터의 기초를 놓았다면, 앨런 튜링은 컴퓨터의 개념 자체를 새롭게 정의한 사람입니다. 튜링은 1912년, 영국 런던에서 태어났습니다. 어린 시절의 튜링은 남들보다 조금 독특하고 호기심이 많았는데, 특히 수학에 남다른 재능을 보였어요. 14살에는 미적분학을 독학으로 공부하고, 아인슈타인의 논문을 읽을 정도였지요.

대학교에 진학해 수학을 공부하던 튜링은 1936년, 「계산 가능한 수에 대하여, 그리고 결정 문제에의 응용 On Computable Numbers, with an Application to the Entscheidungsproblem」이라는 논문을 발표합니다. 이 논문에서 튜링은 기계를 통해 계산할 수 있는 전자계산기의 원리와 컴퓨터 작동 원리를 설명하는 튜링 머신 Turing Machine이라는 개념을 소개합니다. 이 이론은 컴퓨터 과학의 탄생을 알리는 획기적인 업적이었어요.

이후 튜링은 미국으로 건너가 프린스턴 대학교에서 박사 학위를 받았습니다. 졸업 후에는 교수직도 제안받았지만, 조국을 위해 일하기로 마음먹은 튜링은 영국으로 돌아가기로 결심하지요. 1939년, 튜링은 영국의 암호 해독 기관인 블레츨리 파크Bletchley Park에서 일하게 됩니다. 그곳에서 나치 독일군의 암호를 해독하는 임무를 맡았어요. 이때 그는 봄베Bombe라는 기계를 발명해, 누구도 해독하지 못할 거라 여겼던 독일군의 암호인 에니그마Enigma를 해독하는 데 성공했어요.

전쟁이 끝난 후 튜링은 맨체스터 대학교에서 초기 디지털 컴퓨터인 맨체스터 마크 1Manchester Mark I의 개발에 참여했습니다. 또한 영국 최초로 프로그램 내장형 컴퓨터 구조에 대한 논문을 발표했으며, 1950년에는 인공 지능(AI)의 가능성에 대해 고찰한 논문 「계산 기계와 지능Computing Machinery and Intelligence」을 발표했어요. 이 논문에서 우리가 흔히 말하는 튜링 테스트Turing Test라는 개념을 제시했어요. 튜링은 수학뿐만 아니라 생물학에도 관심이 많았어요. 생물의 발생에서 새로운 형태가 생겨나는 과정인 '형태 형성Morphogenesis'이라는 분야를 연구하면서 동물의 무늬나 식물의 형태가 만들어지는 과정을 수학 방정식으로 설명하려고 했습

봄베

니다. 수학과 물리학을 생물학에 접목시켜 연구한 셈이지요.

튜링 머신

튜링의 업적은 단지 암호 해독에만 머물지 않았습니다. 그는 한 걸음 더 나아가, '생각하는 기계'라는 획기적인 아이디어를 제시하며, 오늘날 컴퓨터 개념의 기초를 마련했지요. 튜링이 1937년에 제시한 가상의 기계인 튜링 머신은 현대 컴퓨터가 수행할 수 있는 연산의 이론적 바탕이므로, '컴퓨터의 원형'이라 할 수 있어요. 튜링은 이 기계를 a-기계라고 불렀는데, 여기서 a는 자동을 나타내는 영어 단어 Automatic의 첫 글자예요. 그 후 사람들은 튜링의 업적을 기려 이를 튜링 머신이라고 부르게 되었답니다. 튜링 머신은 이후 디지털 컴퓨터 발명에 결정적인 역할을 해요.

튜링 머신은 다음과 같은 네 가지 주요 장치로 이루어져 있습니다.

- 테이프Tape: 무한히 길게 뻗은 종이테이프처럼 생긴 메모리 공간이에요. 일정한 크기의 셀Cell로 나뉘어져 있고, 각 셀에는 기호가 기록될 수 있어요.
- 헤드Head: 테이프의 셀을 읽을 수 있는 장치. 좌우로 움직이면서 셀의 기호를 읽어요.
- 상태 기록기State register: 튜링 머신의 상태를 기록하는 장치예요.
- 행동표Action table: 특정한 상태에서 특정한 기호를 읽었을 때 해야

할 행동을 지시하는 장치예요. 기호를 지우거나 고치거나, 셀을 이동시키거나, 상태를 바꿀 수 있어요,

튜링 머신은 어떻게 작동하는지 알아볼까요? 먼저 사용할 기호는 0과 1 두 가지로 선택합시다. 그러니 셀에는 0 또는 1만 적혀있겠지요. 또한 튜링 머신의 상태가 A, B, C 세 종류이고 다음과 같은 행동표를 가진다고 가정합니다.

상태	셀 기호 변환	헤드 이동	상태 변화
A	0 → 0	오른쪽으로 한 칸 이동	A 유지
A	1 → 0	오른쪽으로 한 칸 이동	B로 바뀜
B	0 → 1	왼쪽으로 한 칸 이동	C로 바뀜
B	1 → 0	왼쪽으로 한 칸 이동	A로 바뀜
C	0 → 1	오른쪽으로 한 칸 이동	B로 바뀜
C	1 → 1	오른쪽으로 한 칸 이동	C 유지

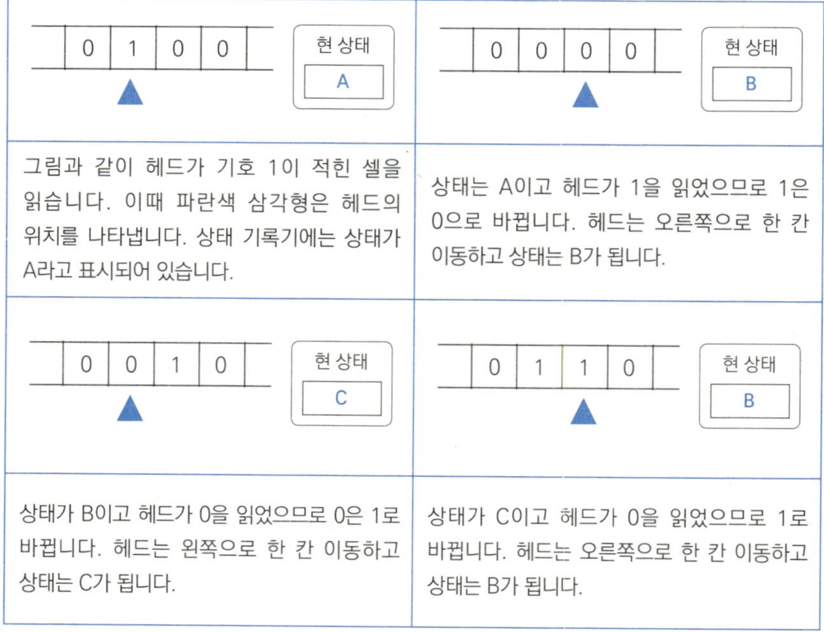

이런 식으로 튜링 머신은 행동표에 의해 테이프의 각 셀의 기호를 원하는 대로 바꿀 수가 있어요. 현재의 컴퓨터와 비교하면 튜링 머신의 테이프는 메모리로, 테이프의 셀을 읽고 쓰는 헤드는 입출력 장치로 바뀌었고, 행동표는 소프트웨어가 되었지요.

튜링은 우리에게 '기계도 생각할 수 있는가?', '계산이란 무엇인가?', '지능과 생명은 어떻게 만들어지는가?'와 같은 질문을 던졌어요. 그가 만든 튜링 머신은 오늘날 우리가 쓰는 모든 컴퓨터의 기반이고, 그가 남긴 사고방식은 인공 지능의 뿌리가 되었어요. 우리가 컴퓨터를 켜는 그 순간, 어쩌면 우리는 튜링이라는 수학자의 생각을 따라 걷고 있는 것일지도 몰라요.

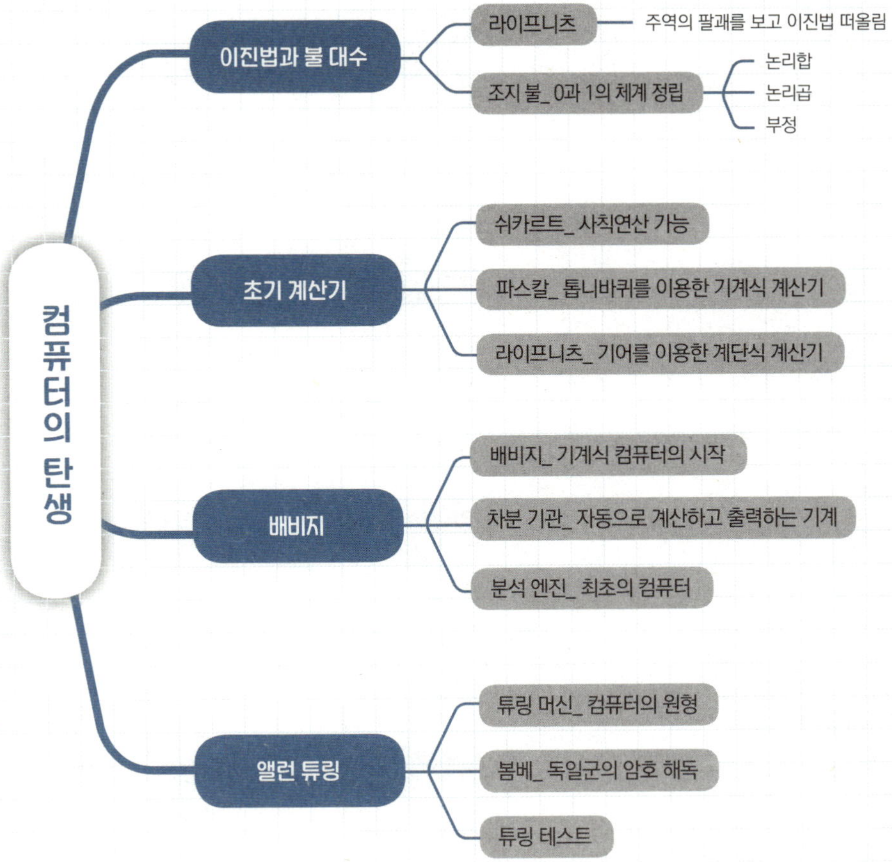

컴퓨터의 탄생

이진법과 불 대수
- 라이프니츠 — 주역의 팔괘를 보고 이진법 떠올림
- 조지 불_ 0과 1의 체계 정립
  - 논리합
  - 논리곱
  - 부정

초기 계산기
- 쉬카르트_ 사칙연산 가능
- 파스칼_ 톱니바퀴를 이용한 기계식 계산기
- 라이프니츠_ 기어를 이용한 계단식 계산기

배비지
- 배비지_ 기계식 컴퓨터의 시작
- 차분 기관_ 자동으로 계산하고 출력하는 기계
- 분석 엔진_ 최초의 컴퓨터

앨런 튜링
- 튜링 머신_ 컴퓨터의 원형
- 봄베_ 독일군의 암호 해독
- 튜링 테스트

16장

다른 모양, 같은 본질 위상 수학

안과 밖의 경계가 없는 클라인 병은 위상 수학이 말하는 '형태의 본질'을 드러낸다.

정교수의 pick

◆ 위상 수학 ◆ 동형 ◆ 뫼비우스의 띠
◆ 조르당 곡선 ◆ 오일러 지표

안과 밖, 겉과 속을 허물고 연결하는 위상의 세계

머그잔이나 도넛, 옷, 스마트폰, 지도, 그리고 우리 몸까지, 겉보기에는 모두 다르게 생겼지만 수학자들은 이들 사이에 숨어 있는 형태의 본질을 연구합니다. 이러한 학문을 위상 수학Topology이라고 해요. 위상 수학에서는 길이나 각도, 면적처럼 정확한 수치는 중요하지 않습니다. 대신 구멍이 몇 개인지, 서로 어떻게 연결되어 있는지처럼 '모양을 바꾸어도 변하지 않는 성질'을 탐구해요. 예를 들어, 머그잔과 도넛은 위상 수학적으로 같답니다. 왜냐하면 둘 다 구멍이 하나이기 때문이지요.

내비게이션이나 지도 애플리케이션도 위상 수학의 원리가 들어 있어요. 목적지까지 갈 때, 진짜 중요한 것은 '어떻게 연결되어 있는가'지, 도로의 모양은 중요하지 않아요. 이처럼 노드지점와 엣지길로 구성된 연결 구조를 분석하는 것을 그래프라고 하는데, 이 역시 위상 수학의 한 분야랍니다. 복잡해 보이지만, 알고 보면 우리 주변을 색다르게 보도록 도와주는 학문이 바로 위상 수학이에요.

도넛과 머그잔이 같다고?

도넛과 머그잔은 겉으로 보면 전혀 다릅니다. 하나는 먹는 음식이고, 하나는 커피를 마시는 컵이지요. 그런데 수학자들은 이 둘이 '같다'고 말해요. 왜 그럴까요? 그것은 바로 위상 수학이라는 아주 특별한 수학이 있기 때문입니다.

위상 수학은 도형의 크기나 각도, 길이 같은 수치에는 관심이 없습니다. 대신, '이 물체에 구멍이 몇 개 있는가?', '끊어지지 않고 이어져 있는가?'와 같은 형태의 본질적인 특성에 관심을 가지지요. 이런 특징들을 수학에서는 위상적 불변성Topological Invariant이라고 불러요. 그런 성질이 같으면 두 도형은 '위상적으로 같다'고 보는 거예요. 위상 수학에서는 이걸 '동형同形, Homeomorphism'관계라고 부르지요.

머그잔은 손잡이가 하나 달려 있고, 도넛은 가운데 구멍이 하나 있습니다. 위상 수학에서는 이 두 모양을 연속적으로 구부리거나 늘이거나

위상적으로 같은
도넛과 머그잔

줄일 수 있다면 같은 것으로 간주하는데, 실제로 찰흙으로 도넛을 만든 다음, 가운데 구멍을 위로 들어 올려 손잡이를 만들면 머그잔이 됩니다. 찢거나 붙이지 않고도 만들 수 있으니, 이 두 모양은 위상적으로 같지요.

하지만 찰흙으로 만든 공은 구멍이 전혀 없습니다. 그래서 이걸 도넛처럼 구멍이 있는 모양으로 바꾸려면 찢거나 구멍을 뚫어야 해요. 그래서 위상 수학의 기준으로는 찰흙 공과 도넛은 다른 위상 구조라고 말합니다.

위상 수학이라는 단어는 그리스어 '토포스Topos, 장소'와 '로고스Logos, 이론'에서 왔어요. 최초로 이 용어를 쓴 사람은 요한 베네딕트 리스팅 Johann Benedict Listing으로 그는 위상 수학을 이렇게 정의했어요.

"공간 속의 점, 선, 면, 그리고 위치 등에 관해,
양이나 크기와는 별개의 형상이나 위치 관계를 연구하는 학문"

즉, 공간의 연결 구조와 형태의 본질을 연구하는 것이 위상 수학이에요.

위상 수학은 이제 기하학, 해석학, 대수학은 물론, 이론 물리학, 컴퓨터 과학, 생명과학 등 다양한 분야에 응용되고 있습니다. 단순히 보이는 대로 보는 게 아니라, 속에 담긴 구조와 본질을 이해하게 돕는 학문이 바로 위상 수학이랍니다.

쾨니히스베르크의 다리 문제

그렇다면 위상 수학은 실제로 어떤 문제를 해결할 수 있을까요? 이를 가장 먼저 생각한 사람은 레온하르트 오일러였어요. 오늘날 러시아 칼리닌그라드로 불리는 프로이센의 쾨니히스베르크에는 강이 있었고, 강 위에는 섬 하나와 그 섬을 잇는 다리가 7개가 있었습니다. 그런데 사람들 중에는 일곱 개의 다리를 한 번씩만 건너서, 시작한 지점으로 되돌아올 수 있을지 고민하는 이들이 있었어요. 하지만 아무리 시도해도 그런 경로는 찾을 수가 없었지요. 이 문제를 해결한 사람이 바로 오일러예요. 1735년, 오일러는 그런 경로는 불가능하다는 사실을 증명합니다.

오일러는 강과 땅, 다리를 지도나 거리처럼 그리지 않고, 단순한 점과 선으로 바꾸어 그렸어요. 강과 땅은 점(정점)으로 다리는 선(간선)으로 연결했지요. 이렇게 만든 단순한 도형을 그래프Graph라고 불러요. 오일러는 이 문제를 점과 점 사이에 몇 개의 선이 연결되어 있는지만 따지면 된다고 생각했어요. 다리 길이도, 강의 굽이도, 도시의 모양도 중요하지

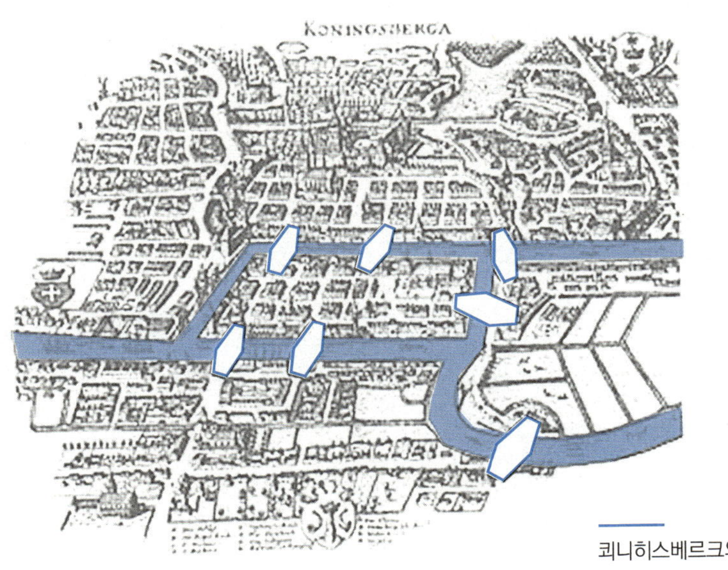

쾨니히스베르크의 다리 문제

않았어요. 오일러는 이 그림을 다음과 같이 그래프로 그렸어요.

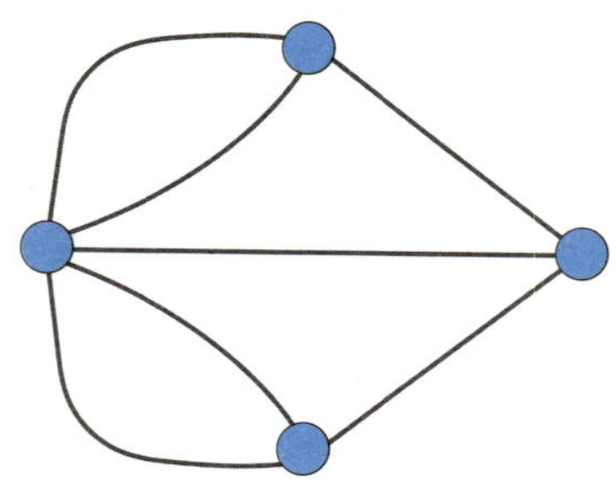

오일러는 각 지점에서 몇 개의 다리가 연결되어 있는지 세어 봤습니다. 어떤 지점에서는 3개, 어떤 지점에서는 5개로 전부 다 홀수였어요. 오일러는 어떤 그래프에서 모든 길을 한 번씩만 지나면서 모든 점을 통과하는 경로를 오일러 경로라고 불렀어요. 그는 그래프가 오일러 경로가 되려면 홀수 개의 선이 연결된 점이 0개이거나 2개여야 한다는 것을 알아냈지요. 그런데 쾨니히스베르크의 경우에는 홀수 연결점을 4개나 가지고 있으므로 이 경로는 오일러 경로가 아니에요.

이 발견은 기존 방식과는 다른, 새로운 접근이었어요. 지도나 실제 거리, 방향, 모양 같은 게 전혀 중요하지 않고, 오직 연결 방식과 구조만으로도 문제를 해결할 수 있다는 사고방식의 변화였지요. 이것이 훗날 위상 수학으로 발전하는 생각의 씨앗이 되었어요. 위상 수학은 이런 식으로 모양을 늘리거나 줄여도 변하지 않는 본질적인 성질, 예를 들어 연결, 구멍, 폐곡선 같은 것들을 다뤄요. 오일러는 수학이 모양을 넘어서 구조와 관계를 이해하는 도구가 될 수 있다는 가능성을 보여 주었어요.

기사의 여행 문제

오일러는 쾨니히스베르크 다리 문제를 통해 연결 구조의 중요성을 밝혀냈습니다. 그런데 그가 흥미를 보인 또 다른 문제가 있었어요. 바로 체스판에서 나이트의 이동 경로에 관한 것이었지요. 이를 '기사의 여행 문제 Knight's Tour'라고 하는데, 체스판 위에서 나이트(기사)가 체스의 규칙대로 움직이며, 모든 칸을 정확히 한 번씩만 방문하는 경로를 찾는 퍼즐이에요. 수학, 컴퓨터 과학, 논리 퍼즐에서 매우 유명한 고전 문제이지요.

체스에서 나이트(기사)는 아주 독특하게 움직입니다. 한 방향으로 두 칸, 그리고 직각으로 한 칸을 움직여 마치 'L'자처럼 보이기도 합니다. 그래서 체스를 처음 배우는 사람들에겐 이 나이트가 움직이는 방식이 꽤 헷갈리지요. 그런데 이 기묘한 움직임이 수학자들의 호기심을 자극했습니다. 이 문제는 단순한 체스 놀이를 넘어서, 논리적, 수학적 사고와 알고리즘 설계의 좋은 예가 되었어요.

기사의 여행 문제는 9세기 인도에서 이미 알려져 있었습니다. 중세 유럽에서도 사람들의 흥미를 끌었지요. 특히 18세기에 오일러가 이 문제에 관심을 가지면서, 본격적인 수학 연구 주제로 떠오르게 되었어요. 오일러는 이 문제를 수학적으로 구조화하여 접근했고, 그래프 이론과 해밀턴 경로라는 개념으로 발전시킬 수 있었어요.

기사의 여행 문제에서 나이트는 8×8 체스판에서 64개 칸을 정확히 한 번씩 밟아야 하며, 한 칸도 빠뜨리거나 반복해서는 안 됩니다. 이 경로는 다음과 같이 두 종류로 나뉘어요.

- 열린 투어Open Tour: 시작점과 끝점이 다르며 서로 연결되지 않는 경우

- 닫힌 투어Closed Tour: 마지막 지점에서 다시 첫 번째 지점으로 돌아갈 수 있는 경우

놀랍게도 8×8 체스판에서는 엄청나게 많은 이동 경로가 존재한답니다. 컴퓨터가 없던 시절엔 이 경로 하나를 찾는 것만으로도 며칠씩 걸렸다고 해요.

오늘날 기사의 여행 문제는 단순한 퍼즐을 넘어서 알고리즘 훈련에 널리 사용됩니다. 이 문제는 재귀 알고리즘Recursion, 백트래킹Backtracking, 휴리스틱 탐색Heuristic Search 같은 현대 컴퓨터 과학의 핵심 기법들을 연습하는 데도 활용되고 있어요. 또, 복잡한 로봇의 이동 경로 계획, 프린터 헤드의 이동 최적화, PCB 회로 설계 등과 같이 모든 지점을 빠짐없이 효율적으로 방문하는 문제에 이 개념이 응용된답니다.

1	48	31	50	33	16	63	18
30	51	46	3	62	19	14	35
47	2	49	32	15	34	17	64
52	29	4	45	20	61	36	13
5	44	25	56	9	40	21	60
28	53	8	41	24	57	12	37
43	6	55	26	39	10	59	22
54	27	42	7	58	23	38	11

기사의 여행 문제의 경로 중 한 가지

점선면의 법칙

기사의 여행 문제는 체스판 위에서의 움직임과 경로에 대한 문제였습니다. 그런데 오일러는 입체 도형 안의 점, 선, 면 사이의 관계를 통해 또 하나의 놀라운 규칙을 발견했어요.

우리는 초등학교 때부터 도형에 대해 배웁니다. 그중 정육면체, 삼각뿔, 오각기둥 같은 입체 도형은 눈으로 보면 쉽게 알 수 있지요. 하지만 수학자들은 눈에 보이는 것만으로 만족하지 않았어요. 수학자들은 도형을 수로 표현하고, 그 안의 숨은 규칙을 찾아내려 했어요. 그리고 그 대표적인 발견이 바로 오일러의 다면체 공식Euler's Polyhedron Formula이에요.

1750년, 오일러는 동료 수학자인 골드바흐에게 한 통의 편지를 씁니다. 그 편지에는 수학 역사상 가장 단순하면서도 아름다운 공식이 담겨 있었어요. 오일러는 입체 도형의 점과 선, 면에 주목했어요. 점은 영어로 vertex이므로 점의 개수를 v, 선은 영어로 edge이므로 선의 개수를 e, 면은 영어로 face이므로 면의 개수를 f라고 해 보지요.

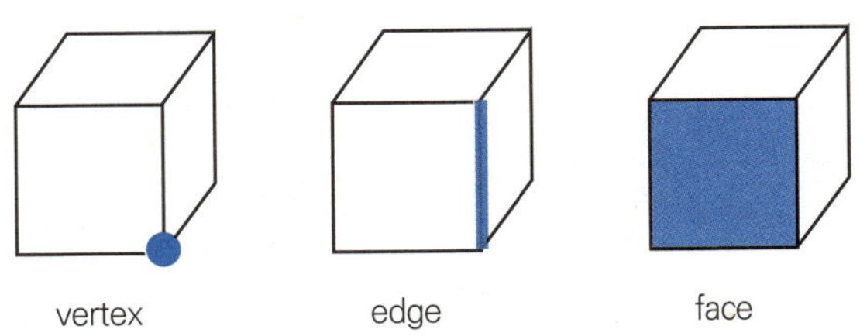

입체 도형에서의 점선면

오일러는 다면체에서 이 세 수 사이에 다음 관계가 항상 성립한다는 것을 알아냈어요.

$$x = v - e + f = 2$$

여기서 x를 오일러 지표 Euler Characteristic라고 불러요. 예를 들어, 정육면체를 생각해 볼게요.

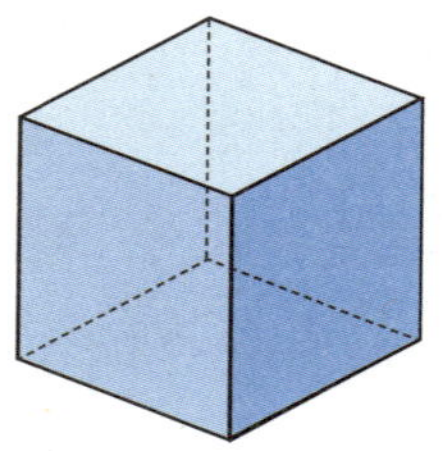

오일러 지표 = 8−12+ 6＝2

꼭짓점은 8개, 모서리는 12개, 면은 6개이므로 오일러 지표는 2가 되지요. 오일러의 공식을 처음 본 사람들은 아마 궁금할 거예요. 이렇게 단순한 식이 왜 아름답다고 하는지, 또 의미 있다고 하는지를요. 놀랍게도 이 공식은 모든 볼록한 다면체에서 항상 성립한답니다. 우리가 플라톤의 정다면체라고 부르는 정사면체, 정육면체, 정팔면체, 정십이면체, 정이십면체 모두에서 예외 없이 적용되지요.

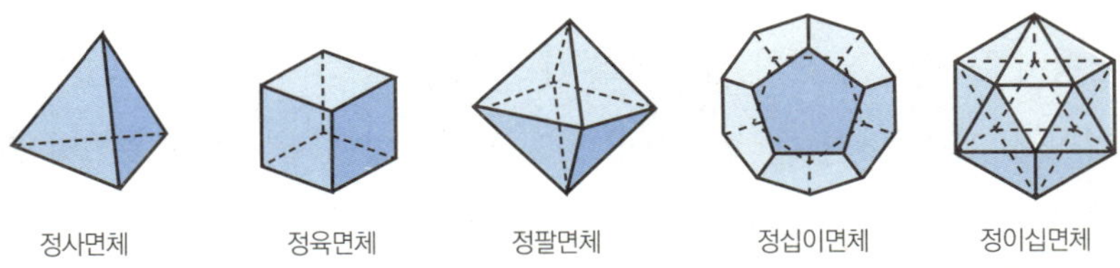

정다면체의 종류

그러므로 오일러의 공식은 입체 도형의 구조를 마치 마법처럼 요약해 주는 수학의 보석이라 할 수 있어요. 그런데 이때 위상 수학이 등장합니다. 수학자들은 이렇게 질문하기 시작했어요.

"그럼, 구멍이 뚫린 입체에도 이 공식이 성립할까?"

예를 들어, 구멍이 하나 있는 도넛 모양의 입체Torus를 생각해 보면, 이때 오일러 지표는 0이 됩니다.

구멍이 각각 두 개, 세 개인 입체를 생각해 보세요.

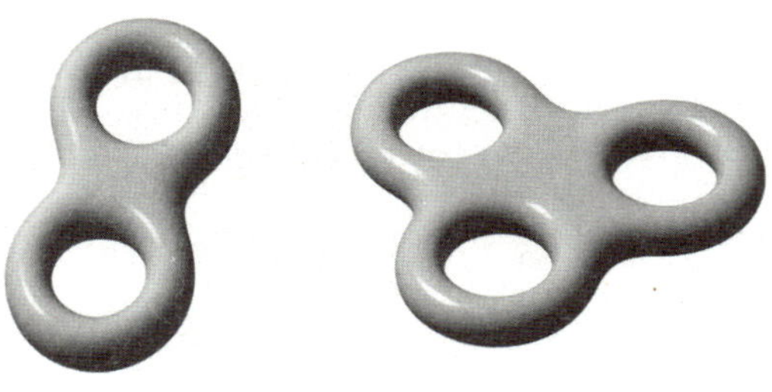

구멍이 두 개인 입체의 경우 오일러 지표는 −2가 되고 세 개인 경우 오일러 지표는 −4가 됩니다. 그러므로 구멍이 있는 입체의 경우까지 생각하면 오일러의 공식은 다음과 같이 되지요.

$$x = v - e + f = 2 - 2g$$

여기서 g는 구멍의 개수를 의미해요. 이처럼 오일러 공식은 단순한 기하학을 넘어 도형의 본질적인 형태, 즉 위상적 성질을 이해하는 데까지 확장되었어요.

뫼비우스의 띠

세상 대부분의 사물은 안쪽과 바깥쪽이 뚜렷이 나뉘어 있습니다. 컵은 안쪽에 물을 담고, 바깥 부분은 손으로 잡지요. 종이는 앞면과 뒷면이 있고, 옷감도 겉과 속이 구분돼요. 그런데 이런 우리의 상식을 가볍게 무너뜨리는 신기한 형태가 있어요. 바로 **뫼비우스의 띠** Möbius Strip 예요.

뫼비우스의 띠는 1858년, 독일의 두 수학자 아우구스트 페르디난트 뫼비우스와 요한 베네딕트 리스팅이 각자 독립적으로 발견했습니다. 만드는 방법도 아주 간단해요. 종이를 잘라 하나의 띠를 만든 후 한쪽 끝을 180도 비틀어 반대쪽 끝과 붙이면 뫼비우스의 띠가 되지요.

놀라운 사실은 이렇게 만든 띠에는 앞면과 뒷면이 따로 없다는 사실입니다. 직접 해 보면 쉽게 확인할 수 있어요. 펜으로 띠의 한쪽 면만 따라

그어 보세요. 결국 전체 띠를 한 번에 다 칠하게 될 거예요. 이 뜻은 뫼비우스의 띠가 표면도 하나, 경계선도 하나뿐인 구조란 말이에요.

　이런 신비한 띠는 수학자들만 알고 있었던 건 아니랍니다. 3세기 로마시대의 모자이크 작품들 속에도 뫼비우스의 띠처럼 보이는 띠가 등장해요. 특히 이탈리아 센티눔 지역에서 발견된 모자이크에서는 시간의 신 아이온Aion이 하나의 비틀림을 가진 띠조디악 띠를 들고 있는 모습이 그려져 있어요. 이 띠의 구조는 단면을 비틀어 연결한 형태로, 오늘날 우리가 아는 뫼비우스의 띠와 거의 흡사하지요. 물론 고대 사람들이 정말 뫼비우스의 띠의 수학적 개념을 알고 의도한 것인지는 명확하지 않아요. 하지만 시각적으로 무한성과 순환, 영원한 흐름을 상징하려는 시도였을 가능성이 크지요.

　뫼비우스의 띠는 단순한 수학 퍼즐을 넘어서 기계 공학 분야에서도 실용적인 아이디어로 활용되어 왔습니다. 예를 들어, 컨베이어 벨트 같은 기계식 벨트를 만들 때, 뫼비우스의 띠처럼 한 번 비틀어 연결하면 벨트의 앞면과 뒷면을 번갈아 사용하게 되어 마모가 반으로 줄어든다는 사실이 오래전부터 알려져 있었어요. 이런 방식은 좌우 흔들림도 줄이고, 수명을

뫼비우스의 띠

뫼비우스의 띠를 들고 있는 아이온을
묘사한 고대 센티눔의 모자이크

늘려 주는 효과가 있었기 때문에 산업 현장에서 실제로 사용되었어요.

흥미로운 사실은, 이 기술이 실제로 문헌에 등장한 해는 1871년이지만, 그보다 훨씬 이전인 1206년, 이슬람 과학자 이스마일 알-자자리Ismail al-Jazari가 설계한 체인 펌프 그림에서도 뫼비우스 구조가 보인다는 사실이에요. 인류는 오랫동안 이 신기한 띠의 성질을 직관적으로 활용해 왔던 셈이에요.

뫼비우스의 띠는 파리의 재봉사들 사이에서도 쓰였습니다. 초보 재봉사에게는 종종 옷깃을 뫼비우스의 띠 모양으로 꿰매는 실습을 시켰다고 해요. 이렇게 하면 양쪽이 하나로 이어진 옷깃이 되고, 어느 방향에서도 다시 뒤집어 입을 수 있는 실용적인 디자인이 된답니다.

수학의 눈으로 본 뫼비우스의 띠는 비정향Non-Orientable 곡면입니다. 이 말은, 띠 위를 따라 한 바퀴 돌면 처음과는 반대 방향에 도달한다는 뜻이에요. 우리가 익숙한 공간에서는 매우 이상하게 느껴지고 상상하기 어려워요. 만일 띠를 한 번 자르면 어떻게 될까요?

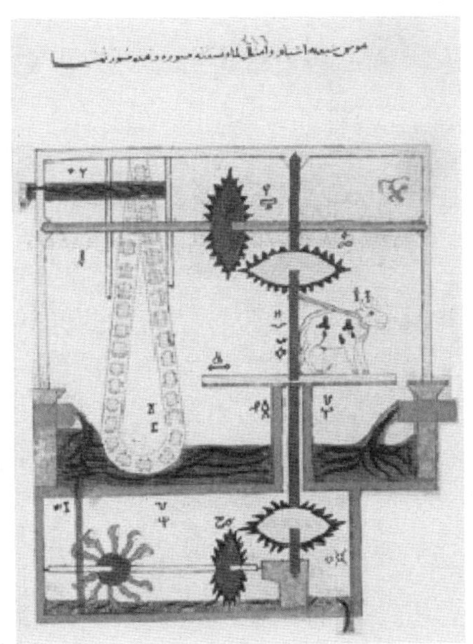

뫼비우스의 띠를 중심선을 따라 한 번 자르면, 두 개가 아닌 더 길고 비틀린 하나의 띠가 됩니다. 다시 중심을 따라 한 번 더 자르면 두 개의 띠가 생기는데, 이 두 개의 띠는 서로 연결되어 있어요.

뫼비우스의 띠는 우리에게 경계와 면, 안과 밖, 위와 아래가 절대적이지 않다는 걸 알려 줍니다. 한 장의 종이를 비틀어 붙인 것에 불과하지만, 그 안에는 무한, 순환, 비대칭, 단일성과 이중성이라는 수많은 철학적·과학적 메시지가 담겨 있어요.

조르당 곡선 정리

우리는 어떤 사실을 너무 당연하게 받아들입니다. 예를 들어, 종이에

원을 그리면, 안과 밖이 생긴다는 건 너무도 자연스럽지요. 하지만 수학자들은 그런 '당연함'조차도 의심하고, 정확한 증명으로 정리하려고 해요. 이런 생각에서 출발한 정리가 바로 조르당 곡선 정리 Jordan Curve Theorem예요.

수학자 카미유 조르당Camille Jordan은 19세기 후반, 다음과 같은 사실을 수학적으로 정리했어요.

> "평면 위에서 자기 자신과 교차하지 않는 닫힌 곡선은
> 그 평면을 두 부분, 즉 내부와 외부로 나눈다."

이것이 조르당 곡선 정리입니다. 이때 말하는 '곡선'은 매끄럽거나, 구불구불하거나, 복잡해도 괜찮아요. 중요한 조건은 두 가지입니다. 곡선이 닫혀 있어야 하고 자기 자신과 교차하지 않아야 한다는 것이에요. 이러한 조건을 만족하는 곡선을 조르당 곡선이라고 불러요.

조르당 곡선인 것   조르당 곡선이 아닌 것

그림을 그려 보면 너무 당연해 보이지요? 그런데 수학적으로는 이게 간단히 증명되지 않습니다. 오히려 조르당 곡선 정리는 수학자들 사이에

서 '너무 당연해서 어려운 정리'로 유명해요. 20세기 중반까지도 완전한 증명을 위해 수십 명의 수학자들이 논문을 썼을 정도예요. 왜냐하면 곡선이 복잡해질수록, 그 안과 밖을 명확하게 구분하는 것이 쉽지 않기 때문이에요. 예를 들어, 숫자 8처럼 생긴 곡선을 생각해 보세요. 분명 닫혀 있고 연속이지만, 자기 자신과 교차하기 때문에 조르당 곡선이 아니에요. 그래서 이 곡선은 평면을 두 부분이 아니라 두 개의 고리와 바깥, 즉 세 부분으로 나누게 돼요. 이런 예를 통해 우리는, 단순히 닫혀 있다고 해서 '안과 밖'이 생기는 건 아니라는 것을 알 수 있어요. 뫼비우스의 띠가 안과 밖의 경계를 없애버린다면, 조르당 곡선은 안과 밖의 경계를 정확히 구분해 주는 원리를 설명해 준답니다.

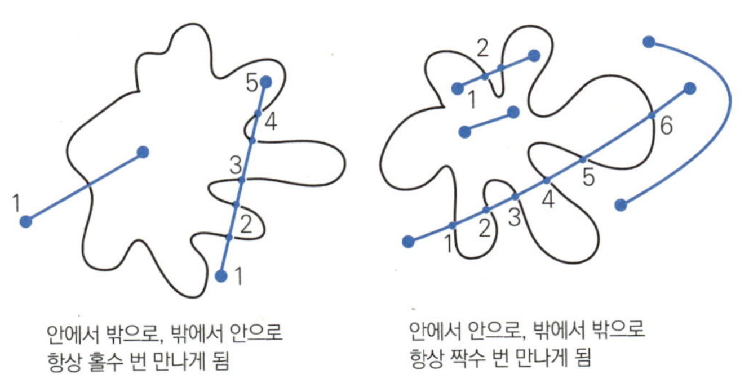

조르당 곡선 정리

조르당 곡선의 원리는 실제로 유용하게 활용될 수 있습니다. 이 원리의 실용적 기준 중 하나는 '선을 가로지르는 횟수'예요. 예를 들어, 밖에서 곡선 안으로 들어가려면 곡선을 홀수 번 가로질러야 해요. 밖에서 밖으로 이동한다면 짝수 번 지나가게 되지요. 그래서 한 점이 곡선 안에 있

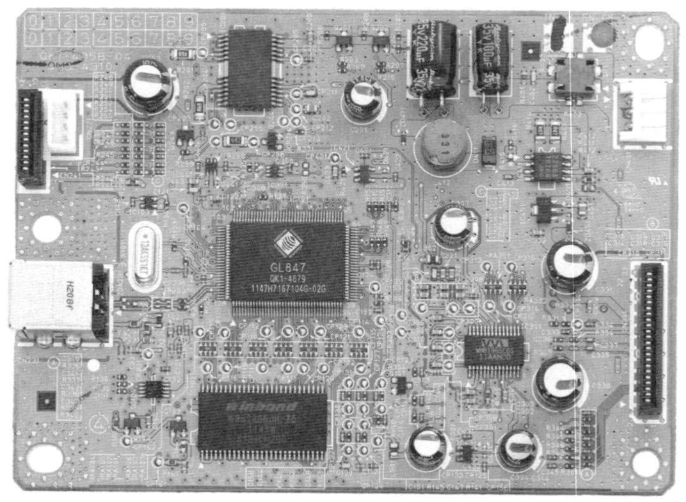

　는지 바깥에 있는지를 확인하고 싶다면, 그 점에서 직선을 임의의 방향으로 그어 보고, 곡선과 교차하는 횟수를 세면 돼요. 이때 홀수 번이면 그 점은 안쪽에 있고, 짝수 번이면 바깥쪽에 있는 거지요.

　이 방법은 그래픽 프로그래밍이나 지도 시스템, 전자 회로 설계 등에도 널리 쓰입니다. 예를 들어, 미로와 같은 전자 회로에 적용하면 저항, 스위치 등이 위치한 곳이 회로 밖인지 안인지 쉽게 파악할 수 있어 회로 설계에 유용하게 사용되고 있어요.

위상 수학

위상적 불변성
- 동형_ 위상적으로 같음
- 물체를 바꾸어도 변하지 않는 성질과 형태의 본질을 연구
- 공간의 연결 구조와 형태의 본질을 연구

위상 수학의 활용
- 쾨니히스베르크의 다리 문제
  - 오일러 경로
  - 모든 길을 한 번씩만 지나면서 모든 점을 통과하는 경로
- 오일러 지표 — $x = v - e + f = 2$
- 기사의 여행 문제 — 그래프 이론과 해밀턴 경로

뫼비우스의 띠
- 앞면과 뒷면이 따로 없는 띠
- 긴 띠를 잘라 한쪽 끝을 180도 비틀어 만듦
- 예술 작품, 문헌 등에서 찾아볼 수 있음

조르당 곡선
- 안과 밖의 경계를 구분해 주는 원리
- 평면 위에서 자신과 교차하지 않는 닫힌 곡선은 평면을 내부와 외부로 나눔

전국 과학 교사와 교수님이
자신 있게 추천하는 과학 도서

세상에서 가장 쉬운 과학 수업 시리즈
세상을 변화시킨 위대한 발견, 그 논문과 함께!

- 노벨상 수상 논문 영문본 수록
- 친절한 일대일 과학 수업
- 전국 과학교사모임 추천
- 박문호 자연과학세상 추천

{ 노벨상 원문으로, 과학을 '그들의 언어'로 }

과학은 늘 누군가의 '생각하는 방식'에서 시작되었다. 노벨상을 수상한 과학자들의
오리지널 논문을 통해 그들의 사유를 직접 추적하며, 진짜 과학의 생생한 흐름을 따라간다.

{ 지식을 넘어 사유의 방식으로 }

과학을 배운다는 것은 생각하는 법을 배우는 일이다.
한 문장씩 따라가다 보면 이해를 넘어 통찰이 차곡차곡 쌓인다.

{ 친절한 설명으로 문턱은 낮게, 논리는 깊이 }

쉽게 읽을 수 있지만 결코 가볍지 않은 〈세상에서 가장 쉬운 과학 수업 시리즈〉
읽는 순간, 과학은 가장 흥미로운 언어로 다가올 것이다.

{ 학생·교사·일반 독자를 위한 정직한 안내서 }

학생에겐 도약의 발판, 교사에겐 탐구 수업의 실마리, 독자에겐 사유 확장의 기회로!
과학은 암기 과목에서 생각의 문법을 익히는 철학의 통로가 될 것이다.

【노벨상 수상자들의 오리지널 논문으로 배우는 과학】 전20권

1권 아인슈타인(1921년 노벨 물리학상) – 특수상대성이론
고전역학의 역사, 빛의 속력 측정의 역사, 전기와 자기에 대한 역사, 아인슈타인의 특수상대성이론

2권 마리 퀴리(1903년 노벨 물리학상, 1911년 노벨 화학상) – 방사선과 원소
방전관의 역사, 뢴트겐의 X선 발견, 톰슨의 전자 발견, 퀴리 부부의 라듐과 폴로늄 발견, 중성자 발견, 주기율표의 완성

3권 플랑크(1918년 노벨 물리학상) – 양자혁명
기체 발견의 역사, 열역학의 역사, 흑체복사 실험, 플랑크의 양자론 탄생

4권 보어(1922년 노벨 물리학상) – 원자모형
고대부터 중세 돌턴의 원자설까지의 역사, 톰슨과 나가오카의 원자모형, 러더퍼드의 원자모형, 보어의 원자모형과 양자론

5권 하이젠베르크(1932년 노벨 물리학상) – 불확정성원리
광학의 역사, 드브로이의 물질의 이중성, 하이젠베르크의 불확정성원리, 보른과 요르단의 불확정성 원리, 해석역학의 역사, 슈뢰딩거 방정식의 탄생

6권 아인슈타인(1921년 노벨 물리학상) – 브라운 운동
확률의 역사, 유체역학의 역사, 아인슈타인의 브라운 운동, 랜덤워크 이론, 랑주뱅의 방정식, 페랭의 아보가드로수 발견

7권 왓슨과 크릭(1962년 노벨 생리의학상) – DNA 구조
세포 발견의 역사, 린네의 생물 분류, 다윈의 종의 기원, 멘델의 유전법칙, 브래그의 X선 결정학 발견, 왓슨과 크릭의 DNA 구조 발견

8권 디랙(1933년 노벨 물리학상) – 반입자
수열과 특수함수의 역사, 수소 원자에 대한 양자역학, 제이만 효과, 스핀의 발견, 디랙의 반입자 발견

9권 찬드라세카르(1983년 노벨 물리학상) – 별의 물리학
천문학의 역사, 뉴턴의 만유인력, 레인–엠덴 방정식, 베테의 별 탄생 이론, 찬드라세카르의 별의 죽음이론, 휴이시의 펄서 발견

10권 바딘/브래튼/쇼클리(1956년 노벨 물리학상) – 반도체 혁명
고체비열, 에너지 밴드, 양자통계역학, 보즈–아인슈타인 통계, 페르미–디랙 통계 발견, 반도체 이론, 바딘의 트랜지스터 발명

11권 아인슈타인(1921년 노벨 물리학상) – 일반상대성이론
곡선 이론, 가우스와 리만의 곡면 이론, 케플러법칙, 아인슈타인의 일반상대성이론, 블랙홀 이론

12권 유카와 히데키(1949년 노벨 물리학상) – 핵물리학
원자핵의 발견, 핵의 마법수 발견, 알파붕괴 이론, 뉴트리노 발견, 베타붕괴의 발견, 유카와의 핵력 발견

13권 폴링(1954년 노벨 화학상, 1962년 노벨 평화상) – 양자화학
화학의 역사, 유기화학의 역사, 루이스의 화학결합이론, 오비탈이론, 폴링의 양자화학이론

14권 파인먼(1965년 노벨 물리학상) – 양자전기역학
선형대수학의 역사, 디랙 브라켓, 경로 적분의 발견, 전자기의 양자화, 파인먼의 양자전기역학

15권 피블스(2019년 노벨 물리학상) – 우주팽창이론
고대 우주론, 허블의 우주팽창, 아인슈타인과 프리드먼의 우주모형, 우주팽창 속도 이론, 피블스의 우주 이론

16권 글라우버(2005년 노벨 물리학상) – 양자광학
파동광학의 역사, 아인슈타인의 빛과 물질의 상호작용, 라비 진동, 제인스–커밍스 모형, 글라우버의 코히런트 상태 발견, 메타물질 발견

17권 홀데인(2016년 노벨 물리학상) – 양자물질(출간예정)
초유동, 초전도, 그래핀 발견, 클리칭, 분수 양자 홀 효과

18권 하셀만(2021년 노벨 물리학상) – 기후 물리(출간 예정)
대기과학의 역사, 포커–플랑크 방정식, 대기물리와 기후 물리의 역사, 하셀만의 논문

19권 차일링거(2022년 노벨 물리학상) – 양자정보(출간예정)
아인슈타인의 EPR 패러독스, 벨의 벨 부등식 발견, 큐비트의 탄생, 양자얽힘 현상, 양자컴퓨터, 양자암호

20권 겔만(1969년 노벨 물리학상) – 쿼크모형(출간 예정)
입자가속기의 발명, 새로운 소립자의 발견, 한과 난부의 모형, 겔만의 쿼크가설, 대통일이론, 힉스입자 발견

AI 시대를 여는 Classic Insight ①

생각하는 청소년을 위한

수학의 역사

© 정완상, 2025

초판 1쇄 인쇄 2025년 12월 5일
초판 1쇄 발행 2025년 12월 15일

지은이   정완상
펴낸이   이성림
펴낸곳   성림북스

책임편집   신대리라
디자인   노영현

출판등록   2014년 9월 3일 제25100-2014-000054호
주소   제주특별자치도 제주시 한경면 고산서3길 135
대표전화   064-772-5762 팩스 064-773-5762
이메일   sunglimonebooks@naver.com

ISBN   979-11-24072-01-1 03410